ESSAIS HISTORIQUES

SUR

PARIS

ET SUR LES FRANÇAIS

PAR

G.-P. DE SAINT-FOIX

ESSAIS HISTORIQUES

SUR PARIS

ET SUR LES FRANÇAIS

Le titre de **Voyages dans tous les mondes,** que nous avons adopté pour notre *Nouvelle Bibliothèque historique et littéraire,* indique qu'elle a pris et prendra son bien indistinctement dans les divers domaines du savoir, de l'esprit et du cœur, à toutes les époques et en tous les pays. Le récit du sérieux historien y doit avoisiner la fiction du conteur fantaisiste et les impressions morales toutes personnelles; le travail de science positive doit s'y placer à côté du recueil d'observations pittoresques, — à cette condition première que le livre, toujours de lecture facile et intéressante en soi, ne contienne, au cas où il vise à enseigner, que des notions accessibles à tous.

Là se trouvent donc réunies — dans des volumes à la fois très élégants, très portatifs et très économiques pour l'abondante matière qu'ils renferment — les œuvres que le temps a consacrées ou qui, injustement négligées, méritaient d'être remises en lumière, et aussi telles autres jusqu'ici restées ignorées ou qui sont absolument nouvelles : *Voyages de découvertes, Chroniques et traditions populaires, Aventures réelles ou imaginaires, Biographies et souvenirs, Tableaux de mœurs humaines et animales, Curiosités de la nature, des sciences ou de l'industrie,* etc.

Avons-nous besoin de faire remarquer que tous les ouvrages — d'ailleurs accompagnés d'études biographiques ou littéraires et, quand besoin est, d'annotations facilitant l'entente du texte — ont été très attentivement revus, afin que rien ne s'y trouve qui puisse empêcher de les mettre aux mains des lecteurs de tous les âges et de toutes les conditions.

VOYAGES DANS TOUS LES MONDES

NOUVELLE BIBLIOTHÈQUE HISTORIQUE ET LITTÉRAIRE

Publiée sous la direction de M. Eugène MULLER, conservat. à la Bibliothèque de l'Arsenal.

ESSAIS HISTORIQUES

SUR PARIS

ET SUR LES FRANÇAIS

PAR

G. F. P. DE SAINT-FOIX

PARIS

LIBRAIRIE CH. DELAGRAVE

15, RUE SOUFFLOT, 15

1891

AVANT-PROPOS

G.-François Poullain de Saint-Foix naquit à Rennes le 25 février 1699. Après avoir achevé ses classes, il devint lieutenant de cavalerie. Quoique né avec un caractère bouillant et fougueux, il se sentit pris de bonne heure par l'amour de l'étude et des lettres. Ses premiers essais furent destinés au théâtre. De vingt-trois à trente ans, il fit jouer plusieurs petites comédies dont il n'est presque rien resté.

En 1733, pendant la guerre dite de la succession de Pologne, il suivit en Italie le maréchal de Broglie, dont il était un des aides de camp. A la paix, il sollicita, sans pouvoir l'obtenir, le commandement d'une compagnie, et quitta le service pour se retirer dans son pays natal, où il avait acheté une charge de maître des eaux et forêts, qu'il exerça, avec plus ou moins de zèle, pendant quelques années. Mais la vocation littéraire le ramena à Paris, où il ne tarda pas à prendre une des meilleures places parmi les écrivains dramatiques à la mode.

Chose étrange, cet homme au tempérament inquiet, emporté, contrariant, obtint de grands succès par un ensemble de compositions pleines du charme qui ressort d'un esprit délicat uni à une gracieuse originalité.

« Des peintures de mœurs naïves, dit un biographo [1], les expressions les plus naturelles, caractérisent son théâtre. C'est le cœur même qui parle et se développe ; c'est le sentiment qui emprunte la voix de l'ingénuité et qui se peint sous les plus aimables couleurs. Il joint à une diction pure et toujours élégante la façon de dialoguer la plus vive et la plus discrète. Dans vingt comédies que nous avons de lui, on ne trouve pas une plaisanterie hasardée et qui ne soit du meilleur ton. Son badinage est d'autant plus agréable qu'il a toujours l'air naturel, même en offrant les traits les plus fins et les plus ingénieux. »

Entre temps d'ailleurs, l'auteur de l'*Oracle*, du *Sylphe*, de la *Colonie*, d'*Égérie*, des *Grâces*, autant de ravissants petits tableaux, qui firent longtemps les délices de nos pères, et qu'on a le tort de ne plus lire, se consacrait très sérieusement à fouiller, à étudier les archives de notre histoire, en partant de ce principe — fort approuvé depuis, mais jusqu'alors à peu près méconnu — que la vraie physionomie des vieux âges, que le caractère réel des foules et des hommes disparus sont bien plus fidèlement saisissables dans un ensemble de menus traits, le plus souvent très intimes, saisis, dérobés en quelque sorte un peu partout, au hasard de la trouvaille, que dans les longs et lourds récits, drapant les héros sous des dehors apprêtés et convenus.

En 1753, Saint-Foix commença la préparation de ses *Essais sur Paris*, titre qui sous-entend, comme il nous le dit lui-même, *une étude générale* sur les Français.

« C'est une réunion de faits singuliers, qui for-

---

1. Les passages mis entre guillemets sont empruntés à l'éloge historique placé en tête de l'édition complète des œuvres de Saint-Foix publiée en 1778.

ment un tableau des mœurs de la nation dans les différents siècles, depuis la fondation de la monarchie jusqu'à la dernière moitié du dix-huitième siècle. C'est en même temps une suite de réflexions neuves, aisées, agréables, écrites avec le naturel et la précision du style de l'auteur... Cet ouvrage est un de ceux qui intéressent également par le fond et par la forme. La manière dont les choses y sont dites fait souvent épigramme, de même que chaque trait, chaque anecdote vaut une réflexion philosophique... La voix de l'auteur est celle du philosophe et du citoyen; il ne déguise point les défauts de sa nation, mais il s'intéresse à sa gloire; il n'écrit que pour rendre les mœurs plus douces et les hommes meilleurs. Cet objet perce à travers toutes ses réflexions et toutes ses recherches. Il peint par les faits, et ces faits mis à leur place, appuyés de circonstances négligées par les historiens, prennent sous sa plume une face nouvelle, et n'en acquièrent qu'un plus grand air de vérité. »

Quoi qu'il en soit, cette très attrayante et très instructive façon de présenter l'histoire obtint dès le premier jour le plus grand, et nous pourrions dire le plus légitime succès; ce qui le prouve, c'est qu'aujourd'hui, où le travail si curieux de Saint-Foix n'est plus que dans quelques rares mains de curieux, de chercheurs, il se retrouve en substance répandu dans beaucoup de livres fort estimés, et il fournit, si l'on peut dire ainsi, la monnaie courante des notions historiques devenues populaires.

Nous avons donc pensé qu'il serait opportun de remettre en circulation — comme offrant une lecture que nous voudrions appeler *meublante* — le recueil où depuis maints recueils ont puisé à profusion et auquel, à tout instant, sciemment ou sans qu'on s'en doute, tant d'emprunts sont faits par la plume et par la parole.

L'œuvre primitive étant fort étendue, il nous eût été impossible, quelque considérable que soit la matière contenue dans les volumes de notre collection, de la reproduire en son entier; mais en beaucoup d'endroits elle comprend des parties empreintes d'un caractère d'actualité relative, qui ont aujourd'hui perdu leur intérêt d'autrefois, et dont la suppression a réduit le texte aux dimensions voulues, en le rendant pour nous beaucoup plus substantiel. Nous croyons donc que, ainsi présenté, le livre composé il y a plus d'un siècle ne *date* plus, et que, en tant que travail historique et philosophique, il peut être lu et consulté comme s'il était écrit d'hier.

Saint-Foix est encore auteur des *Lettres turques*, « ouvrage agréable, cadre élégant où, en ingénieux écrivain, il a su enchâsser une satire fine des mœurs de son temps », conçu évidemment pour donner une sorte de pendant aux *Lettres persanes* de Montesquieu. Ayant obtenu comme récompense de ses talents, à un âge avancé, la charge d'historiographe de l'ordre du Saint-Esprit, il tint à justifier ce titre en publiant une histoire de cet ordre célèbre : travail remarquable par la certitude des renseignements qu'on y trouve et par l'intérêt qu'offre la partie biographique.

Saint-Foix, bien qu'il eût tous les titres de valeur littéraire et d'honorabilité qui eussent pu lui en ouvrir les portes, ne fut pas de l'Académie française; mais, « il faut en convenir, son caractère n'avait rien de ce liant indispensable dans une compagnie où l'union, la douceur, les égards, doivent régner autant que l'esprit et le goût. Ce n'est pas qu'on pût lui reprocher cet orgueil altier, ce dédain exclusif pour tout ce qui n'était ni lui ni de lui. A cet égard, il avait la modestie du vrai talent et la simplicité de l'homme de génie. Il eut même *quelques* amis parmi les gens de lettres, et il les recevait dans la retraite qu'il s'était choisie à l'une des extrémités de Paris; mais ils se prêtaient à son caractère, cédaient à ses emportements, ne le contrariaient jamais et souffraient son humeur en faveur de son esprit et des bonnes qualités qui balançaient *quelquefois* ses défauts.

« S'il est vrai que les auteurs se peignent dans leurs écrits, Saint-Foix fut une exception à la règ' : non seulement aucun de ses ouvrages ne se ressent de son humeur véhémente, mais ils forment avec elle le contraste le plus frappant. »

Cette « véhémence », sur laquelle le biographe revient avec tant d'insistance, valut d'ailleurs à l'auteur des *Essais sur Paris* mainte affaire qui défraya la chronique de son temps.

« Un soir, par exemple, dit Métra dans sa correspondance secrète, M. de Saint-Foix entre dans un café et s'assied à côté d'un homme qui prenait une bavaroise. Mon jeune tapageur considère quelque temps l'inconnu, puis lui dit avec un air de sang-froid : « Monsieur, vous faites là un drôle « de souper. — Comment ! quel est cet impertinent ?

« — Ma foi, Monsieur, vous faites là un drôle de « souper. » Vous devinez bien qu'on ne tarda pas à s'échauffer; on sortit, et l'on alla s'escrimer dans une petite rue voisine. M. de Saint-Foix reçoit un coup d'épée : « Eh bien, Monsieur, dit-il avec « la même tranquillité, vous m'avez blessé, mais

« vous n'en avez pas moins fait un drôle de sou-
« per. »

« Une autre fois, toujours dans un café, il inter-
rompt un homme qui l'ennuyait par quelqu'une de
ces dissertations dont on a les oreilles rebattues dans
ces sortes d'assemblées : « Monsieur, lui dit-il, vous
« puez cruellement ! » L'orateur fait d'abord sem-
blant de ne pas l'entendre ; le jeune étourdi re-
prend : « Monsieur, vous puez bien. » Enfin mon
poltron ne peut se dispenser de sortir, et M. de
Saint-Foix, qui ne demandait pas mieux, se met
en devoir de lui prêter le collet. Cependant, content
de l'avoir amené là, et voyant combien il en coûtait à l'insulté de mettre sa vie en jeu, M. de Saint-
Foix lui dit : « Tenez, Monsieur, n'allons pas plus
« loin ; car si vous me tuez, vous n'en puerez pas
« moins ; et si je vous tue, vous ne ferez qu'en puer
« davantage. »

« Cette humeur inquiète, qu'auraient dû augmenter les avant-coureurs de la mort, disparut avant
ce terme ; il vit approcher son dernier moment d'un
œil tranquille, demanda à être administré et rendit
le dernier soupir le 25 août 1776. »

ESSAIS HISTORIQUES
SUR PARIS
ET SUR LES FRANÇAIS

PREMIÈRE PARTIE

Un lecteur curieux de remonter à la source des choses aime qu'on lui dise : « Ce parterre émaillé de fleurs était autrefois un marais bourbeux ; cette ville agréable et magnifique, cette rivière, décorée des bâtiments les plus pompeux, ce Paris enchanteur, cette capitale de l'esprit, des arts et des plaisirs, n'était jadis qu'un vil amas de boue ; on lui en donna même le nom méprisable[1]. »

Le commerce que les Parisiens faisaient par eau était très florissant ; leur ville semble avoir eu de temps immémorial un navire pour symbole. Isis présidait à la navigation ; on l'adorait même chez les Suèves sous la figure d'un vaisseau ; voilà plus de raisons qu'il n'en fallait à des étymologistes pour se persuader que *Parisii* venait de παρὰ Ἰσίδος, proche d'Isis. Je ne prétends pas défendre cette étymologie ; mais Moreau de Mautour se trompe lorsqu'il soutient que cette déesse n'a point été adorée dans les Gaules, même après qu'elles furent soumises aux Romains. Ses prêtres avaient leur collège à Issy, et l'église de Saint-Vincent, depuis Saint-Germain des Prés, fut bâtie sur les anciennes ruines de son temple. Personne n'ignore qu'à Montmartre était celui de Mars. Mercure ou Pluton (car c'était le même chez les Gaulois) avait le sien sur le mont Leucotitius, en haut de la rue Saint-Jacques ;

[1]. *Lutetia* (Lutèce), de *luteus*, boueux, malpropre.

et Cybèle attirait aussi à la dévotion du côté où est à présent Saint-Eustache. Il faut observer que ces endroits n'étaient anciennement que de petits bois, des lieux solitaires, consacrés à ces divinités; car les Gaulois ne commencèrent à bâtir des temples que lorsqu'ils furent sous la domination des Romains.

César est le premier auteur qui ait parlé des Parisiens. Ils étaient un de ces soixante ou soixante-quatre peuples qui composaient la république des Gaules et qui ne formaient qu'une nation, quoique indépendants les uns des autres. Chacun de ces peuples avait ses lois particulières, ses chefs, ses magistrats, et nommait tous les ans des députés pour les assemblées générales, qui se tenaient ordinairement dans le principal collège des druides, au milieu d'une forêt du pays chartrain. L'administration des affaires civiles et politiques avait été confiée, pendant assez longtemps, à un Sénat de femmes choisies par les différents cantons. Elles délibéraient de la paix, de la guerre, et jugeaient les différends qui survenaient entre les vergobrets, ou souverains magistrats, et de ville à ville. Plutarque dit qu'un des articles du traité d'Annibal avec les Gaulois portait : « Si quelque Gaulois a sujet de se plaindre d'un Carthaginois, il se pourvoira devant le sénat de Carthage établi en Espagne. Si quelque Carthaginois se trouve lésé par un Gaulois, l'affaire sera jugée par le conseil suprême des femmes gauloises. « Les druides, mécontents de quelques arrêts de ce tribunal, usèrent avec tant de souplesse et d'artifice du crédit que la religion leur donnait sur les esprits, qu'ils le firent abolir et érigèrent le leur, dont la puissance s'accrut bientôt au point que, dans les assemblées générales, ils devinrent absolument les maîtres des délibérations. On leur avait laissé les mêmes prééminences qu'aux femmes; ils en profitèrent pour se faire regarder comme le premier corps de l'État et pour achever d'écraser toute autre autorité sous le despotisme de la superstition. On remarque que les Gaulois, sous le gouvernement des femmes, avaient pris Rome et firent toujours trembler l'Italie; que sous celui des prêtres ils furent subjugués par les Romains, et que César dut ses conquêtes aux jalousies et aux divisions qu'un druide, le perfide Divitiac, semait sans cesse entre les villes principales. Les Parisiens combattirent pour leur liberté avec un courage qui tenait du désespoir. Craignant d'être forcés dans leur île, ils en sortirent après y avoir mis le feu et allèrent au-devant de l'ennemi, qui les trompa par une fausse marche. La bataille se donna au-dessous de Meudon et fut des plus sanglantes : ils la perdirent, et le brave Camulogène, qu'ils avaient choisi, quoique dans une extrême vieillesse, pour les commander, y fut tué.

Depuis César jusqu'à Julien, il n'est presque pas fait mention de Lutèce dans l'histoire. Julien y fut proclamé Auguste en 360. Valentinien Ier et Gratien y firent aussi quelque séjour. Clovis la déclara, en 510, la capitale de ses conquêtes. Comme il habita le palais des Thermes, et qu'il paraît que tous les rois de la première race y ont demeuré, la plupart des auteurs ne veulent pas qu'ils en eussent un dans la Cité. Je parlerai dans la suite de ce palais des Thermes. A l'égard de celui qui était dans la Cité, je ne rapporterai que ce passage de Grégoire de Tours : « Childebert envoya une personne de confiance à Clotaire, roi de Soissons, pour l'engager à venir le trouver, afin de résoudre ensemble s'ils feraient mourir leurs neveux, ou s'ils se contenteraient de les dégrader[1], en leur coupant les cheveux.... Clotaire ne tarda pas à se rendre à Paris... Ils firent courir le bruit que le résultat de leur entrevue avait été de faire proclamer rois les fils de Clodomir, et envoyèrent les demander à Clotilde, veuve de Clovis, leur grand'-

1. Les Français se coupaient les cheveux tout autour de la tête, ne les conservant dans toute leur longueur que sur le sommet, où ils les renouaient et les attachaient; il n'était permis qu'aux princes de la famille royale de porter leurs cheveux flottants sur les épaules, et sans être raccourcis autour de la tête; les cheveux du peuple subjugué (des Gaulois) ne devaient pas passer le cou; ainsi, la chevelure étant une marque distinctive entre les Français et le peuple subjugué, couper les cheveux à un prince ou à quelque Français, c'était, non seulement le dégrader, le retrancher de sa famille, mais encore de la nation.

mère, qui demeurait alors dans la ville, pour les élever sur le pavois. Cette bonne reine, transportée de joie, fit venir les petits princes dans son appartement, et, après avoir eu l'attention de les faire manger : Al-« lez, mes enfants, leur dit-elle en les embrassant, allez « trouver vos oncles; si je puis vous voir sur le trône de « votre père, j'oublierai que j'ai perdu ce cher fils... » Clotaire, après les avoir poignardés de sa propre main, monta tranquillement à cheval pour retourner à Soissons; Childebert se retira dans le faubourg. »

Vers la fin de la seconde race, Paris, toujours enfermé entre les deux bras de la rivière, n'était pas plus étendu que du temps de César : la cathédrale[1] au levant, le grand et le petit Châtelet au nord et au midi, et le palais du roi ou des comtes au couchant, faisaient les quatre extrémités de son enceinte. « Lutèce, dit César, située dans une île de la Seine, est la ville des Parisiens. » — « Je passai l'hiver, dit Julien, qui régnait quatre cents ans après ce conquérant des Gaules, dans ma chère Lutèce ; elle occupe une petite île dans la Seine ; on y entre par deux ponts. » — « Paris, dit Abbon, qui écrivait neuf cents ans après César, tient à la terre ferme par deux ponts... A la tête de chacun de ces ponts il y a un château[2] en dehors de la ville. »

Pour peu qu'on veuille joindre à ces autorités quelques réflexions sur la dévastation des Gaules par les Barbares, sur les guerres sanglantes que continua Clovis pour former son établissement, sur le partage de ses conquêtes, après sa mort, en quatre royaumes, qui rendirent Orléans et Soissons des capitales, sur l'anéantissement du commerce et sur le mépris qu'avaient les Français pour ceux qui demeuraient dans les villes, et pour toute autre profession que celle des armes, on se persuadera aisément que Paris, sous la première race, ne put pas s'agrandir : sous la seconde, on le voit

1. Non pas, bien entendu, l'église actuelle, qui ne date que des douzième et treizième siècles.
2. Le grand et le petit Châtelet.

presque abandonné : Pépin, Charlemagne, Louis le Débonnaire, Charles le Chauve et Louis le Bègue n'y demeurèrent qu'en passant.

L'empereur Julien paraît se rappeler avec plaisir le séjour qu'il avait fait dans « sa chère Lutèce »; il s'étend en détails sur son climat, son terroir, ses vignes, et sur la manière dont ses habitants élevaient des figuiers. Est-il vraisemblable qu'après avoir dit qu'elle n'occupait qu'une petite île, il n'eût pas ajouté que ses faubourgs étaient considérables, si en effet ils l'avaient été ? Loin d'en parler, la façon dont il s'exprime désigne, au contraire, qu'elle n'en avait point : « Comme les Parisiens, dit-il, habitent une île, ils ne peuvent pas avoir d'autre eau que celle de la Seine. » Dans son *Traité de la police*, de la Marre parle d'une enceinte de murailles dont il est question dans une charte du temps des deux derniers rois de la seconde race, et qu'il croit due aux Romains.

On va voir, par le récit que je vais extraire du premier livre du poème d'Abbon[1] sur le siège de Paris par les Normands, que cette enceinte, loin d'être un ouvrage des Romains, ne fut commencée que vers la fin du neuvième siècle : « Sigefroy, chef des Normands, furieux de ne pouvoir obtenir le passage par la ville, vint brusquement attaquer la grosse tour du grand[2] pont. Eudes, comte de Paris, Robert, son frère, les comtes Raguenaire et Sibange, l'évêque Gozlin et Èble, abbé de Saint-Germain, la défendirent jusqu'à la nuit avec tant de valeur, que les Normands, malgré les brèches considérables qu'ils y avaient faites, furent obligés de se retirer avec perte de quatre à cinq cents hommes... Le lendemain ils revinrent avec la même fureur... L'attaque dura jusqu'au soir... Se voyant toujours repoussés, ils prirent le parti de faire des fossés

---

1. Abbon, moine de Saint-Germain des Prés, fit en vers latins barbares la relation du siège de Paris par les Normands vers la fin du neuvième siècle. C'est une sorte de journal rythmique, qui semble une histoire très exacte de cet événement.

2. Le grand Châtelet, là où est aujourd'hui la place de ce nom.

et de fortifier un camp avec des pierres et de la terre, dans le bourg [1] de Saint-Germain-l'Auxerrois. »

Ce récit prouve que la muraille, ou l'enceinte en question, n'existait pas encore en 886 : Sigefroy aurait été obligé d'y donner d'abord l'assaut et de s'en rendre maître, au lieu qu'on voit qu'il arriva tout de suite et sans obstacle au bord du fossé de la tour du grand Châtelet. D. Félibien, et tous ceux qui se sont particulièrement appliqués à l'histoire de Paris, prétendent que le terrain où est à présent la ville [2] était couvert d'une forêt; une tour octogone qui subsiste encore [3] au coin du cimetière des Innocents servait, dit-on, pour faire sentinelle dans cette forêt contre les bandes de voleurs et contre les Normands, qui pouvaient s'y embusquer par troupes détachées, venir fondre dans le marché de la place de Grève, piller le port et emmener des esclaves. Je crois que l'on fit cette muraille contre les incursions subites et que les Juifs, qui reparaissent en France à peu près dans ces temps-là, obtinrent la permission de bâtir, dans cette enceinte, des maisons qui formèrent ces vilaines rues de Saint-Bon, de la Tacherie, du Pet-au-Diable [4] et autres adjacentes. Il est certain qu'ils y avaient une synagogue et des écoles au commencement de la troisième race. Ce ne fut que sous le règne de Louis le Jeune que l'on commença de bâtir dans Champeaux [5] et aux environs de Sainte-Opportune, qu'on appelait auparavant l'ermitage de Notre-Dame des Bois, parce qu'il était à l'entrée de la forêt.

Entre le boulevard et la rivière au nord, depuis le terrain où est à présent l'Arsenal [6] jusqu'au bout des

---

1. Ce quartier était encore appelé *bourg* sous le règne de Philippe-Auguste, trois cents ans après ce siége; et le savant Ménage veut bien nous apprendre, à ce sujet, que le *bourg* est toujours séparé de la ville, au lieu que le *faubourg* y tient.

2. Le côté de la rivière au nord.

3. Tour qui a disparu depuis, ainsi que bien d'autres vestiges du vieux temps.

4. Aujourd'hui rue Sanhédrin.

5. Quartier des Halles.

6. Rue de Sully et boulevard Morland.

Tuileries, représentons-nous donc les restes d'un bois marécageux : de petits champs, des cultures [1], des haies, des fossés et quatre ou cinq bourgs plus ou moins éloignés [2] les uns des autres, quelques rues bien boueuses autour du grand Châtelet et de la Grève, un grand pont (le pont au Change) pour arriver dans une petite île (la Cité), qui n'était habitée que par des prêtres, quelques marchands et des ouvriers ; un autre pont (le Petit) pour en sortir du côté du midi, et, au delà de ce pont et du petit Châtelet, trois ou quatre cents maisons éparses çà et là sur le bord de la rivière et dans les vignes qui couvraient les environs de la montagne Sainte-Geneviève : tel était Paris sous les premiers rois de la troisième race ; et je crois que, si l'on veut réfléchir sur les mœurs de ce temps-là et sur les causes de ses accroissements dans la suite, on conviendra qu'il ne devait pas être plus grand ni plus considérable. Tous ces différents tribunaux que nous voyons aujourd'hui, et dont les dépendances sont si nombreuses, n'existaient point encore ; le roi, le comte ou le vicomte écoutaient les parties, jugeaient sommairement ou bien ordonnaient le combat, si le cas était trop embarrassant. Il n'y avait point aussi de collèges ; l'évêque et les chanoines entretenaient quelques écoles auprès de la cathédrale pour ceux qui se destinaient à la cléricature. Les nobles se piquaient d'ignorance, et souvent ne savaient pas signer leur nom ; ils vivaient sur leurs terres ; et s'ils étaient obligés de passer trois ou quatre jours à la ville, ils affectaient de paraître toujours bottés, pour qu'on ne les prît pas pour des vilains [3]. Dix hommes suffisaient pour la perception des impôts ; il n'y avait que deux portes, et sous Louis le Gros les droits de la porte du nord ne rap-

1. Les rues Culture-Sainte-Catherine et Culture-Saint-Gervais (on prononçait Coulture) s'appellent ainsi de ce mot, qui signifiait des endroits propres à être cultivés.

2. Le bourg Thiboust, les bourgs l'Abbé et Beau-Bourg et l'ancien et le nouveau bourg de Saint-Germain-l'Auxerrois ; ils furent en partie renfermés dans l'enceinte que fit faire Philippe-Auguste, et qui fut achevée en 1121.

3. Paysans.

2

portaient que douze francs [1] par an. Les arts les plus
nécessaires ne se présentaient pas même à l'imagination, et l'on peut juger des divertissements et des spectacles par la grossièreté des mœurs; enfin rien, dans
Paris, ne pouvait engager l'étranger à y venir, l'homme
industrieux à s'y établir, et les gens riches et oisifs à
y demeurer. Philippe-Auguste aima les lettres [2], ac-
cueillit et protégea les savants; les écoles de Paris
devinrent célèbres; on y accourut des provinces et
des pays étrangers; le quartier appelé depuis de l'Université se peupla, et, dans le treizième et le quatorzième siècle, fut couvert de collèges et de couvents.
Philippe le Bel rendit le Parlement sédentaire; il défendit aussi le duel en matière civile, et l'on put plaider sans être obligé de se battre. Je ne sais si l'on
entreprit plus hardiment des procès; mais il est certain que la chicane, qui s'introduisit en même temps
en France, par notre commerce avec la cour de Rome,
sous Clément V, pullula merveilleusement, et que
tout ce qui est de sa dépendance grossit, en moins
d'un demi-siècle, le nombre des habitants de Paris au
moins d'un trentième. La reine Anne de Bretagne,
grande et majestueuse en tout, voulut avoir une cour;
les femmes, qui jusqu'alors naissaient dans un château
pour aller se marier et mourir dans un autre, vinrent
à Paris, n'en voulurent plus sortir, et les hommes les

1. La livre *numéraire* de France doit son institution à Charlemagne :
ce fut lui qui fit tailler dans une livre d'argent vingt pièces qu'on
nomma sols, et dans un de ces sols douze pièces qu'on nomma deniers,
en sorte que la livre d'alors, comme celle du dix-huitième siècle, était
composée de deux cent quarante deniers. Les sols et les deniers ont été
d'argent fin jusqu'au règne de Philippe Ier, père de Louis le Gros; on y
mêla un tiers de cuivre en 1103, la moitié dix ans après, les deux tiers sous
Philippe le Bel et les trois quarts sous Philippe de Valois. On prétend
que Charlemagne était aussi riche avec un million de revenu que Louis XV
avec soixante-douze millions. Vingt-quatre livres de pain blanc coûtaient
un denier sous le règne de Charlemagne : ce denier était d'argent fin sans
alliage. On peut voir par la valeur qu'il aurait dans ce temps-ci si le
pain et les autres denrées étaient plus ou moins chères alors qu'à présent. Douze livres du temps de Louis le Gros, feraient, je crois, environ
douze fois trente-quatre livres de ce temps-ci (1754).
2. Elles parurent renaître sous le règne de Charlemagne; les ravages
des Normands les firent retomber dans l'oubli jusqu'au règne de Louis
le Jeune, père de Philippe-Auguste.

suivirent. Les guerres de religion, sous Charles IX et Henri III, rendirent l'or et l'argent un peu plus communs par les profanations des calvinistes, qui pillaient les églises et convertissaient en espèces les vases sacrés, les châsses et les statues des saints. Les millions que la cour d'Espagne prodigua dans Paris pour soutenir la Ligue avaient aussi répandu l'aisance parmi un assez grand nombre de bourgeois, et l'on remarque que les rues Dauphine, Christine et d'Anjou[1], que Henri IV fit ouvrir sur une partie du jardin des Grands Augustins et sur les ruines de l'hôtel des abbés de Saint-Denis, furent bâties en moins d'un an. C'est le premier de nos rois qui ait embelli Paris de places régulières et décorées des ornements de l'architecture. Après avoir fait achever le Pont-Neuf, commencé sous Henri III, et dont le travail avait été interrompu pendant les guerres civiles, il fit bâtir la place Royale sur l'emplacement de l'hôtel des Tournelles, et la place Dauphine sur deux petites îles qu'on joignit ensemble et à celle du Palais, dont elles avaient été jusqu'alors séparées par un canal de la rivière, à l'endroit où est à présent la rue de Harlay. Sous la fin du ministère du cardinal de Richelieu, il n'y eut plus qu'un maître; et l'on vit les petits tyrans des provinces, qui s'étaient cantonnés si longtemps dans leurs châteaux contre l'autorité royale, venir briguer à la cour le plus chétif logement, avec toute la bassesse du courtisan, et faire bâtir en même temps à la ville, avec tout le faste de l'homme superbe. Enfin, Louis XIV régna; et bientôt Paris n'eut plus d'enceinte : ses portes furent changées en arcs de triomphe, et ses fossés, comblés et plantés d'arbres, devinrent des promenades. Quand on considère ce monarque, le bruit qu'il fit dans l'univers, quarante ans de victoires, sa grandeur, sa magnificence, sa dignité dans les plaisirs, les ressources qu'il savait tirer de ses dépenses mêmes, son goût pour les arts, qu'augmentait encore son avidité pour la gloire;

---

1. Ainsi nommées du Dauphin, du duc d'Anjou et de M⁽ˡˡᵉ⁾ Christine, leur sœur.

quand on pense que ses divertissements pendant la paix n'étaient pas seulement pour sa cour, pour sa capitale, pour ses peuples, mais des fêtes qu'il donnait à l'Europe, il semble que Paris aurait dû s'embellir encore plus sous son règne.

ENCEINTE DE PARIS COMMENCÉE EN 1190, SOUS LE RÈGNE DE PHILIPPE-AUGUSTE, ET ACHEVÉE EN 1211.

On voudra bien faire attention que je suis obligé de me servir du nom de rues, de couvents et de maisons qui n'existaient pas, et que sous saint Louis, petit-fils de Philippe-Auguste, un tiers au moins du terrain qui fut renfermé dans cette enceinte était encore vague ou en marais et cultures. Du côté de la rivière, au nord, elle passait près du Louvre[1], le laissant en dehors, traversait les rues Saint-Honoré et des Deux-Écus, l'emplacement de l'hôtel de Soissons, les rues Coquillière, Montmartre, Montorgueil, Françoise[2], Saint-Denis, Bourg-l'Abbé, Saint-Martin, continuait le long de la rue Grenier-Saint-Lazare, traversait la rue Beaubourg, la rue Sainte-Avoye, à l'endroit où est l'hôtel de Mesme[3], et, passant sur le terrain où sont les Blancs-Manteaux et ensuite entre les rues des Francs-Bourgeois et des Rosiers, allait aboutir au bord de la rivière, à travers les bâtiments de la maison professe des jésuites et le couvent de l'*Ave Maria*, où l'on voit encore des restes de ces murailles. Elles avaient huit principales portes : la première, près du Louvre, au bord de la rivière ; la seconde, à l'endroit où sont à présent les prêtres de l'Oratoire ; la troisième, vis-à-vis de Saint-Eustache, entre la rue Plâtrière et la rue du Jour ; la quatrième, rue Saint-Denis, appelée la porte aux Peintres, à l'endroit où est un cul-de-sac qui en a retenu le nom ; la cinquième, rue Saint-Martin, au coin de la rue Grenier-Saint-Lazare ; la sixième appelée la

---

1. Il était moins étendu de moitié qu'aujourd'hui.
2. Aujourd'hui improprement nommée rue Française, car elle reçut son nom primitif en l'honneur de François Ier.
3. Hôtel démoli pour l'ouverture de la rue Rambuteau.

porte Barbette[1], entre le couvent des Blancs-Manteaux et la rue des Francs-Bourgeois; la septième, près de la maison professe des jésuites; et la huitième, au bord de la rivière, entre le port Saint-Paul et le pont Marie.

Du côté de la rivière, au midi, l'autre moitié de cette enceinte, qui commençait à la porte Saint-Bernard, est à peu près tracée[2] par les rues des Fossés-Saint-Bernard, des Fossés-Saint-Victor, des Fossés-Saint-Michel ou rue Saint-Hyacinthe, des Fossés-Monsieur-le-Prince, des Fossés-Saint-Germain ou rue de la Comédie-Française, et des Fossés-de-Nesle, à présent rue Mazarine. Il y avait sept portes dans ce circuit : la porte Saint-Bernard ou de la Tournelle, les portes[3] Saint-Victor, Saint-Marcel et Saint-Jacques, la porte Gibard, d'Enfer ou de Saint-Michel, au haut de la rue de la Harpe, la porte de Buci[4], au haut de la rue Saint-André des Arcs, vis-à-vis de la rue Contrescarpe, et la porte de Nesle, où est à présent le collège des Quatre-Nations[5]. Dans la rue des Cordeliers, à l'endroit de la fontaine, il y eut encore une porte appelée la porte Saint-Germain; et lorsque la rue Dauphine fut bâtie, on en fit une vis-à-vis de l'autre bout de la rue Contrescarpe[6], et qu'on appela la porte Dauphine.

On ne commença de paver les rues de Paris qu'en 1184, sous le règne de Philippe-Auguste. Un financier (Gérard de Poissy) mérita que l'histoire transmît son nom à la postérité; il voulut généreusement contribuer à cette dépense, et donna onze mille marcs d'argent.

ENCEINTE COMMENCÉE SOUS CHARLES V, EN 1377, ET ACHEVÉE SOUS CHARLES VI, EN 1383.

Du côté du midi, Charles V ne changea rien à l'en-

---

1. Du nom d'une famille de Paris.
2. Je dis : à peu près tracée; et il est aisé de se figurer où passait précisément cette enceinte, en pensant que ces rues ont été bâties sur les fossés, et que ces fossés étaient devant les murailles.
3. Abattues en 1684.
4. Ainsi nommée de Simon de Buci, le premier qui ait porté le titre de premier président, tué en 1369.
5. Aujourd'hui palais de l'Institut.
6. Abattues l'une et l'autre en 1672.

ceinte de Philippe-Auguste; il fit seulement creuser des fossés autour des murailles; elles étaient flanquées de tours de distance en distance, et ne furent abattues qu'en 1646. J'ai dit que du côté du nord elles aboutissaient entre le port Saint-Paul et le pont Marie, vis-à-vis de la rue de l'Étoile; il les fit reculer jusqu'à l'endroit où est l'Arsenal; et les portes Saint-Antoine [1], Saint-Martin et Saint-Denis furent placées où nous les voyons. Depuis la porte Saint-Denis, ces murs continuaient le long de la rue de Bourbon, traversaient les rues du Petit-Carreau et Montmartre, la place des Victoires, l'hôtel de Toulouse, le jardin du Palais-Royal, la rue Saint-Honoré, près des Quinze-Vingts, et allaient finir au bord de la rivière, au bout de la rue Saint-Nicaise [2]. Aux quatre extrémités de cette enceinte, comme à celle de Philippe-Auguste, il y avait quatre grosses tours : la tour du Bois, près du Louvre; la tour de Nesle, où est le collège des Quatre-Nations ; la tour de la Tournelle, dont une partie subsiste encore près de la porte Saint-Bernard, et la tour de Billi, près des Célestins. Elles défendaient, des deux côtés de la rivière, l'entrée et la sortie de Paris par de grosses chaînes attachées d'une tour à l'autre, qui traversaient la Seine, portées sur des bateaux placés de distance en distance. L'approche de l'île Saint-Louis était défendue par un fort; on ne commença qu'en 1614 à y bâtir des maisons et à la joindre à une île appelée la petite île aux Vaches, dont elle avait été jusqu'alors séparée par un canal de la rivière, à l'endroit où est aujourd'hui l'église Saint-Louis. Les ponts Marie [3] et de la Tournelle ne furent achevés qu'en 1635.

Les rues des Petits-Champs et des Bons-Enfants aboutissaient encore en 1630 aux murailles de la ville, qui passaient, comme je l'ai marqué, sur le terrain où est à présent la place des Victoires; ce quartier était

1. Cette porte se trouvait entre les rues Jean-Beausire et des Tournelles. Démolie vers 1778.
2. Absorbée par la rue de Rivoli.
3. Ainsi nommé de Marie, l'entrepreneur qui en dirigea la construction.

même si retiré qu'on y volait en plein jour et qu'on l'appelait le quartier « Vide-Gousset ». Les bâtiments du Palais-Royal, que le cardinal de Richelieu fit commencer en 1629, occasionnèrent une nouvelle enceinte. Les nouveaux remparts qu'on fit élever, et que Louis XIV fit abattre[1], formaient le circuit que nous trace le boulevard. Ce nouveau côté de la ville fut bientôt couvert des rues de Cléry, du Mail, Saint-Augustin, Sainte-Anne, des rues Neuve-Saint-Eustache et des Petits-Champs et autres adjacentes ; il y avait cependant encore des moulins[2] sur la butte Saint-Roch en 1670.

Voilà une idée des différents accroissements de Paris. Je vais à présent parcourir cette capitale. Je dis parcourir ; car mon dessein, en composant ces *Essais*, n'a pas été d'en donner une description générale, suivie et détaillée ; je ne parlerai que des quartiers et des rues où il s'est passé quelque fait singulier, intéressant et propre à montrer quelles ont été, en différents temps, les mœurs et coutumes de la nation.

Les monuments et les histoires nous fournissent des lumières pour connaître les actions de nos ancêtres. L'homme qui pense compare les usages antiques avec les nôtres, et trouve singulier que nous lisions avec étonnement les relations qui nous apprennent les coutumes de certains peuples éloignés, tandis que les caractères, les préjugés de nos aïeux, que dis-je ? nos mœurs même présentes, sont tout aussi bizarres que celles qui causent notre surprise.

L'habitude et l'esprit de dissipation nous ferment également les yeux et sur ce qui est arrivé avant nous et sur les événements de notre âge. Nous ne faisons surtout aucune attention à ce qui s'est passé dans le même pays, dans la même ville, dans la même rue que nous habitons. Nous marchons sur les débris d'une antiquité respectable, sans qu'ils arrêtent nos regards ; nous foulons d'un pied rapide les cendres des héros

1. Il pensa que la capitale d'un grand roi et d'un grand royaume n'en doit point avoir.
2. La rue des Moulins en a retenu le nom.

qui ont défendu l'État et qui ont dérobé nos mains délicates à l'esclavage, sans daigner nous en rappeler la mémoire; nous nous trouvons souvent avec indifférence dans des quartiers de cette capitale célèbres par des événements qui ont fait le bonheur ou le malheur de la patrie.

RUE SAINT-ANDRÉ-DES-ARCS [1].

Pendant les guerres civiles, sous le règne de Charles VI, la nuit du 28 au 29 mai 1418, Perrinet le Clerc, fils d'un quartenier de la ville, prit sous le chevet du lit de son père les clefs de la porte de Buci et l'ouvrit aux troupes du duc de Bourgogne. Ces troupes, auxquelles se joignit la plus vile populace, pillèrent, tuèrent ou emprisonnèrent tous ceux qui étaient opposés à la faction de ce prince, et qu'on appelait Armagnacs. Le 12 de juin, le carnage recommença avec encore plus de fureur; la populace courut aux prisons, se les fit ouvrir; les plus notables bourgeois, deux archevêques, six évêques, plusieurs présidents, conseillers et maîtres des requêtes, furent assommés ou précipités du haut des tours de la Conciergerie et du grand Châtelet; on les recevait en bas sur la pointe des piques et des épées; les environs du palais regorgeaient de sang; les corps du connétable Bernard d'Armagnac et du chancelier Henri de Marle, après avoir été traînés dans les rues, furent jetés à la voirie. Les bouchers érigèrent ensuite à Perrinet le Clerc, à la place Saint-Michel, une statue dont le tronc subsiste encore et sert de borne à la maison qui fait le coin de la rue Saint-André-des-Arcs et de la rue de la Vieille-Boucherie [2].

Malgré la tradition et le sentiment de la plupart des historiens, Moreau de Mautour prétend que cette borne avec une tête d'homme n'est que le pur effet du caprice d'un ouvrier, et qu'il n'y a jamais eu de statue de Perrinet le Clerc; il en paraît si persuadé, qu'il a négligé

1. Ainsi nommée parce qu'on y vendait des arcs et des flèches. Aujourd'hui l'on écrit à tort *des Arts.*
2. Rue de la Harpe. Cette borne a depuis longtemps disparu.

d'appuyer son opinion sur des preuves et de bonnes raisons. Germain Brice, qui d'ailleurs rapporte très mal le trait historique, dit que « l'on trouva, il y a quelques années, dans la cave d'une maison voisine, des fragments de cette statue ». Il y a toute apparence qu'on la mutila dès que Charles VII fut maître de Paris, et que, par dérision, on la mit à servir de borne. Il est aisé de voir combien elle est différente des autres bornes par sa longueur et sa grosseur.

RUE SAINT-ANTOINE.

Les lices que fit faire Henri II pour le tournoi où il fut blessé allaient depuis le palais des Tournelles jusqu'à la Bastille. Après sa mort, Catherine de Médicis regarda ce palais comme funeste, n'y voulut plus demeurer et engagea même Charles IX à le faire abattre. Il ne fut cependant entièrement démoli que sous le règne de Henri IV, qui fit commencer la place Royale sur son emplacement. Ce n'avait été d'abord qu'un simple hôtel, appartenant, en 1390, au chancelier d'Orgemont. Léon de Lusignan, roi d'Arménie, y demeurait, et y mourut en 1393. Le duc de Bedfort, régent pendant la minorité de Henri VI, prétendu roi de France, s'y logea vers 1422, l'agrandit et l'embellit, au point que Charles VII et ses successeurs en préférèrent le séjour à celui de l'hôtel Saint-Paul, qui était vis-à-vis. Son enceinte[1], avec le parc et les jardins, s'étendait depuis la rue des Égouts jusqu'à la porte Saint-Antoine, et renfermait tout ce terrain où l'on a bâti depuis les rues des Tournelles, Jean-Beausire, des Minimes, du Foin, Saint-Gilles, Saint-Pierre, des Douze-Portes, et le commencement de la rue Saint-Anastase[2].

C'est à l'entrée de la rue des Tournelles, où aboutissait alors un des côtés du parc, vis-à-vis de la Bastille, que Quélus, Maugiron et Livarot se battirent en duel, à cinq heures du matin, le 27 avril 1578, contre d'Entragues, Ribérac et Scomberg. Maugiron et Scom-

1. Enceinte du palais des Tournelles.
2. Aujourd'hui rue Villehardouin.

berg, qui n'avaient que dix-huit ans, furent tués raides;
Ribérac mourut le lendemain; Livarot, d'un coup sur la
tête, resta six semaines au lit; d'Entragues ne fut que
légèrement blessé; Quélus, de dix-neuf coups qu'il
avait reçus, languit trente-trois jours et mourut entre
les bras du roi, le 29 mai, à l'hôtel de Boissi, dans une
chambre qu'on peut dire avoir été sanctifiée depuis,
servant à présent de chœur aux filles de la Visitation
de Sainte-Marie.

« Quélus, dit Brantôme, se plaignait fort de ce que
d'Entragues avait la dague plus que lui, qui n'avait
que la seule épée ; aussi, en tâchant de parer et de dé-
tourner les coups que d'Entragues lui portait, il avait
la main toute découpée de plaies; et lorsqu'ils commencèrent à se battre, Quélus lui dit : « Tu as une
« dague, et moi je n'en ai point. » A quoi d'Entragues
répliqua : « Tu as donc fait une grande sottise de l'avoir
« oubliée au logis; ici sommes-nous pour nous battre, et
« non pour pointiller des armes. » Il y en a aucuns qui
disent que c'était quelque espèce de supercherie d'avoir
eu l'avantage de la dague, si l'on était convenu de n'en
point porter, mais la seule épée. Il y a à disputer là-
dessus : d'Entragues disait qu'il n'en avait pas été
parlé; d'autres disent que, par gentillesse chevaleres-
que, il devait quitter la dague ; c'est à savoir s'il le devait. » Cela ne serait pas douteux aujourd'hui; et cela
n'aurait jamais dû l'être.

Quand on apprit à Paris la mort des Guises, tués à
Blois le 27 décembre 1588 par l'ordre de Henri III, le
peuple, que les prédications des moines avaient rendu
furieux, courut à Saint-Paul et détruisit les tombeaux
que ce prince avait fait élever à Quélus, à Maugiron
et à Saint-Mégrin, disant qu'« il n'appartenait pas à ces
méchants, morts en reniant Dieu, d'avoir si beaux monuments dans l'église ». On voyait sur ces tombeaux,
qui étaient de marbre noir et chargés d'épitaphes aux
quatre faces, les statues très ressemblantes de ces trois
favoris.

Je finis cet article par un trait qui marque bien la

fureur des duels de ce temps-là. Quélus et Bussi, ayant eu querelle ensemble, se donnèrent rendez-vous pour se battre, et leurs pères devaient leur servir de seconds. Le roi les accommoda et empêcha ce combat.

ÉGLISE DE SAINT-LOUIS [1].

M. Perraut, président de la Chambre des comptes, secrétaire des commandements de Henri de Bourbon, père du grand Condé, non content d'avoir fait à ses frais et décoré en bronze la chapelle magnifique que les connaisseurs admirent dans l'église des ci-devant jésuites, rue Saint-Antoine, où repose le cœur de ce prince, laissa une somme considérable pour faire célébrer tous les ans un service solennel pour le repos de l'âme de son maître, et qu'annuellement un prédicateur montât dans la chaire de vérité pour y exalter les vertus et les services d'un prince également chrétien et patriote. Le célèbre Bourdaloue est le premier qui ait payé ce tribut.

RUE DE L'ARBRE-SEC [2].

En 1505, il y eut dans cette rue une espèce de sédition à l'occasion d'une marchande que le curé ne voulait pas enterrer qu'on ne lui eût montré, ou à l'évêque, le testament qu'elle avait fait. Les évêques prétendaient être en droit de se faire présenter les testaments ; ils défendaient de donner la sépulture à ceux qui mouraient *ab intestat*, ou qui n'avaient pas fait un legs à l'Église ; et les parents étaient obligés d'aller à l'official, qui commettait un prêtre ou quelque autre personne ecclésiastique pour réparer la faute du défunt et faire ce legs en son nom. En 1533, pendant que la peste ravageait Paris et que l'on n'avait guère le temps de songer à tester, les corps d'une infinité de personnes restèrent plusieurs jours sans sépulture et achevaient d'infecter l'air. N. des Ursins, vicaire général en l'absence de l'évêque, voulut bien se relâcher et

1. Actuellement église Saint-Louis-Saint-Paul, rue Saint-Antoine, 120.
2. Ainsi nommée d'une vieille enseigne, l'*Arbre sec*.

permettre qu'on les enterrât, « sans tirer à conséquence ». Quelques curés s'opposaient même à la profession de ceux qui voulaient se faire moines, jusqu'à ce qu'ils eussent payé les droits de sépulture, disant que, puisqu'ils mouraient au monde par la profession religieuse, il était juste qu'ils s'acquittassent de ce qu'ils auraient dû si on les avait enterrés.

On lit dans le journal, sous les règnes de Charles VI et de Charles VII, année 1440, que « pendant quatre mois, dans le cimetière des Innocents, on n'enterra ni petit ni grand, et qu'on n'y fit recommandation pour personne, parce que maître Denis des Moulins, évêque de Paris, en voulait avoir trop grande somme d'argent ». On publiait au prône et l'on affichait à la porte de la paroisse l'excommunication contre le « mort » que la famille avait enterré dans un champ, ne pouvant ou ne voulant pas payer la somme exorbitante que l'Église demandait « pour le laisser pourrir en terre bénite ». Enfin, par arrêt du 13 juin 1552, le Parlement réprima ce scandale ; quelques évêques prétendirent que c'était toucher à l'encensoir : leurs mandements furent flétris, et les contrevenants de l'arrêt furent poursuivis avec tant de vigueur, que peu à peu ces vexations cessèrent, ou que du moins on les exerça d'une façon plus honnête.

L'ARSENAL.

L'Hôtel de ville avait, derrière les Célestins, un arsenal qu'on appelait les granges de l'artillerie de la ville. François Ier, voulant faire fondre du canon, les fit demander au prévôt des marchands et échevins, qui ne les prêtèrent que de très mauvaise grâce, prévoyant apparemment ce qui arriverait : ces granges devinrent maison royale. Le feu y prit en 1602. Les nouveaux bâtiments que fit faire Charles IX furent considérablement augmentés par Henri III et Henri IV.

Un auteur dit qu'il a vu deux traités faits par Louis XIII avec Villedo, l'un du 29 janvier 1636, l'autre du 3 octobre 1637, pour la construction d'un canal autour de Paris, depuis le bastion de l'Arsenal jusqu'à la porte de la Conférence[1]. Il ajoute qu'après beaucoup de dépense, cet ouvrage fut interrompu par M. de Bullion, surintendant des finances, contraire à cette entreprise parce qu'elle était protégée par le P. Joseph le Clerc, capucin si connu sous le ministère du cardinal de Richelieu. Il serait singulier qu'un surintendant des finances, par pique contre un capucin, eût interrompu un ouvrage qui avait coûté considérablement, et qu'on avait imaginé comme le seul moyen de remédier aux inondations de la Seine.

RUE AUBRI-LE-BOUCHER [2].

En 1309, un homme qu'on menait au supplice fut délivré dans cette rue par le cardinal de Saint-Eusèbe. Les cardinaux ont prétendu pendant longtemps qu'ils avaient le privilège (comme autrefois les vestales à Rome) de donner grâce à un criminel, en affirmant qu'ils ne s'étaient rencontrés que par hasard sur son passage.

QUAI DES AUGUSTINS.

C'était un terrain planté de saules, ordinairement inondé l'hiver, et qui servait l'été de promenade. Philippe le Bel, par lettres du 9 juin 1312, ordonna au prévôt des marchands de le faire revêtir de pierres de taille ; et l'on voit, par d'autres lettres du 23 mai de l'année suivante, qu'il lui reproche sa négligence à exécuter les ordres qu'il lui avait donnés.

Au bout de la rue Git-le-Cœur, dans l'angle qu'elle forme avec la rue de Hurepoix [3], François Ier fit bâtir, vers le milieu de son règne, un très luxueux petit

1. A l'extrémité du jardin des Tuileries était une porte dite porte Neuve, par laquelle Henri III, après la journée des Barricades, sortit de Paris. Le peuple voulait le poursuivre ; mais le grand prévôt de France harangua les révoltés et eut avec eux un colloque qui donna au roi le temps de gagner Saint-Cloud. A la suite de cet événement eurent lieu entre le peuple et le roi des négociations ou *conférences* dont le nom resta à la porte par où passaient les négociateurs allant de Paris à Saint-Cloud. (F. Lock.)
2. Ainsi nommée d'*Aubri le boucher*, bourgeois de Paris.
3. Réunie au quai des Augustins en 1806.

palais, tout près de la rue de l'Hirondelle. Les peintures à fresques, les tableaux, les statues, les tapisseries, les salamandres[1] accompagnées d'emblèmes galants et de devises ingénieuses, abondaient dans cette demeure, dont il ne reste plus que quelques vestiges. « De toutes ces devises, dit Sauval, qu'on voyait il n'y a pas encore longtemps, je n'ai pu me ressouvenir que de celle-ci : c'était un cœur enflammé, placé entre un alpha et un oméga, pour dire apparemment : il brûlera toujours. » Le cabinet des bains sert à présent d'écurie à une auberge qui a retenu le nom de la *Salamandre;* un chapelier fait la cuisine dans la chambre du lever de François Ier, et la femme d'un libraire était dans son petit salon des délices, lorsque j'allai pour examiner les restes de ce palais.

J'ai lu dans un auteur anonyme que ce prince, le jour des Rois 1521, s'amusant à attaquer à coups de pelotes de neige, avec sa bande, un logis que le comte de Saint-Paul défendait avec la sienne, fut dangereusement blessé à la tête d'un tison que Montgommeri, par mégarde, avait jeté d'une fenêtre. Il n'est point étonnant de voir deux scélérats dans une famille ; mais il est bien singulier qu'un père et un fils[2], fidèles sujets et remplis d'honneur et de probité, soient destinés, par la fatalité la plus affreuse, l'un à blesser et l'autre à tuer[3] son roi. Etienne Pasquier, en racontant cet accident, dit qu'il arriva à Blois.

Au bout de ce quai, près des Grands Augustins, était l'hôtel d'Hercule, ainsi nommé des travaux d'Hercule qu'on y avait peints. Louis XII le donna au chancelier Duprat. Antoine Duprat, son petit-fils, seigneur de Nantouillet, prévôt de Paris, se vantait d'être l'homme de l'Europe qui avait les plus puissants ennemis. « J'ai nargué, disait-il, la reine Élisabeth à Londres ; je parle tous les jours fort mal du duc d'Anjou[4] et du roi de

---

1. C'était le corps de la devise de François Ier.
2. Ils étaient capitaines de la garde écossaise.
3. On sait que Henri II fut blessé dans un tournoi par Montgommeri et mourut de cette blessure.
4. Qui devint Henri III.

Navarre [1]; et j'ai eu le plaisir de manquer de parole au
duc de Guise à l'occasion d'une terre. » Le duc d'Anjou,
le roi de Navarre et le duc de Guise lui mandèrent
un jour qu'ils iraient souper chez lui, à cet hôtel d'Hercule; et ils y allèrent, malgré tous les prétextes qu'il
put alléguer pour se dispenser de recevoir cet honneur. Après le souper, leur suite pilla ou jeta par les
fenêtres son argent, sa vaisselle et ses meubles. « Le
lendemain, dit l'Estoile, le premier président fut trouver le roi (Charles IX), et lui dit que tout Paris était
ému pour le vol de la nuit passée, et que l'on disait que
Sa Majesté y était en personne et l'avait fait pour rire ;
à quoi le roi ayant répondu que ceux qui le disaient
avait menti, le premier président répliqua : « J'en ferai
« donc informer, Sire. — Non, non, répondit le roi ;
« ne vous en mettez en peine : dites seulement à Nan-
« touillet qu'il aura affaire à trop forte partie s'il en
« veut demander raison. »

Quelque temps après, Mlle de Rieux, amie du duc
d'Anjou, vive et fière comme une Bretonne, passant
à cheval [2] sur le quai de l'École, et voyant venir Nantouillet à pied, suivi de ses gardes, un jour de cérémonie, part comme un éclair, le renverse et le fait fouler
aux pieds de son cheval.

RUE DES PETITS-AUGUSTINS [3].

L'abbaye de Saint-Germain des Prés, proche et
hors des murs de Paris, ressemblait à une citadelle ;
ses murailles étaient flanquées de tours environnées
de fossés ; un canal large de treize à quatorze toises,
qui commençait à la rivière et qu'on appelait la petite
Seine, coulait le long du terrain où est à présent la
rue des Petits-Augustins et allait tomber dans ces fossés [4]. La prairie que ce canal partageait en deux fut

1. Henri IV.
2. C'était ainsi qu'allaient alors les filles d'honneur de la reine.
3. Aujourd'hui rue Bonaparte.
4. On les combla en 1640 et l'on bâtit, sur le terrain qu'ils occupaient,
un côté des rues Saint-Benoît, Sainte-Marguerite et du Colombier;
l'autre côté de cette dernière rue avait été bâti vers l'année 1543, avec
la rue Desmarais.

nommée le grand et le petit Pré-aux-Clercs, parce que les écoliers, qu'on appelait autrefois clercs, allaient s'y promener les jours de fête. Le petit Pré était le plus proche de la ville.

Une partie de l'armée de Henri IV était campée dans le grand Pré-aux-Clercs lorsqu'il assiégea Paris en 1589. « Le mercredi, premier jour de novembre, à la faveur d'un brouillard qui se leva comme par miracle après la prière faite dans le Pré-aux-Clercs, le roi surprit les faubourgs Saint-Jacques et Saint-Germain...; et sur les sept heures du matin, il se fit faire, au faubourg Saint-Jacques, dans la salle du Petit-Bourbon [1], un lit de paille fraîche sur laquelle il se reposa environ trois heures... Ce même jour, ayant envie de voir Paris à découvert, il monta au haut du clocher de Saint-Germain des Prés, où le conduisit un moine, avec lequel il se trouva seul. En étant descendu, il dit au maréchal de Biron : « Une appréhension m'a saisi étant avec un moine, et me souvenant du couteau de frère Clément... » Le vendredi, 3 novembre, n'ayant pas reçu l'artillerie nécessaire pour battre la ville, il sortit des faubourgs et demeura en bataille depuis sept heures du matin jusqu'à onze pour attirer le duc de Mayenne hors des portes; mais personne ne sortit. »

On ne commença de bâtir dans le grand Pré-aux-Clercs que sous Louis XIII; et les rues des Petits-Augustins, Jacob, de l'Université, de Verneuil, de Bourbon et de Saint-Père [2] n'étaient pas encore achevées au commencement du règne de Louis XIV.

La reine Marguerite, première femme de Henri IV, avait fait venir des Augustins déchaussés [3], auxquels elle donna une maison, six arpents de terrain et six mille livres de rente perpétuelle, à condition qu'ils chanteraient des cantiques et les louanges de Dieu sur des airs qui seraient faits par son ordre. Ces Pères,

1. A présent le Val-de-Grâce.
2. Aujourd'hui nommée à tort des Saints-Pères ; elle doit son nom à une chapelle dédiée à Saint-Pierre (appelée par corruption Saint-Père) et actuellement occupée par l'Académie de médecine.
3. Petits-Pères.

assurément, n'aimaient pas la musique ; ils s'obstinèrent à ne vouloir que psalmodier ; elle les chassa et mit à leur place des Augustins chaussés, qui se sont assez bien arrondis depuis et qui ont donné le nom à la rue.

RUE SAINT-AVOYE [1].

L'hôtel de Mesmes était l'hôtel d'Anne de Montmorency, connétable de France. Il y mourut avec toute la dignité d'un héros chrétien, le 12 novembre 1567, deux jours après la bataille de Saint-Denis, des blessures qu'il y avait reçues. Ce respectable vieillard, âgé de soixante-quatorze ans, couvert de sang, son épée rompue, donna un si furieux coup du pommeau dans le visage de Robert Stuard, qui lui disait de se rendre, qu'il lui cassa deux dents et le renversa de cheval ; dans l'instant un des soldats de Stuard lui tira dans les reins un coup de pistolet chargé de trois balles. Il avait servi sous cinq rois, s'était trouvé à près de deux cents combats, à huit batailles rangées, et avait été employé à dix traités de paix. Je remarque que, dans ces temps malheureux, les princes et les principaux chefs catholiques et protestants sont tous morts funestement ou d'une façon singulière : Henri II, d'un éclat de lance dans l'œil ; Charles IX, vomissant son sang ; Henri III et Henri IV, assassinés ; Antoine de Bourbon, roi de Navarre, blessé au siège de Rouen ; François, comte d'Enghien, d'un coffre qui lui tomba sur la tête en se divertissant avec ses favoris au château de la Roche-Guyon ; Henri de Bourbon, marquis de Beaupréau, d'une chute de cheval à la chasse ; Louis Ier, prince de Condé, assassiné par Montesquiou, après la bataille de Jarnac ; Henri Ier, prince de Condé, empoisonné à Saint-Jean-d'Angély ; le maréchal de Saint-André, tué de sang-froid par Bobigni, après la bataille de Dreux ; François de Clèves, tué par accident à la même bataille par son meilleur ami ; François de Guise, assassiné par Jean Poltrot de Méré, au siège d'Orléans ; Henri de Guise et le cardinal de Guise, tous deux assassinés à

1. Réunie à la rue du Temple ; une impasse a conservé ce nom.

Blois; le cardinal de Lorraine, empoisonné à Avignon par un moine, et le cardinal de Châtillon à Hampton par son valet de chambre; l'amiral de Coligni, massacré la nuit de la Saint-Barthélemy; l'amiral André de Villars-Brancas, prisonnier des Espagnols, poignardé par l'ordre de Contreras, leur commissaire général. Des cinq frères Joyeuse, Anne et Claude furent tués indignement par les capitaines Bordeaux et Descentiers à la bataille de Coutras; Georges fut trouvé mort d'apoplexie dans son lit la veille de ses noces; Antoine Scipion se noya dans la rivière de Tarn après le combat de Villemur; et Henri, pair et maréchal de France, mourut capucin.

RUE BARBETTE [1].

Isabeau de Bavière, femme de Charles VI, avait acheté l'hôtel de Barbette; c'était son petit séjour [2]; elle s'y retirait ordinairement pendant les accès de la maladie de ce prince.

J'ai lu dans une vieille chronique que, pour engager ce roi insensé à changer de linge et à se coucher entre deux draps, ce qu'il n'avait pas voulu faire pendant près de cinq mois, on faisait entrer brusquement dans sa chambre dix ou douze hommes bizarrement vêtus et barbouillés de noir, qui le prenaient sans lui rien dire, le déshabillaient et le mettaient au lit; il en avait peur et n'osait leur résister. On ne saurait lire la vie de ce prince sans être attendri; il était d'une figure majestueuse, d'une force et d'une adresse étonnante à toutes sortes d'exercices, libéral, affable et plein d'humanité. Les cris du peuple, dès qu'il se portait un peu mieux, l'instruisaient de l'administration tyrannique de ses oncles, et la bonté de son cœur lui rendait alors l'état de sa santé encore plus cruel. Il voyait qu'on profitait de sa maladie pour mettre de nouveaux impôts, et que le duc d'Orléans, son frère, et la

1. Ainsi nommée d'Étienne Barbette, prévôt de Paris sous Philippe le Bel.
2. Nom qu'on donnait aux petits hôtels qu'avaient les princes aux portes de Paris.

reine s'appropriaient les revenus de la couronne et
les dissipaient en dépenses superflues, tandis que le
Dauphin manquait du nécessaire. Il fit venir un jour
la gouvernante des enfants ; elle lui avoua que souvent
ils n'avaient de quoi manger ni de quoi se vêtir. « Je
ne suis pas mieux traité, » répondit-il en soupirant et
en lui donnant, pour la vendre, une coupe d'or dans
laquelle il venait de boire. Il eût été un grand roi s'il
ne fût pas tombé dans cette funeste maladie, qui occasionna tous les malheurs de la France et les triomphes
des Anglais.

RUE DES BARRES.

Louis de Bourbon, beau et bien fait, qui s'était signalé en différentes occasions, et entre autres à la bataille d'Azincourt, allant, à son ordinaire, voir un soir
la reine Isabeau de Bavière au château de Vincennes,
rencontra le roi (Charles VI) qui en revenait et qu'il
salua, mais « sans s'arrêter ni descendre », et conti-
nuant de pousser son cheval au grand galop. Le roi,
l'ayant reconnu, ordonna à Tangui du Châtel, prévôt
de Paris, de courir après lui et de le conduire en
prison. La nuit, il fut mis à la question, ensuite enfermé dans un sac et jeté dans la Seine, avec ces mots
sur le sac : « Laissez passer la justice du roi. » Un auteur anonyme qui se plaît trop à conter des faits singuliers pour qu'on ne le soupçonne pas de rapporter
quelquefois des fables, dit que l'homme que l'on envoya
à la maison de Louis de Bourbon pour saisir ses pa-
piers, ayant ouvert le tiroir d'une vieille armoire, il
sortit dix ou douze aspics, ou serpents, et que le lendemain on trouva cet homme expirant, et ces serpents
entortillés autour de son cou, de ses jambes et de ses
bras.

RUE SAINT-BARTHÉLEMY [1].

Robert, fils de Hugues Capet, avant que d'épouser
Berthe, sa cousine issue de germain, fit une assemblée

---

1. Aujourd'hui rue de la Barillerie.

d'évêques pour savoir s'il lui fallait des dispenses; leur avis fut qu'il n'en avait pas besoin, ou qu'en tout cas ils pouvaient les donner. Deux ans après, Grégoire V, ayant été élu pape, tint à Rome un concile dont le premier décret attaqua ce mariage et fut conçu dans ces termes : « Que le roi Robert et Berthe, sa parente, qui se sont mariés contre les lois de l'Église, aient à se séparer et à faire une pénitence de sept ans; et qu'Archambauld, archevêque de Tours, qui leur a donné la bénédiction nuptiale, et les autres évêques qui ont assisté à ce mariage soient interdits de la communion jusqu'à ce qu'ils soient venus à Rome faire satisfaction au saint-siège. » Robert aimait sa femme : elle allait être mère; il lui paraissait affreux de la déshonorer, et l'enfant auquel elle allait donner le jour. Il refusa d'obéir, fut excommunié; et l'on vit aussitôt, non seulement le peuple, mais même les gens de la cour se séparer de leur roi : il ne lui resta que deux domestiques; encore faisaient-ils passer par le feu, pour les purifier, les plats où il avait mangé et les vases où il avait bu. Un matin qu'il était allé, selon sa coutume, dire ses prières à la porte de Saint-Barthélemy (car il n'osait pas y entrer), Abbon, abbé de Fleuri, suivi de deux femmes du palais, qui portaient un grand plat de vermeil couvert d'un linge, l'aborde, lui annonce que Berthe vient de le rendre père, et, découvrant le plat : « Voyez, lui dit-il, les effets de votre désobéissance aux décrets de l'Église, et le sceau de l'anathème sur le fruit de votre union. » Robert regarde, et voit un monstre, disent Pierre Damien et Romuald, qui avait le cou et la tête d'un canard. Croira-t-on que, par le plus abominable complot, dans l'idée d'obliger ce prince à se soumettre et pour fortifier en même temps parmi le peuple la terreur qu'inspiraient les excommunications, on substitua ce monstre à la place du véritable enfant? Quoi qu'il en fût, Berthe fut répudiée; Robert épousa Constance de Provence, dont le caractère altier, cruel, vindicatif, exerça si souvent sa patience et causa tant de troubles dans l'État, qu'il ne parut pas que la bénédiction du Ciel se fût répandue sur ce second mariage.

LA BASTILLE.

Christine de Pisan, qui avait vécu sous le règne de Charles V et qui écrivit la vie de ce prince, rapporte qu'il fit bâtir « la bastille Saint-Antoine, quoique depuis on y ait travaillé ». Hugues Aubriot, prévôt de Paris, y posa la première pierre le 22 avril 1370. Le Laboureur dit qu'on acheva de la fortifier en 1382. C'est un château qui, sans être fort, est un des plus redoutables de l'Europe, et sur lequel je ne rapporterai aucune anecdote.

RUE DES BERNARDINS.

Le cardinal de Retz et les frondeurs, cherchant à exciter une nouvelle sédition dans Paris, imaginèrent qu'il fallait persuader que la cour avait voulu faire assassiner Joli, un des syndics pour les rentes sur la ville, conseiller au Châtelet et homme fort accrédité parmi le peuple. « On plaça son pourpoint et son manteau sur un morceau de bois, dans une certaine attitude ; d'Estainville tira un coup de pistolet avec tant de justesse sur une des manches, qu'on avait remplie de son, qu'il la perça précisément où il fallait ; après quoi, il fut arrêté entre lui et Joli que le véritable coup serait tiré le lendemain, environ les sept heures et demie du matin, dans la rue des Bernardins... La chose fut faite comme on l'avait projeté ; d'Estainville s'approcha du carrosse ; Joli se baissa ; le coup passa par-dessus la tête et fut si bien ajusté, qu'il se rapportait parfaitement à la situation où il devait être dans le carrosse... Il fut conduit chez un chirurgien, vis-à-vis de Saint-Nicolas du Chardonnet, où, ayant été déshabillé, on lui trouva au bras gauche, à l'endroit où les balles devaient avoir passé, une espèce de plaie qu'il s'était faite lui-même la nuit avec des pierres à fusil ; de sorte que le chirurgien ne douta pas que ce ne fût l'effet du coup, et y mit un appareil dans les formes, tandis que d'Argenteuil disait et faisait tout ce qu'il pouvait pour insinuer que cette entreprise n'avait pu venir que de la part de la cour, qui voulait se défaire de celui des syndics qui paraissait le plus ferme et le plus affectionné au bien public. »

Quelles seraient les idées d'un sauvage à la lecture de ce récit, où le sieur Joli lui-même rapporte, et avec un air de satisfaction et de vanité, qu'il aposta de faux témoins, qu'il fabriqua de fausses preuves et qu'il prit les mesures les mieux réfléchies et les plus sûres pour persuader que la reine et le ministre avaient voulu le faire assassiner? Ce sauvage penserait sans doute que ces infâmes manœuvres ne déshonorent point en France, n'étant pas naturel qu'un homme se donne la peine d'écrire sa vie pour se rendre odieux et méprisable.

RUE BÉTIZY [1].

C'est dans la deuxième maison à gauche, en entrant par la rue de la Monnaie, et où est à présent une messagerie, que l'amiral de Coligni fut assassiné la nuit de la Saint-Barthélemy 1572. Le massacre ne devait commencer qu'une heure avant le jour, aux premiers coups du tocsin de l'horloge du palais. Catherine de Médicis, vers minuit, croyant remarquer dans le roi des remords et de l'irrésolution, et craignant qu'il ne vînt à changer de sentiment, fit avancer le signal et sonner à Saint-Germain-l'Auxerrois. Aussitôt le duc de Guise, bien escorté, marche et frappe à la porte de l'amiral : Labonne ouvre; on le poignarde. Charles Dianowitz, dit le Besme [2]; Petrucci, Siennois; Cosseins et Sarlabous montent et trouvent l'amiral assis dans un fauteuil, et qui s'était éveillé au bruit : «Jeune homme, dit-il à le Besme, tu devrais respecter mes cheveux blancs; mais fais ce que tu voudras; tu ne peux m'abréger la vie que de peu de jours. » Il était malade, blessé [3]; et les inquiétudes du cabinet, jointes aux

1. Ainsi nommée de Jacques Bétizy, avocat au Parlement. Supprimée par le percement de la rue de Rivoli.
2. Parce qu'il était de Bohême.
3. A la main droite et au bras gauche, d'un coup d'arquebuse que

fatigues de la guerre, l'avaient plus vieilli que les années : il n'avait que cinquante-cinq ans. Le Besme et Petrucci, après l'avoir percé de plusieurs coups, le jetèrent par la fenêtre dans la cour, où le duc de Guise, pour le reconnaître, essuya avec son mouchoir le sang qui lui couvrait le visage, et l'ayant foulé aux pieds : « C'est bien commencé, dit-il à sa troupe; allons continuer notre besogne. »

Pierre Matthieu rapporte qu'il a entendu raconter plusieurs fois à Henri IV que le soir, quelques heures avant le massacre, jouant aux dés avec le duc de Guise, il parut des gouttes de sang sur la table et que, les ayant fait essuyer, elles reparurent encore; ce qui le frappa au point qu'il quitta le jeu.

Le cardinal de Lorraine, pour récompenser le Besme, le maria à une de ses parentes. Un Italien coupa la tête de l'amiral et la porta à Catherine de Médicis; elle la fit embaumer et l'envoya à Rome. Le pape ordonna une procession solennelle en actions de grâces de l'heureuse journée de la Saint-Barthélemy[1].

Charles IX avait envoyé des ordres dans toutes les provinces pour exterminer les huguenots. Tandis que la plupart des gouverneurs étaient assez féroces ou assez lâches pour y obéir, le vicomte d'Orthez, qui commandait à Bayonne, lui écrivit : « Sire, j'ai communiqué la lettre de Votre Majesté à la garnison et aux habitants de cette ville; je n'y ai trouvé que de braves soldats, de bons citoyens, et pas un bourreau. »

RUE BLANCHE.

Tout le monde a vu dans cette rue, près la Barrière-Blanche, maison de M. Pigalle[2], le monument que cet

Maurevert, caché dans une maison du cloître de Saint-Germain-l'Auxerrois, lui avait tiré quelques jours auparavant, lorsqu'il revenait du Louvre à pied. On raconte qu'en apprenant cette tentative d'assassinat, Charles IX dit à l'amiral, en témoignant une grande indignation : « La blessure est pour vous, la douleur pour moi. »

1. Mézeray.

2. Célèbre statuaire, né en 1714, mort en 1785. Son nom a été donné à une rue voisine.

artiste célèbre vient d'élever à la mémoire de M. de Voltaire vivant. Le Praxitèle français a supérieurement saisi la figure de ce poète. Mais pourquoi l'a-t-il fait tout nu? L'aspect de ce corps décharné n'ajoute rien à la renommée de l'original. Il est assez indifférent à la postérité de compter les côtes de M. de Voltaire. J'aurais mieux aimé que des voiles, heureusement dessinés, eussent dérobé le hideux de cette statue et n'eussent permis aux yeux de s'arrêter que sur une tête tant de fois couronnée.

J'ai admiré, avec tout Paris, dans cette même maison le mausolée du maréchal de Saxe. Mon âme était remplie de deux sentiments qui l'enivraient d'un plaisir égal. C'est le roi lui-même qui a ordonné ce beau monument et qui en a fait la dépense. « Ainsi, me dis-je, ce prince étend ses bienfaits et sa reconnaissance au delà du tombeau! Ainsi les grands hommes qui servent l'État sont honorés et récompensés, non seulement pendant leur vie, mais après leur mort! »

Le mausolée m'affectait, en même temps qu'il me donnait une idée sublime de la gratitude et de la magnificence du roi. Le héros est représenté debout, cuirassé, avec un bâton de commandement à la main. Derrière le maréchal est une pyramide sur laquelle est gravée l'épitaphe. Cette pyramide est ornée de plusieurs trophées d'armes et de différents attributs de la Victoire. Sur le devant s'offre un tombeau que la Mort entr'ouvre d'une main; de l'autre elle tient une horloge de sable et semble dire au héros que l'heure fatale est arrivée. Il a déjà fait un pas pour descendre dans le tombeau: la France, assise sur un des degrés qui y conduisent, retient de la main droite le maréchal, et de la gauche repousse la Mort. Il y a, à côté du héros, un génie sous la figure d'un enfant qui éteint un flambeau. De l'autre côté du mausolée, l'aigle est renversé sur le dos, les ailes déployées; le léopard terrassé expire; le lion paraît agité de frayeur: symboles de l'Allemagne, de l'Angleterre et de la Hollande. Au-dessous est une figure allégorique de la Force, le coude sur une massue et la tête appuyée sur sa main. Ce mausolée est aujourd'hui placé à Strasbourg, dans l'église luthérienne de Saint-Thomas, où le maréchal de Saxe est inhumé [1].

Le héros saxon avait demandé que son corps fût brûlé dans la chaux vive, « afin, disait-il, qu'il ne restât rien de lui en ce monde que sa mémoire dans le cœur de ses amis. » Louis XV refusa de souscrire à ce vœu et fit transporter avec grande pompe ses restes à Strasbourg pour être inhumés dans l'église luthérienne, et il commanda au célèbre statuaire Pigalle le mausolée dont il est ici question.

S'il y a quelques défauts dans cette grande composition, ils sont bien légers, en comparaison des beautés qui s'y trouvent. Le petit génie qui est à côté du maréchal m'a paru équivoque. On ne sait si c'est le génie particulier du héros, le génie de la guerre ou si l'auteur a voulu placer là quelque allégorie beaucoup moins austère et plus mondaine.

Je souhaiterais que le maréchal regardât la Mort, et cela se pourrait sans changer la position de la tête; il n'y aurait que le regard à changer : le regard du haut en bas désigne la fierté et le mépris, et il convient à un héros qui brave les dangers et la mort.

Voilà tout ce qu'à la rigueur on peut trouver à reprendre dans cette composition pittoresque, pleine d'intérêt, de chaleur et d'action. Il y a une expression admirable dans la figure de la France; elle est bien drapée; la tête est d'un caractère noble, et sa douleur parfaitement exprimée. On entrevoit sous la draperie de la Mort son squelette d'une manière qui n'a rien de hideux et de désagréable à la vue. La figure d'Hercule ou de la Force est de toute beauté : sa douleur n'est pas la même que celle de la France; ou plutôt ce n'est pas une douleur : c'est l'abattement d'un

---

1. Maurice de Saxe n'étant pas catholique, on ne put célébrer ses funérailles dans aucune église de Paris. « Il est très fâcheux, dit une princesse, qu'on ne puisse dire un *De profundis* pour un homme qui nous a fait chanter tant de *Te Deum*. »

grand homme, c'est un sentiment vif et profond de tristesse réfléchie sur la perte que nous avons faite. C'est ainsi que les grands sculpteurs de la Grèce savaient rendre les différentes douleurs suivant les différents sexes, les différents âges, les conditions et les âmes différentes. Cette figure est d'ailleurs dessinée avec beaucoup de vérité. Enfin, cette composition brille par les traits de la poésie la plus forte, la plus majestueuse et la plus touchante.

RUE DES BONS-ENFANTS [1].

La salle de l'Opéra [2] et toutes les autres dépendances du Palais-Royal du côté de l'église de Saint-Honoré sont bâties sur les ruines de l'hôtel des comtes d'Armagnac. Ce fut à cet hôtel que marchèrent d'abord les troupes du duc de Bourgogne lorsque la trahison de Perrinet le Clerc les eut introduites dans Paris [3], la nuit du 28 au 29 mai 1418. Le connétable, Bernard d'Armagnac, s'était sauvé déguisé chez un maçon qui demeurait dans cette rue ; trahi par ce misérable, il fut pris et enfermé dans un cachot de la Conciergerie. Le 12 juin, la populace, ayant enfoncé les portes des prisons, l'assomma et jeta son corps à la voirie, après l'avoir traîné ignominieusement dans les rues. Telle fut la fin d'un des descendants de Clovis par Charibert, frère de Dagobert. Celle de Jacques d'Armagnac, son petit-fils, fut encore plus funèbre : Louis XI lui fit couper le cou, et voulut, dit-on, par un raffinement de cruauté, que ses enfants, dont le plus âgé n'avait que douze ans, fussent sous l'échafaud, les mains jointes et vêtus de blanc, pour être arrosés du sang de leur père. Boufile le Juge, qui s'était chargé de l'entretien de l'aîné moyennant une somme qu'il toucha et qui fut prise sur la confiscation des biens, le laissa périr de misère au château de Perpignan. Le cadet (Louis de Nemours) fut

---

1. Ainsi nommée d'un collège des Bons-Enfants qui ne subsiste plus.
2. Deux salles consacrées à l'opéra, bâties sur les dépendances du Palais-Royal, furent successivement incendiées, l'une en 1763, l'autre en 1781.
3. Voyez « Rue Saint-André-des-Arcs », p. 21.

tué sous le règne de Louis XII, à la bataille de Céri-
gnoles.

RUE DES BOUCHERIES [1],
Faubourg Saint-Germain.

La moitié de cette rue, du côté du Petit-Marché, a été
bâtie sur un terrain qui faisait partie de la garenne de
l'abbaye. Philippe le Bon, roi de Navarre, et Charles
le Mauvais, son fils, avaient leur hôtel à l'endroit où
sont à présent les loges et les boutiques de la foire
Saint-Germain. Louis de France, père de Philippe le
Bon et fils de Philippe le Hardi, avait fait bâtir cet hôtel au milieu de quelques arpents de vigne qu'il avait
achetés de Raoul de Presles, avocat au Parlement, et
père de ce Raoul de Presles si célèbre par ses ouvrages sous le règne de Charles V, et qui prenait, dit
l'abbé Massieu, le titre de confesseur et poëte du roi.

RUE DU PETIT-BOURBON,
Près de Saint-Sulpice.

Au coin de cette rue et de la rue de Tournon était
l'hôtel de cette furieuse duchesse de Montpensier, sœur
des Guises tués à Blois. Si l'on veut en croire quelques
historiens, elle concerta avec Bourgoing, prieur des
Jacobins, les moyens d'approcher de la personne de
Henri III et de le faire assassiner. Il est certain qu'elle
logea chez elle, pendant quelques jours, la mère de
Jacques Clément, qui était venue à Paris, de son village
de Sorbonne, près de Sens, pour demander la récompense de l'exécrable attentat commis par son fils.
C'était à cet hôtel que les prédicateurs engageaient le
peuple à aller vénérer « cette bienheureuse mère d'un
saint martyr »; c'est ainsi qu'ils la qualifiaient en
chaire. On lui donna une somme assez considérable;
et lorsqu'elle s'en retourna, cent quarante religieux
l'accompagnèrent *honorablement* à une lieue de Paris.

« Bourgoing, interrogé devant ses juges, dit Palma
Cayet dans sa *Chronique novennaire*, leur répondit
comme en riant. Il fut condamné à être tiré à quatre

1. Entre les rues de Buci et de l'Ancienne-Comédie, partie de la rue
de l'École-de-Médecine.

chevaux. Étant conduit pour être exécuté dans la place du marché de Tours, il dit au peuple qu'il avait été des plus doux prédicateurs; ensuite il pria Dieu d'avoir pitié de son âme pour ses grands péchés. Le greffier lui dit : « Vous étiez le prieur et comme le père de Jac-« ques Clément qui a assassiné notre roi ; vous saviez « qu'il était sorti du couvent dont vous étiez prieur, vous « y étant; et après le malheureux parricide qu'il a com-« mis, vous avez dit qu'il était saint en paradis : vous ne « pouvez nier cela ; il n'y a personne qui ait ouï vos ser-« mons qui ne vous ait entendu approuver et louer « tout ce dont vous êtes accusé et convaincu; vous vous « opiniâtrez à ne point confesser le secret de votre parri-« cide, et à ne vouloir pas nommer vos complices, et tou-« tefois vous espérez aller devant Dieu, et désirez qu'il « vous pardonne vos péchés; cela est bien douteux pour « vous. » Bourgoing répondit comme en colère : « Nous « avons bien fait ce que nous avons pu, et non pas ce « que nous avons voulu. » Ce furent là ses dernières paroles; car, le linge remis sur son visage, il fut tiré, écartelé et puis brûlé. »

RUE DU PETIT-BOURBON [1],
Quartier du Louvre.

Proche du Louvre, sur le quai, à l'entrée de cette rue, une vieille maison [2], qu'on appelle aujourd'hui le garde-meuble du roi, appartenait au connétable de Bourbon. Ayant été déclaré criminel de lèse-majesté en 1523, on y sema du sel; ses armoiries y furent brisées, et le bourreau barbouilla les fenêtres et les portes de ce jaune infamant dont on barbouille les maisons des traîtres. Ce prince fut tué devant Rome, le 6 mai 1527, en montant le premier à l'assaut. On fit sur lui ces deux vers :

Unum Borbonio voluit fuit arma ferenti,
Vincere vel morier : donat utrumque Deus [3].

1. Partie de la rue du Louvre.
2. Depuis la première édition de ces *Essais*, cette maison a été abat-tue. (Note de Saint-Foix.)
3. « Bourbon, prenant les armes, jura de vaincre ou de mourir. Dieu lui accorde l'un et l'autre. »

Ses soldats, dont il était adoré, après avoir saccagé Rome, emportèrent son corps à Gaëte et lui dressèrent un tombeau dans une chapelle. Le concile de Trente ordonna qu'il serait exhumé, apparemment parce qu'il n'est pas permis de combattre contre le pape lors même qu'il ne fait la guerre que comme prince temporel. On avait jeté ce corps auprès de la porte du château de Gaëte ; un officier français de la garnison le mit dans une grande armoire vitrée, où on le voyait encore, en 1660, bien conservé, debout, botté, appuyé sur un bâton de commandement et vêtu de sa casaque de velours vert chamarrée de grands galons d'or.

C'était des fenêtres de cette maison, qui avait appartenu, comme je viens de le dire, au connétable de Bourbon, que Charles IX, pendant le massacre de la Saint-Barthélemy, tirait une longue arquebuse sur les huguenots qui passaient l'eau pour se sauver au faubourg Saint-Germain : le Pont-Neuf n'était pas encore bâti.

On voit encore aujourd'hui dans l'orangerie de Versailles un oranger qui existait déjà du temps du connétable de Bourbon, et qu'on appelle l'oranger du connétable de Bourbon.

RUE DES BOURDONNAIS [1].

« Gautier et Dupré, marchands de soie, et qui ont pour enseigne la Couronne d'or, assurent, dit le sieur de Piganiol dans sa *Description de Paris*, qu'ils savent par tradition qu'en 1280 Philippe le Bel demeurait dans la maison qu'ils occupent ; et ils ne sont pas, ajoute-t-il, les seuls qui soient dans cette opinion. » Philippe le Bel n'a jamais demeuré dans cette maison ; c'est Philippe, duc d'Orléans, frère du roi Jean, qui l'acheta, en 1393, deux mille francs [2]. En 1398, c'était l'hôtel de « preux » Gui de la Trimoille.

1. Ainsi nommée des sires Adam et Guillaume Bourdon.
2. Qui feraient aujourd'hui (1750) à peu près seize mille livres.

RUE DU BOUT-DU-MONDE [1].

Ainsi nommée d'une enseigne où l'on avait peint un bouc, un duc [2], un monde, avec cette inscription : « Au Bouc-du-Monde. » C'est de pareilles enseignes que plusieurs rues ont pris leurs noms.

RUE DE LA BUCHERIE [3].

L'école de médecine est dans cette rue et y fut établie vers 1472. Anciennement les professeurs de cette faculté étaient clercs et obligés de garder le célibat. Ils pressèrent tant le cardinal d'Estouteville, nommé pour la réformation de l'Université en 1452, et lui représentèrent avec des couleurs si vives les ennuis de leur situation, qu'ils obtinrent la permission de pouvoir se marier.

Sous le règne de François Ier, la dissection du corps humain passait encore pour un sacrilège ; l'anatomie était donc une science presque inconnue, et les médecins de ce temps-là et des siècles précédents ne doivent pas être, à beaucoup près, aussi habiles que ceux d'à présent : mourait-il plus de monde ?

Il y a eu des hommes assez superstitieux pour faire leur testament parce qu'ils avaient vu un médecin en songe ; ils croyaient que c'était un présage de mort.

PLACE DU CARROUSEL.

On appelle ainsi l'emplacement qui précède les cours des Tuileries, parce que Louis XIV le choisit pour y donner le spectacle pompeux d'un carrousel qui surpassa en magnificence les fêtes publiques qui s'étaient vues jusqu'alors. Ce prince, toujours grand, craignait en cette occasion de l'être trop, et ne proposait ses vues à Colbert, ministre de ses finances, qu'avec ménagement. Colbert enchérit sur les idées de son maître ; il demanda seulement que la fête fût annoncée à toute

---

1. Aujourd'hui rue Saint-Sauveur.
2. Oiseau.
3. Ainsi nommé du port aux bûches.

l'Europe et différée autant de temps qu'il le fallait pour qu'on pût y arriver des parties les plus éloignées. Le concours y fut prodigieux, et l'argent que les étrangers laissèrent dans la capitale et sur les routes du royaume rendit à l'État beaucoup plus qu'il n'en avait coûté. Le seul produit des entrées de Paris servit à acquitter la plus forte partie de la dépense.

Tout ce qui nous environne dans cette capitale démontre la grandeur de ce ministre immortel : car, outre le palais admirable élevé par ses soins, ce jardin si renommé qui le termine est également son ouvrage ; ce dôme intéressant, que nous avons en perspective, est encore l'ouvrage de son cœur ; ces places publiques, ces quais, ces fontaines, ces bronzes qui respirent, ces arcs de triomphe, ces richesses variées que le commerce étale de toutes parts et que l'industrie reproduit chaque jour sous des formes plus séduisantes ; les plus beaux et les plus utiles monuments de cette capitale, rappelleront à jamais le souvenir de ce ministre et celui du prince qui le seconda de toute sa puissance.

Colbert s'étudia à donner à sa nation tous les genres de supériorité : deux nouvelles Académies étendent la sphère des sciences, perfectionnent les arts ; le mérite dans tous les pays a droit à ses bienfaits. Louis fait de la France le point central de cette vaste République dont les membres épars travaillent de concert à hâter les progrès de l'esprit humain et ne cessent de s'éclairer mutuellement par les liaisons qu'ils conservent entre eux, au milieu des discordes et des haines qui divisent si souvent les nations. Enfants de l'opulence et du bonheur, les arts agréables viennent embellir ces jours fortunés et aident à perfectionner les arts utiles. Le cercle des plaisirs s'agrandit ; mille charmes nouveaux rendent la société plus aimable, et le sentiment devient plus doux encore au milieu des jouissances qui peuvent en marquer tous les instants. Déjà Louis a imaginé ces amusements pour sa cour, qui sont des fêtes pour l'Europe entière. L'étranger y accourt et se croit enchanté lui-même en voyant la magnificence, le goût et les arts réaliser les prodiges de la Fable. S'il est ébloui par la pompe et l'éclat des spectacles, frappé de la grandeur et de la majesté du souverain, dont la renommée n'avait tracé jusque-là que des esquisses imparfaites, l'accueil qu'il reçoit partout lui fait aussi chérir la nation. Admis, caressé dans les cercles, l'urbanité française se plaît à lui faire goûter ses agréments, à l'initier à ses plaisirs. Le ton aisé de nos conversations, où la fine plaisanterie, l'esprit sans affectation, la gaieté sans excès, l'érudition sans faste et la galanterie sans fadeur se disputent tour à tour l'avantage d'intéresser; nos mœurs douces et polies, nos manières libres et décentes, nos jeux, nos théâtres, qui déjà retentissent des chefs-d'œuvre des grands maîtres, tout le ravit et le charme. Ses compatriotes, aux récits qu'il leur fait, partagent les sentiments qu'il rapporte; et la France, par l'habileté de Colbert, parvient au comble de sa gloire. Louis est le modèle de tous les rois; le Français, celui de tous les peuples. Tous adoptent, à l'envi, notre langue, nos mœurs, nos usages. Littérature, spectacles, objets de luxe ou d'agrément, nouveautés, recherches en tout genre, rien n'a du prix à leurs yeux si la France ne l'a produit.

QUAI DES CÉLESTINS.

L'hôtel Saint-Paul, que Charles V fit bâtir et qu'il destina, comme il est marqué dans son édit du mois de juillet 1364, pour être « l'hôtel solennel des grands ébattements », occupait, avec les jardins, tout le terrain entre la rue Saint-Antoine et la rivière, depuis les fossés de la ville jusqu'à l'église de la paroisse Saint-Paul, en sorte que la Bastille et le couvent des Célestins paraissaient enclavés dans son enceinte. Cet hôtel, comme toutes les autres maisons royales de ce temps-là, était accompagné de grosses tours : on trouvait que ces tours donnaient au corps du bâtiment un air de domination et de majesté. Les jardins n'étaient point plantés d'ifs et de tilleuls, mais de pommiers, de poiriers, de vignes, de cerisiers. On y voyait la lavande, le romarin, des pois, des fèves, de longues treilles et de belles tonnelles : c'est d'une treille qui faisait une des principales beautés de ces jardins, et d'une cerisaie, que les rues de Beautreillis et de la Cerisaie ont pris leur nom. Les basses-cours étaient flanquées de colombiers et remplies de volailles, que les fermiers des terres et domaines du roi étaient tenus de lui envoyer, et qu'on y engraissait pour sa table et pour celle de ses commensaux. Les poutres et les solives des principaux appartements étaient enrichies de fleurs de lis d'étain doré. Il y avait des barreaux de fer à toutes les fenêtres, avec un treillage de fil d'archal, « pour empêcher les pigeons de venir faire leurs ordures dans les chambres ». Les vitres, peintes de différentes couleurs et chargées d'armoiries, de devises et d'images de saints et de saintes, ressemblaient aux vitres de nos anciennes églises. Les sièges étaient des escabelles, et des bancs; le roi avait des chaises à bras garnies de cuir rouge avec des franges de soie. On appelait les lits couches quand ils avaient dix ou douze pieds de long sur autant de large, et couchettes quand ils n'avaient que six pieds de long et six de large. Il a été longtemps d'usage en France de retenir à coucher avec soi ceux qu'on affectionnait. Charles V dînait vers onze heures, soupait à sept, et toute la cour était ordinairement couchée à neuf en hiver et à dix en été. « La reine, durant le repas, dit Christine de Pisan, par ancienne et raisonnable coutume, pour obvier à vagues paroles et pensées, avait un prud'homme au bout de la table, qui sans cesse disait gestes et mœurs d'aucun bon trépassé. »

On s'avisa, sous ce règne, d'armorier les habits; les femmes portaient sur leurs robes, à droite, l'écu de leur mari, et à gauche le leur : cette mode dura près de cent ans.

Le principal corps de logis de l'hôtel Saint-Paul et la principale entrée étaient du côté de la rivière, entre l'église Saint-Paul et les Célestins. Dès l'année 1510, François Ier vendit quelques-uns des édifices qui composaient ce palais, que Charles VII, Louis XI, Charles VIII et Louis XII avaient abandonné pour aller habiter celui des Tournelles. Le tout fut vendu, en 1651, à différents particuliers, qui commencèrent à bâtir et à percer les rues que nous voyons sur le vaste terrain qu'il occupait.

LE PONT AU CHANGE [1].

Grégoire de Tours rapporte qu'on disait de son temps que Paris avait été consacré par deux figures d'airain qui représentaient un serpent et un loir; que c'étaient deux talismans contre les incendies, les serpents et les loirs; qu'en nettoyant le lit de la rivière, sous ce pont, on avait ôté ces deux figures, et que depuis ce temps-là cette capitale avait été sujette à de fréquents incendies et à être infestée de loirs et de serpents. Germain Brice cite hardiment ce passage de Grégoire de Tours sans l'avoir lu, et joint une réflexion ridicule à la plus fausse citation.

Les marchands d'oiseaux, à qui l'on accordait la permission de vendre sur ce pont, étaient obligés d'en lâcher deux cents douzaines aux entrées des rois et des reines. C'était apparemment pour marquer que, si le peuple avait été oppressé sous le règne précédent, ses droits, ses privilèges et ses libertés allaient renaître sous le nouveau roi.

A l'entrée d'Isabeau de Bavière, femme de Charles VI, un Génois fit tendre une corde depuis le haut des tours de Notre-Dame jusqu'à une des maisons de ce pont; il descendit, en dansant sur cette corde, avec un flambeau allumé à chaque main; il passa entre les rideaux de taffetas bleu à grandes fleurs de lis d'or qui couvraient ce pont; il posa une couronne sur la tête d'Isabeau de Bavière, remonta sur la corde et reparut en l'air. La chronique ajoute que, comme il

1. Ainsi nommé des changeurs qui y demeuraient. En ce temps, plusieurs ponts de Paris étaient garnis d'un double rang de maisons.

était déjà nuit, cet homme fut vu de tout Paris et des environs.

Sous Charles VI, la mauvaise administration rendit au peuple le caractère séditieux qu'il avait montré pendant le règne du roi Jean. Tous ces mouvements finissaient toujours par le supplice des principaux factieux; mais il arrivait souvent qu'on n'osait le leur faire subir en public, et qu'on se servait du prétexte de la rébellion pour arrêter et faire mourir secrètement une multitude de citoyens, innocents ou coupables, dont on jetait pendant la nuit les corps dans la rivière. Cet horrible abus avait dégénéré en une sorte d'usage qui avait ses règles particulières. On enfermait ces malheureux dans un sac lié par le haut avec une corde. De là vient l'expression proverbiale de « gens de sac et de corde ». Le lieu même du supplice était marqué pour ces expéditions clandestines; c'était sous le pont au Change, ou bien hors de la ville, au-dessus des Célestins, devant ce qu'on appelait la tour de Billy.

LE GRAND ET LE PETIT CHATELET.

Paris, qui ne consistait encore que dans la Cité, était entouré de murailles flanquées de tours de distance en distance, lorsque les Normands l'assiégèrent en 885, sous le règne de Charles le Gros. On n'y entrait que par deux ponts, le Petit Pont et le pont au Change. Chacun de ces ponts était défendu par deux tours, dont l'une était de l'enceinte des murailles, et par conséquent en dedans de la Cité; l'autre en était séparée par le pont et la rivière. Ces tours extérieures étaient où sont aujourd'hui le grand et le petit Châtelet [1].

Les Normands mirent le feu à la tour du petit Châtelet et la détruisirent entièrement. Il y a toute apparence que, lorsqu'ils eurent levé le siège, on en rebâtit une autre au même endroit et qui subsista jusqu'au

---

1. Le grand Châtelet, démoli en 1802, occupait l'emplacement de la place qui porte actuellement ce nom.

règne de Charles V. Ce prince fit commencer, en 1369, l'édifice que nous voyons.

A l'égard de la tour du grand Châtelet, les Normands ne purent s'en rendre maîtres. Abbon, auteur contemporain, et peut-être témoin oculaire, rapporte qu'après avoir tâché de combler les fossés de cette tour avec des fascines et même avec des bœufs et des vaches qu'ils tuèrent exprès, ils y jetèrent les corps d'une partie des prisonniers qu'ils avaient faits et qu'ils égorgèrent, pour leur servir de pont; que Gozlin, évêque de Paris, saisi d'horreur et d'indignation à ce trait d'inhumanité, lança un javelot en invoquant Notre-Dame, et tua un des ministres de cette barbarie, dont le corps fut aussitôt jeté avec les autres.

Le nom de chambre de César, qui est resté par tradition à une des chambres du grand Châtelet, l'antiquité de sa grosse tour, et les mots « Tributum Cæsaris[1] », gravés sur un marbre qu'on voyait encore sous l'arcade vers la fin du seizième siècle, paraissent à la Marre[2] des preuves convaincantes que cette forteresse a été bâtie par les ordres de ce conquérant ou sous le règne de quelqu'un des premiers empereurs romains. En disant que cela ne mérite pas d'être réfuté, je conviendrai qu'il peut y avoir eu de tout temps une espèce de fort dans cet endroit.

Dans un tarif fait par saint Louis pour régler les droits de péage qui étaient dus à l'entrée de Paris, sous le petit Châtelet, on lit que le marchand qui apportera un singe pour le vendre payera quatre deniers; que si le singe appartient à un « joculateur », cet homme, en le faisant jouer et danser devant le péager, sera quitte du péage tant dudit singe que de tout ce qu'il aura apporté pour son usage. De là vient

---

1. Corrozet, dont l'ouvrage fut imprimé en 1550, dit avoir entendu assurer à des personnes qui étaient encore vivantes qu'elles avaient vu écrit, sur cet endroit du Châtelet : « Ici se payait le tribut à César; » et de notre temps, ajoute-t-il, on voyait encore sur quelques pierres des caractères grecs et latins.

2. Auteur d'un célèbre *Traité de la police,* qui est un chef-d'œuvre d'érudition.

le proverbe « payer en monnaie de singe : » en gambades. Un autre article porte que les jongleurs seront aussi quittes de tout péage en chantant un couplet de chanson devant le péager.

RUE DU CHAUME[1].

Charles de Blois et le comte de Montfort se faisaient la guerre pour la succession au duché de Bretagne; Philippe de Valois, oncle de Charles de Blois, fit trancher[2] la tête à Olivier troisième du nom, sire de Clisson, et à quelques autres seigneurs bretons, sur le soupçon assez léger d'une intelligence avec l'Angleterre et le comte de Montfort. La veuve de Clisson[3] commença par éloigner secrètement son fils, qui n'avait que douze ans; elle l'envoya à Londres; et dès qu'elle n'eut plus à craindre pour lui, elle vendit ses pierreries, arma trois vaisseaux et courut la mer, vengeant la mort de son mari sur tous les Français qu'elle rencontrait. Ce nouveau corsaire fit des descentes en Normandie, y força des châteaux, et les habitants de cette province virent plus d'une fois, dans leurs villages embrasés, une des plus belles femmes de l'Europe, tenant l'épée d'une main et le flambeau de l'autre, presser le carnage et fixer avec plaisir ses regards sur toutes les horreurs de la guerre. Les premiers exploits du jeune Clisson, dès qu'il fut en âge de porter les armes, annoncèrent ce qu'il serait un jour. Un coup de lance qui lui creva l'œil à la bataille d'Auray ne le mit point hors de combat; « et grande merveille était de le voir partir comme l'éclair, et son martel en main abattre et déconfire à droite et à gauche tout ce qu'il atteignait ». Le gain de cette fameuse bataille qui décida du duché de Bretagne en faveur du jeune comte de Montfort fut en partie dû à sa valeur. Quelque temps après, il se brouilla avec ce prince, qui avait donné le château du Gavre au fameux Jean Chandos :

1. Ainsi nommée parce qu'elle traversait des champs de blé.
2. Aux Halles à Paris, le 2 août 1342.
3. Jeanne de Belleville.

« Au diable, Monseigneur, lui dit Clisson, si jamais Anglais sera mon voisin! » Tout de suite il alla mettre le feu à ce château et n'y laissa pas pierre sur pierre. Indépendamment de ses prétentions sur le Gavre, il avouait lui-même que, quoique élevé parmi les Anglais[1], il n'avait jamais pu vaincre cette antipathie de nation contre eux, assez ordinaire, pour ne pas dire naturelle aux Bretons. Le roi Charles V ne manqua pas de profiter de son mécontentement pour l'attirer à sa cour. Il lui donna, le 15 août 1371, une somme de quatre mille livres pour acheter une maison à Paris, appelée, dit Sauval, le grand chantier du Temple[2]. Je crois que ce n'était qu'un emplacement, où Clisson fit bâtir son hôtel, qui subsiste encore et fait partie de l'hôtel de Soubise, du côté de la rue du Chaume.

Froissart, historien contemporain, rapporte que Charles V, quelques jours avant sa mort, fit appeler les ducs de Berri, de Bourgogne et de Bourbon, et leur dit : « Mes biaux frères, par l'ordonnance de la nature, je sens bien et reconnais que je ne puis longuement vivre. Je vous recommande mon fils Charles; usez-en envers lui comme bons oncles doivent en user envers leur neveu : couronnez-le après ma mort, le plus tôt que vous pourrez, et le conseillez dans ses affaires loyaument; toute ma confiance est en vous. L'enfant est jeune et de léger esprit, et aura bien besoin d'être conduit et gouverné. J'ai eu longtemps un astronomien, qui disait et affirmait qu'en sa jeunesse il aurait moult affaire et échapperait de grands périls et aventures : sur quoi j'ai moult pensé et réfléchi comment cela pourrait arriver, si ce n'est de la partie de la Flandre; car, Dieu merci, les besognes de nôtre royaume sont en bon point. Le duc de Bretagne est moult cauteleux et divers, et a toujours eu le cœur plus anglais que français. Il faut donc que vous teniez les nobles de Bretagne et bonnes villes en amour; c'est

---

1. Dans la suite, comme il ne leur faisait jamais de quartier, ils le surnommèrent le Boucher.
2. D'où vient le nom de la rue du Grand-Chantier.

ainsi que vous pourrez rompre ses ententes. Je me
loue des Bretons; car toujours ils m'ont servi loyaument et aidé à garder mon royaume contre mes ennemis. Or, faites le sire de Clisson connétable; car,
tout bien considéré, je n'y vois nul plus propre que lui. »

La justice que ce grand prince rendait aux Bretons
leur était bien due. Les Anglais possédaient la Guyenne,
le Périgord, la Saintonge, le Rouergue, le Limousin,
l'Angoumois, le Poitou, l'Anjou et le Maine; Duguesclin, Clisson et de Rieux les chassèrent de ces provinces, et à chaque prise de ville ou de château on vit
toujours quelques Bretons se distinguer. A l'égard de
leur duc, à qui la France avait toujours été contraire
et qui ne devait les avantages qu'il avait remportés sur
Charles de Blois qu'aux secours que le roi d'Angleterre, son beau-père, lui avait envoyés, il était assez
naturel qu'il eût « le cœur plus anglais que français »;
mais « on lui rompait ses ententes »; et lorsqu'il fit
venir, en 1372, des troupes anglaises dans le duché,
aussitôt toute la noblesse se souleva et lui déclara
qu'elle lui avait juré obéissance et fidélité, mais qu'elle
se croyait déliée de ses serments dès qu'il s'unissait
avec les ennemis de la France, la patrie commune. On
lui fit la guerre, et il fut obligé de se réfugier à Londres. Il est vrai que, Charles V ayant voulu profiter de
la circonstance pour unir le duché à la couronne, cette
même noblesse s'y opposa et lui représenta que la
Bretagne n'était point originairement un démembre-
ment de la monarchie; qu'elle ne pouvait donc pas
être sujette à confiscation; que les Bretons n'avaient
fait la guerre à leur duc que pour l'obliger à chasser
les Anglais; qu'ils n'avaient jamais prétendu être en
droit de le dépouiller de son héritage, et que leur foi
était, au contraire, engagée à le lui conserver et à répandre jusqu'à la dernière goutte de leur sang pour
défendre le « droit du pays ». On fit des associations;
on prit des mesures si justes, on rejeta si ignominieusement les insinuations de ces misérables qui ne se
chargent des intérêts de la patrie que pour la trahir,

et l'on opposa tant de courage et de fermeté à l'invasion, que Duguesclin et Clisson, à qui le roi avait ordonné d'entrer en Bretagne avec les troupes françaises qu'ils commandaient, n'y purent rien exécuter de considérable et n'emportèrent que la honte de s'être rendus l'horreur d'un pays qui s'était si longtemps glorifié de leur avoir donné la naissance. On voit par le récit de Froissart que la fermeté des Bretons ne leur avait point fait perdre la bienveillance de Charles V; ses derniers ordres, en mourant, furent de faire la paix avec eux, à condition que leur duc, qu'ils avaient rappelé, renouvellerait l'hommage à la France et renoncerait à toute alliance avec l'Angleterre : ce qui fut exécuté.

Je finirai cet article par quelques particularités sur l'hôtel de Clisson. « C'était une maison, dit Pasquier, dont les Parisiens firent présent au connétable de ce nom, lorsqu'il fut chargé de punir leur sédition en 1383 : ces MM d'or couronnées, ajoute-t-il, qu'on voyait sur les murailles, signifiaient « miséricorde »; et on l'appelait également l'hôtel de Clisson ou l'hôtel de la Miséricorde. » Pasquier se trompe, puisque Charles V avait donné à Clisson, dès l'année 1371, une somme de quatre mille livres pour acheter cette maison; et si on l'appela dans la suite l'hôtel de la Miséricorde, c'est que les Parisiens allèrent y crier miséricorde et qu'en effet Clisson intercéda pour eux et se mit, dans la cour du palais, aux genoux du roi pour obtenir leur grâce, comme le rapportent tous les historiens. A l'égard des MM d'or couronnées, c'était sur les maisons un ornement militaire, et qui figurait certain coutelas appelé Miséricorde dont se servaient les anciens chevaliers, et qu'ils présentaient à la gorge de leurs ennemis lorsqu'ils les avaient terrassés. François de Guise acheta l'hôtel de Clisson, qui devint donc l'hôtel de Guise; et son fils Henri, surnommé le Balafré, qui voulait faire tonsurer Henri III et qui fut tué à Blois avec son frère le cardinal, y demeurait. Se promenant un jour dans une galerie où Clisson avait fait peindre les principales actions de sa vie et de celle de Bertrand Duguesclin : « Je regarde toujours avec plaisir, dit-il, ce Duguesclin ; il eut la gloire de détrôner un tyran [1]. — Ce tyran n'était pas son roi, » lui répondit fièrement le sénéchal [2], fils de Jean le sénéchal, gentilhomme de la chambre, qui, voyant, à la bataille de Pavie, un arquebusier qui allait tirer sur François Ier, se précipita au-devant du coup et fut tué. François de Rohan-Soubise acheta, en 1697, l'hôtel de Guise et y fit faire plusieurs augmentations et embellissements, entre autres le péristyle de colonnes couplées autour de la cour.

CIMETIÈRE SAINT-JEAN.

Les biens de Pierre de Craon [3] furent confisqués ; son hôtel fut démoli, et l'emplacement fut donné pour servir de cimetière à la paroisse Saint-Jean : on a changé, depuis, ce cimetière en marché [4]. Il obtint sa grâce en 1395, à la prière du roi d'Angleterre, et devint dévot. Il paraît qu'en s'enfuyant après son assassinat, il avait eu bien peur d'être pris et de mourir sans confession, et qu'il s'en ressouvint très chrétiennement lorsqu'il fut revenu à la cour ; car il sollicita vivement auprès du roi Charles VI et obtint enfin une déclaration, en date du 12 février 1396, par laquelle on abolissait la coutume de refuser des confesseurs aux criminels condamnés à mort. Sous le règne précédent, Philippe de Mazière, aussi pitoyable que Craon pour les scélérats, avait inutilement sollicité une pareille déclaration. « Le chef, dit-il lui-même dans un de ses ouvrages, se trouva si obstiné et si entêté à l'encontre, et aucuns autres du conseil, qu'on aurait plutôt fait retourner la roue d'un moulin que cet endurci à changer d'opinion. » Le chancelier et « ces aucuns

1. Don Pèdre, roi de Castille.
2. Carcado.
3. Qui avait tenté d'assassiner le connétable de Clisson le 11 juin 1391. Voir plus loin, « Rue de la Culture-Sainte-Catherine ».
4. Le marché Saint-Jean, supprimé en 1818, était situé entre les rues de Rivoli et de la Verrerie.

autres du conseil » croyaient sans doute, et avaient raison, que le refus de la confession était une barrière de plus contre le crime.

Je remarque que dans ces siècles, où les lettres n'avaient pas encore adouci les mœurs, l'exécution des criminels devenait un spectacle qu'on donnait avec une sorte d'appareil, et souvent les jours de fête. En les menant au lieu du supplice (c'était ordinairement Montfaucon), on leur faisait faire des pauses à quelques endroits, et une entre autres dans la cour des Filles-Dieu, où on leur servait un verre de vin et trois morceaux de pain bénit ; on appelait cette collation « le dernier morceau du patient » ; s'il mangeait avec certain appétit, c'était un bon augure pour son âme.

Le duc de Nemours (Jacques d'Armagnac) dont j'ai déjà parlé, et qui eut la tête tranchée aux Halles le 4 août 1477, y fut conduit de la Bastille, monté sur un cheval caparaçonné de drap noir. On avait tapissé de serge perse [1] les chambres du marché au poisson où il devait se reposer ; on les avait arrosées de vinaigre et on avait brûlé du genièvre pour dissiper l'odeur de marée. Tandis qu'il se confessait, on servit à ses commissaires douze pintes de vin, du pain blanc et des poires. Il fut ensuite conduit à l'échafaud par une galerie faite exprès ; on avait eu l'attention de rembourrer le carreau où il se mit à genoux ; le bourreau, après lui avoir tranché la tête et l'avoir plongée dans un baril plein d'eau, la montra au peuple. Cent cinquante Cordeliers, avec des torches allumées, vinrent terminer ce triste spectacle : on portait devant eux un cercueil découvert : on y mit la tête et le corps du malheureux duc de Nemours. On leur donna de l'argent pour l'inhumer, et ils s'en retournèrent en chantant.

LE COLLÈGE ROYAL [2].

Rien n'était plus déplorable que l'état des lettres en

1. Couleur entre le vert et le bleu.
2. D'abord appelé *Collège royal des trois langues* (hébraïque, grecque et latine), aujourd'hui *Collège de France*, fondé en 1529 par François Ier.

France avant l'établissement du Collège royal. La langue grecque était inconnue dans tous les collèges de Paris; les meilleurs écrivains de l'antiquité y étaient ignorés. On n'y parlait qu'un latin rustre et grossier; la philosophie y était sans solidité et sans clarté; on n'y agitait que de petites questions sans utilité; les disputes, quoique vives, ne roulaient que sur des sujets frivoles ou sur des mots. A peine connaissait-on les noms d'Homère, de Sophocle, de Thucydide; et lorsqu'on voulait désigner quelque production savante, on disait : « Cela est grec; on ne le lit point, ou on ne peut le lire. » Cette phrase avait passé en proverbe; on s'en servait, dans les écoles, de droit toutes les fois qu'en expliquant Justinien on trouvait quelque vers d'Homère. On passait pour hérétique quand on avait quelque connaissance du grec ou de l'hébreu; et un jour un religieux fit en chaire cette déclaration : « On a trouvé une nouvelle langue, que l'on appelle grecque; il faut s'en garantir avec soin. Cette langue enfante toutes les hérésies. Je vois dans les mains de certaines personnes un livre écrit dans cet idiome : on le nomme Nouveau Testament; c'est un livre plein de ronces et de vipères. » Le même religieux soutenait que tous ceux qui apprenaient l'hébreu devenaient juifs.

Avant les guerres civiles qui agitèrent le royaume, les professeurs du Collège royal comptaient chacun quatre ou cinq cents auditeurs à leurs leçons; mais la guerre et les maladies contagieuses rendirent leurs écoles désertes, et à peine avaient-ils cinquante auditeurs assidus. Les maîtres fuyaient comme les disciples, parce que les finances épuisées avaient suspendu le payement de leurs gages. Ils profitèrent du caractère bienfaisant de Henri IV pour se faire payer avec plus d'exactitude. Ils firent une députation à ce prince, qui les reçut avec bonté; et après les avoir écoutés, il dit à ceux qui étaient auprès de lui : « J'aime mieux qu'on diminue de ma dépense et qu'on m'ôte de ma table pour en payer mes lecteurs; je veux les contenter; M. de Rosny les payera. »

Les professeurs eurent ordre de se trouver le lendemain chez M. de Sully, qui, après leur avoir fait l'accueil le plus favorable, leur dit : « Les autres vous ont donné du papier, du parchemin et de la cire ; le roi vous a donné sa parole, et moi je vous donnerai de l'argent. »

RUE COQUETIÈRE [1] OU COQUILLIÈRE.

En 1684, en faisant quelques réparations à une maison située presque au bout de cette rue du côté de Saint-Eustache, on trouva, en creusant la terre dans le jardin, à deux toises de profondeur, les fondements d'un ancien édifice, et dans les ruines d'une vieille tour une tête de bronze antique un peu plus grosse que le naturel. Était-ce une tête d'Isis, ou de Cybèle, ou de la déesse Lutèce [2] ? C'est sur quoi les savants ne sont pas d'accord. La tour crénelée, à six faces, dont elle était couronnée, symbole ordinaire de Cybèle, a paru à Moreau de Mautour une preuve convaincante que c'était une tête de cette déesse. Il est certain que Cybèle était en grande vénération dans les Gaules ; dès qu'on craignait pour la récolte, on mettait sa statue sur un char tiré par des bœufs ; on la promenait autour des champs et des vignes ; le peuple précédait le char en chantant et en dansant ; les principaux magistrats le suivaient pieds nus.

RUE DES CORDELIERS.

En 1502, Gilles Dauphin, général des Cordeliers, en considération des bienfaits que son ordre avait reçus de MM. du Parlement de Paris, envoya aux présidents, conseillers et greffiers la permission de se faire enterrer en habit de Cordelier. En 1503, il gratifia d'un semblable brevet le prévôt des marchands, les échevins et les principaux officiers de la ville. Il ne faut pas regarder cette permission comme une simple po-

1. Des coquetiers qui y tenaient leur marché, ou, plus sûrement, de Pierre de Coquillier, bourgeois de Paris, qui vivait en 1269.
2. On déifiait les villes comme les hommes.

lilesse, car on affirmait alors que saint François faisait
régulièrement chaque année une descente en purga-
toire pour en tirer les âmes de ceux qui étaient morts
dans l'habit de son ordre.

RUE SAINTE-CROIX-DE-LA-BRETONNERIE.

Sous le règne de saint Louis, il n'y avait encore
dans ce quartier que quelques maisons éparses et
éloignées les unes des autres. Renaud de Bréban,
vicomte de Podoure et de l'Isle, occupait une de ces
maisons. Il avait épousé, en 1225, la fille de Léolyn,
prince de Galles, et était venu à Paris pour quelque
négociation secrète contre l'Angleterre. La nuit du
vendredi au samedi saint 1228, cinq Anglais entrèrent
dans « son vergier », le défièrent si bien que trois de
ces Anglais furent tués ; les deux autres s'enfuirent ; le
chapelain mourut le lendemain de ses blessures. Bréban, avant que de partir de Paris, acheta cette maison
et le « vergier », et les donna à son brave et fidèle
domestique, appelé Galleran. Le nom de Champs-aux-
Bretons, qu'on donna au verger ou jardin à l'occasion
de ce combat, devint le nom de toute la rue ; on l'appelait encore, à la fin du treizième siècle, la rue des
Champs-aux-Bretons.

RUE DE LA CULTURE [1] OU CULTURE-SAINTE-CATHERINE.

Le duc d'Orléans, frère de Charles VI, croyant avoir
à se plaindre de Pierre de Craon, seigneur de Sablé et
de la Ferté-Bernard, son chambellan et son favori,
que jusque-là il avait toujours traité avec la plus
grande affection, le chassa honteusement de sa maison. Craon imputa en partie sa disgrâce au connétable
de Clisson. La nuit du 13 au 14 juin 1391, l'ayant attendu au coin de cette rue Culture-Sainte-Catherine,
et le voyant venir peu accompagné, il fondit sur lui
à la tête d'une vingtaine de scélérats. Clisson, après

1. Culture ou terrain cultivé appartenant aux religieux de Sainte-
Catherine.

s'être défendu assez longtemps, quoiqu'il n'eût qu'un petit coutelas, tomba de cheval percé de trois coups, et en tombant donna de la tête dans une porte, qui s'ouvrit.

Le bruit de cet assassinat parvint aussitôt aux oreilles du roi, qui s'allait mettre au lit. « Il se vêtit d'une houppelande ; on lui bouta des souliers ès pieds ; et il courut à l'endroit où on disait que son connétable venait d'être occis. » Il le trouva dans la boutique d'un boulanger, baigné dans son sang. Après qu'on eut visité ses blessures, qui n'étaient pas dangereuses : « Connétable, lui dit-il, oncques chose ne fut telle ni « ne sera si fort amendée [1]. » On prétendit que Clisson avait fait le lendemain son testament, et l'on se récria beaucoup sur la somme de dix-sept cent mille livres à laquelle il montait. Il faut observer que, depuis vingt-cinq ans qu'il s'était attaché à la France, il avait cherché et battu partout les Anglais, qu'il avait gagné la fameuse bataille de Rosebecque et châtié les Flamands, qu'il jouissait depuis douze ans des gages et appointements de connétable, et que d'ailleurs il était très riche en terre, domaines et châteaux dont il avait hérité de ses ancêtres en Bretagne et dans le Poitou ; mais de tout temps on a trouvé mauvais qu'un général ou un ministre, quelques services qu'il ait rendus à l'État, laisse une certaine fortune, quoique toujours bien moins considérable que celle de tel publicain qui, pendant dix ou douze années, a été intéressé dans la perception des revenus du roi et des impôts sur le peuple.

RUE ET PORTE SAINT-DENIS.

C'était par cette porte que les rois et les reines faisaient leurs entrées. Toutes les rues, sur leur passage jusqu'à Notre-Dame, étaient tapissées et ordinairement couvertes en haut avec des étoffes de soie et des draps « camelotés ». Des jets d'eaux de senteur parfumaient l'air ; le vin, l'hypocras et le lait coulaient de différentes fontaines. Les députés des six corps de

[1] l'unie.

marchands portaient le dais; les corps de métiers suivaient, représentant, en habits de caractère, les sept
péchés mortels; les sept vertus : foi, espérance, charité,
justice, prudence, force et tempérance ; la mort, le pur-
gatoire, l'enfer et le paradis, le tout monté superbe-
ment. Il y avait de distance en distance des théâtres,
où des acteurs pantomimes, mêlés avec des chœurs
de musique, représentaient des histoires de l'Ancien
et du Nouveau Testament : le *Sacrifice d'Abraham;* le
Combat de David contre Goliath ; l'*Anesse de Balaam prenant la parole pour faire entendre raison à ce prophète;*
des troupeaux dans un bocage avec leurs bergers, à
qui l'ange annonçait la naissance de Notre-Seigneur,
et qui chantaient le *Gloria in excelsis Deo,* etc.

Froissart dit qu'à l'entrée d'Isabeau de Bavière il y
avait à la porte aux Peintres[1], rue Saint-Denis, « un
ciel nu et étoilé très richement, et Dieu· par figure
séant en sa majesté, le Père, le Fils et le Saint-Esprit;
et dans ce ciel, petits enfants de chœur chantaient
moult doucement en forme d'anges ; et lorsque la reine
passa dans sa litière découverte sous la porte de ce
paradis, deux anges descendirent d'en haut, tenant en
leurs mains une très riche couronne d'or garnie de
pierres précieuses, et la mirent moult doucement sur
le chef de la reine, en chantant ces vers :

> Dame enclose entre fleurs de lis,
> Reine êtes-vous de Paradis,
> De France, et de tout le pays ;
> Nous remontons en Paradis.

A l'occasion de cette entrée, Jean Juvénal des Ursins
raconte que Charles VI voulut la voir, et qu'il dit à
Savoisi, son favori : « Savoisi, je te prie que tu montes
« sur mon bon cheval, et je monterai derrière toi; et
« nous nous habillerons de façon qu'on ne nous con-
« naisse point, et irons voir l'entrée de ma femme... »
Et allèrent donc par la ville en divers lieux, et s'avancèrent pour venir au Châtelet à l'heure que la reine
passait, où y avait moult de peuple et grand'presse,

1. Elle était située presque vis-à-vis de la rue du Petit-Lion.

et foison de sergents à grosses boulaies[1], lesquels, pour empêcher la presse, frappaient de côté et d'autre de leurs boulaies bien et fort; et le roi et Savoisi tâchaient toujours d'approcher; et les sergents, qui ne connaissaient point le roi ni Savoisi, frappaient de leurs boulaies dessus, et en eut le roi plusieurs horions sur les épaules bien assis; et le soir, en présence [des dames et demoiselles, fut la chose récitée; on commença d'en bien farcer[2], et le roi même se farçait des horions qu'il avait reçus. »

Le lendemain, les bourgeois de Paris, suivant l'usage, portèrent à Charles VI de magnifiques présents; et, s'étant mis à genoux, lui dirent : « Très cher et noble Sire, vos bourgeois de la ville de Paris vous présentent ces joyaux. » C'étaient des vases d'or. « Grand merci, bonnes gens, leur répondit-il; ils sont biaux et riches. » Ils allèrent ensuite chez la reine, à qui un ours et une licorne présentèrent, de leur part, des présents encore plus riches. Dans ces temps-là rien ne paraissait si ingénieux que ces mascarades; et ce n'est pas la première et la dernière cérémonie où des villes ont choisi des animaux pour leurs députés[3].

A l'entrée de Louis XI, en 1461, on imagina un spectacle très agréable : devant la fontaine du Ponceau étaient plusieurs belles filles en sirènes, lesquelles chantaient de petits motets et bergerettes. J'oubliais de dire qu'alors, à toutes ces cérémonies, le cri de joie et d'acclamation n'était pas : « Vive le roi! » mais : « Noël! Noël! »

RUE DES PRÊTRES-DE-LA-DOCTRINE-CHRÉTIENNE.
Faubourg Saint-Victor.

Leur maison et cette rue occupent un terrain qu'on appelle le clos des Arènes[4], parce que Chilpé-

1. Verges de bouleau.
2. Rire.
3. Trait malin que Saint-Foix décoche en passant aux envoyés des villes et états provinciaux.
4. Les restes de ces arènes, aujourd'hui reconnues de création romaine et mises à découvert, se voient dans un terrain formant le coin des rues Monge et de Navarre.

ric Ier y avait fait bâtir un cirque en 577[1]. Personne n'ignore que le cirque, chez les anciens Romains, était un lieu destiné pour les jeux publics, et particulièrement pour les courses de chevaux et de chariots. L'arène était la partie du cirque où se faisaient les combats de gladiateurs et ceux de bêtes féroces. Pépin le Bref se plaisait beaucoup à faire battre des taureaux contre des lions. Philippe de Valois acheta près du Louvre, rue Froidmanteau, une grange pour y mettre ses lions, ses ours et ses taureaux. Il y avait à l'hôtel Saint-Paul la tour des Lions[2], à l'endroit même où est aujourd'hui la rue de ce nom. L'Estoile rapporte (année 1583) que « Henri III, après avoir fait ses Pâques et dévotions au couvent des Bons-Hommes, s'en revint au Louvre, et qu'il y fit tuer, à coups d'arquebuse, les lions, ours, taureaux et semblables bêtes qu'il avait coutume de nourrir pour combattre contre les dogues; et ce, à l'occasion d'un songe, par lequel il lui avait semblé que les lions, ours et dogues le dévoraient, songe qui semblait présager que les bêtes furieuses de la Ligue se rueraient sur ce pauvre prince et sur son peuple ».

Nos mœurs ne nous font plus trouver de plaisir à regarder des animaux se déchirer; et si nos princes ont des tigres et des lions dans leurs ménageries, c'est pour la rareté. Toutefois, sans aimer à voir répandre le sang, nous sommes certainement aussi braves que les Romains.

1. Chilpéric, dont on ne parle guère qu'à l'occasion de sa femme Frédégonde, était un monarque fort singulier, si le portrait que nous en a laissé Grégoire de Tours est fidèle. Il se croyait un grand théologien, et voulut faire publier un édit par lequel il défendait de se servir à l'avenir du terme de Trinité et de celui de *personnes* en parlant de Dieu, disant que le mot de personnes, dont on use en parlant des hommes, dégradait la majesté divine. Il se piquait aussi d'être poète, et très habile grammairien. Il ajouta aux lettres dont on se servait de son temps, quatre caractères, pour exprimer par un seul certaines prononciations dont chacune avait besoin de plus d'une lettre. Ces additions étaient l'Ω des Grecs, II, Z, Y. Il envoya ordre dans toutes les provinces de corriger les anciens livres conformément à cette orthographe, et de l'enseigner aux enfants. L'ancienne orthographe eut ses martyrs : deux maîtres d'école aimèrent mieux se laisser essoriller (couper les oreilles) que d'accepter la nouvelle, qui ne fut en usage que pendant la vie de ce prince.
2. Voyez « Rue des Lions », p. 111.

RUE DE LA VIEILLE-DRAPERIE[1].

Au coin de cette rue était la maison du père de cet exécrable Jean Châtel qui attenta sur la personne de Henri IV et le blessa d'un coup de couteau à la lèvre supérieure, le mardi 27 décembre 1594. L'espace qu'occupait cette maison, qui fut rasée, forme cette petite place qui est devant la grande porte du palais. On y avait élevé une pyramide avec des inscriptions; elle fut abattue en 1605.

Extrait d'une lettre de Henri IV, écrite à différentes villes aussitôt après cet attentat.

Il n'y avait pas plus d'une heure que nous étions arrivés à Paris, du retour de notre voyage de Picardie, et étions encore tout botté, qu'ayant autour de nous nos cousins le prince de Conti, comte de Soissons et comte de Saint-Paul, et plus de trente ou quarante des principaux seigneurs et gentilshommes de notre cour, comme nous recevions les sieurs de Ragni et de Montigni, qui ne nous avaient pas encore salué, un jeune garçon nommé Jean Châtel, fort petit et âgé de dix-huit à dix-neuf ans, s'étant glissé avec la troupe dans la chambre, s'avança sans être quasi aperçu, et, nous pensant donner dans le corps du couteau qu'il avait, le coup (parce que nous nous étions baissé pour relever lesdits sieurs de Ragni et de Montigni qui nous saluaient) ne nous a porté que dans la lèvre supérieure du côté droit, et nous a entamé et coupé une dent... Il y a, Dieu merci, si peu de mal, que pour cela nous ne nous mettrons pas au lit de meilleure heure.

Il paraît, par un article des interrogatoires de Jean Châtel, que le prévôt de l'hôtel, lorsqu'il l'eut arrêté et fait fouiller, ne douta pas que ce ne fût un émissaire armé de toutes pièces par le fanatisme.

Enquis qui lui a baillé l'*agnus Dei*, la chemise Notre-Dame et tous les chapelets qu'il a autour du cou, et si ce n'était pas pour lui persuader d'assassiner le roi, sous l'assurance qu'il serait invulnérable et qu'on ne lui pourrait faire aucun mal :

A dit que sa mère lui avait baillé l'*agnus Dei* et la chemise Notre-Dame; et quant aux chapelets, les avait lui-même enfilés.

Il y eut quelques présomptions contre son père; sa mère et ses sœurs étaient très innocentes. Il soutint, à la question ordinaire et extraordinaire, et jusqu'à la

1. Supprimée par la création de la rue de Constantine.

mort, qu'il n'avait communiqué son dessein à personne, et qu'il avait entrepris ce coup de son propre
mouvement.

Enquis pourquoi il a voulu tuer le roi :
A dit que, pour expier ses péchés, il avait cru qu'il fallait qu'il
fît quelque acte signalé et utile à la religion catholique, apostolique
et romaine; et, y ayant failli, le ferait encore s'il pouvait.

Enquis de nouveau par qui il a été persuadé de tuer le roi :
A dit avoir entendu dire en plusieurs lieux qu'il fallait tenir
pour maxime véritable qu'il était loisible de tuer le roi dès qu'il
n'était pas approuvé par le pape, et que cette doctrine était commune.

Le malheureux ne disait que trop vrai ; il n'y avait
pas encore un an que la plupart des ecclésiastiques,
et presque tous les religieux, l'enseignaient en chaire,
dans le confessionnal et dans leurs thèses.

L'ÉCOLE MILITAIRE.

Louis XIV ouvrit un refuge à de braves guerriers
courbés sous le faix des ans, couronnés mille fois par
la victoire (les Invalides). Louis XV érige un lieu d'exercice où les siens apprendront, presque en naissant,
à combattre et à vaincre : l'un a su récompenser de
fidèles sujets, l'autre travaille à les rendre dignes de la
récompense. Le premier établissement immortalise la
reconnaissance et l'humanité, le second marque une
sage prévoyance ; et les enfants des nobles dont les talents demeuraient étouffés sous les disgrâces de la fortune, ont été tirés d'une oisive obscurité. On leur ouvrit le chemin de l'honneur en ouvrant une école de
vertu et de science militaire où ces jeunes élèves, destinés à soutenir la gloire de nos armes, se forment au
commandement par l'obéissance, trouvent réunies les
instructions capables de cultiver l'esprit, d'inspirer au
cœur de magnanimes sentiments, et, sous des officiers
expérimentés, se rendent familiers les arts et les sciences qui font les grands hommes et les héros.

RUE DES ÉCRIVAINS[1].

La maison où demeurait Nicolas Flamel fait le coin

1. Copistes ou peintres de manuscrits. Cette rue, supprimée par la

de la rue Marivault[1]. On y voit encore, sur un des gros jambages, sa figure, à ce que l'on dit, et celle de *Pernelle* sa femme, avec des inscriptions gothiques et de prétendus hiéroglyphes. L'histoire de cet homme est singulière ; il était né sans biens, de parents obscurs, et sa profession d'écrivain ne l'avait pas mis à portée d'acquérir de grandes richesses. On le vit tout à coup, par ses libéralités, déceler une fortune immense. L'usage qu'il en fit est bien rare : il fut riche pour les malheureux. Une honnête famille tombée dans l'indigence, une fille que la misère aurait peut-être entraînée dans le désordre, le marchand et l'ouvrier chargés d'enfants, la veuve et l'orphelin, étaient les objets de sa munificence. Il fonda des hôpitaux, répara quelques églises et rebâtit en partie celle des Innocents. Naudé attribue les richesses de Flamel à la connaissance qu'il avait des affaires des juifs, et ajoute que lorsqu'ils furent chassés de France, en 1394, et que leurs biens furent acquis et confisqués au profit du roi, Flamel traita avec leurs débiteurs pour la moitié de ce qu'ils devaient, et leur promit de ne les pas dénoncer. Naudé et Piganiol, qui le cite, n'auraient pas avancé un fait aussi faux s'ils avaient lu les déclarations de Charles VI à l'occasion du bannissement des juifs. La première, du 17 septembre 1394, porte que, quoiqu'il les exile à perpétuité, il n'entend pas que leurs personnes soient maltraitées ni leurs biens pillés ; en outre, il enjoint à ceux qui leur doivent de les payer dans un mois, à peine de perdre leurs gages ; et à ceux qui ne leur ont point donné de gages, de satisfaire à leurs obligations et de les retirer avant le terme expiré. Par une autre déclaration du 2 mars 1395, quatre mois après leur sortie du royaume, il défend désormais à tous les débiteurs des juifs de leur rien payer et fait cesser tous les procès commencés pour telle raison,

création de la rue de Rivoli, allait de la rue Saint-Martin à la rue Saint-Denis.

1. Aujourd'hui rue Nicolas-Flamel, devait son nom au fief de Marivas, sur lequel elle avait été ouverte. La maison de Flamel n'a été détruite qu'en 1851.

avec ordre d'ouvrir les prisons à ceux qui y étaient détenus ; et, pour finir entièrement à cet égard, par une dernière déclaration du 30 janvier 1397 il ordonne au prévôt de déchirer et brûler toutes les obligations faites aux juifs.

On voit par ces ordonnances que, puisque le roi déchargeait lui-même ses sujets de toutes dettes contractées avec ces usuriers, Flamel ne put pas s'enrichir en menaçant leurs débiteurs de les dénoncer.

Plusieurs curieux, ayant fait fouiller la terre dans les caves de sa maison, y ont trouvé, dans différents endroits, des urnes, des fioles, des matras, du charbon et, dans des pots de grès, une certaine matière minérale calcinée et grosse comme des pois. On ne sait pas positivement s'il fut enterré à Saint-Jacques de la Boucherie ou sous les charniers des Innocents. Paul Lucas semble même douter qu'il soit mort : il rapporte fort sérieusement qu'étant en Asie[1], il fit connaissance avec un dervis qui parlait toutes les langues et qui ne paraissait avoir que trente ans, quoiqu'il eût déjà vécu plus d'un siècle. « Ce dervis, dit-il, me raconta que Flamel, persuadé qu'on l'arrêterait s'il passait pour avoir la pierre philosophale, trouva le moyen de sortir de France en faisant publier sa mort et celle de sa femme. Elle feignit une maladie qui eut son cours ; et lorsqu'on la dit morte, elle était près de la Suisse, où elle avait ordre de l'attendre. On enterra pour elle un morceau de bois ; et, pour ne pas manquer au cérémonial, ce fut dans une des églises qu'elle avait fait rebâtir. Ensuite Flamel eut recours pour lui-même à un semblable stratagème. Comme l'on fait tout pour de l'argent, il n'eut pas de peine à gagner les médecins et les gens d'église. Il laissa un testament dans les formes, où il recommandait avec soin qu'on l'enterrât avec sa femme et qu'on élevât une pyramide sur leur sépulture. Pendant que ce sage était en chemin pour rejoindre son épouse, un second morceau de bois fut

1. *Voyage de Paul Lucas dans l'Asie Mineure*, c. 12, t. 1er ; ouvrage plein d'assertions absolument fantaisistes.

enterré à sa place. Depuis ce temps-là, ils ont mené tous les deux une vie philosophique, tantôt dans un pays, tantôt dans un autre. Je fus leur intime ami, et il n'y a que trois ans que je les ai laissés aux Indes. »

Paul Lucas était pensionné de Louis XIV et voyageait par son ordre : de pareilles rêveries, que l'on trouve assez fréquemment dans son livre, ne font pas trop d'honneur au ministre qui l'avait choisi et présenté. A l'occasion de la maison de Nicolas Flamel, l'auteur de l'*Essai d'une histoire de la paroisse de Saint-Jacques de la Boucherie*, imprimé en 1757, rapporte un fait tout récent : « Un particulier, dit-il, sous un nom important, mais sans doute emprunté, se présenta, en 1735, à la fabrique de cette paroisse, se disant chargé par un ami mort d'une somme considérable qu'il devait employer à des œuvres pies, à sa volonté. Ce particulier ajouta que, pour entrer dans les vues de son ami, il avait imaginé de réparer des maisons caduques appartenantes à des églises ; que la maison du coin de la rue de Marivault, vis-à-vis de Saint-Jacques de la Boucherie, avait besoin de réparations, et qu'il y dépenserait trois mille livres. L'offre fut acceptée ; la réparation était le prétexte ; l'objet véritable était une fouille et l'enlèvement de quelques pierres gravées[1]. Les intéressés à la découverte du trésor imaginaire veillèrent avec soin sur l'ouvrage : on emportait furtivement des moellons et toutes les pierres gravées. La réparation qui a été faite peut monter à deux mille livres ; mais le particulier et les intéressés ont disparu sans payer ; et cette dépense restera probablement sur le compte d'un maître maçon qui s'est livré trop légèrement à des inconnus, qu'il cherche et ne trouve point. »

Il y a toute apparence que ces inconnus cherchent la pierre philosophale ; et je conseillerais à ce maître

1. En 1751, quand je donnai la première édition de mes *Essais historiques sur Paris*, on voyait encore, et j'avais vu moi-même ces pierres où étaient gravées la figure de Nicolas Flamel et celle de sa femme, avec des inscriptions gothiques et de prétendus hiéroglyphes. (Note de l'auteur.)

maçon de s'imaginer que, quand ils l'auront trouvée,
ils le payeront magnifiquement.

RUE D'ENFER[1],
Près du Luxembourg.

Saint Louis fut si édifié, au récit qu'on lui faisait de
la vie austère et silencieuse des disciples de saint
Bruno, qu'il en fit venir six et leur donna une maison
avec des jardins et des vignes au village de Gentilli. Ces
religieux voyaient de leurs fenêtres le palais de Vauvert,
bâti par le roi Robert, abandonné par ses successeurs,
et dont on pouvait faire un monastère commode et
agréable par la proximité de Paris. Le hasard voulut
que des esprits, ou revenants, s'avisèrent de s'emparer
de ce vieux château. On y entendait des hurlements affreux. On y voyait des spectres traînant des chaînes, et
entre autres un monstre vert avec une grande barbe
blanche, moitié homme et moitié serpent, armé d'une
grosse massue, et qui semblait toujours prêt à s'élancer la nuit sur les passants. Que faire d'un pareil château? Les chartreux le demandèrent à saint Louis; il
le leur donna, avec toutes ses appartenances et dépendances. Les revenants n'y revinrent plus; le nom
d'Enfer resta seulement à la rue, en mémoire de tout
le tapage que les diables y avaient fait.

Quelques étymologistes prétendent que la rue Saint-
Jacques s'appelait anciennement *via superior*, et celle-
ci, parce qu'elle est plus basse, *via inferior* ou *infera*,
d'où lui vint dans la suite le nom d'Enfer, par corruption et contraction de mot. D'autres disent que les
gueux, les filous et les gens sans aveu se retirant ordinairement dans les rues écartées, on donnait le nom
d'enfer à ces rues, à cause des cris, des jurements,
des querelles et du bruit qu'on y entendait sans cesse.

SAINT-ÉTIENNE DU MONT.

Le curé de cette paroisse s'étant plaint que le nommé
Michau, un de ses paroissiens, l'avait fait attendre

1. Aujourd'hui rue Denfert-Rochereau.

jusqu'à minuit pour la bénédiction du lit nuptial, Pierre de Gondi, évêque de Paris, ordonna qu'à l'avenir cette cérémonie se ferait de jour, ou du moins avant souper. Autrefois les nouveaux mariés ne pouvaient pas s'aller mettre au lit qu'il n'eût été béni : c'était un petit droit de plus pour les curés, à qui l'on devait aussi ce qu'on appelait les plats des noces, c'est-à-dire leur dîner en argent ou en espèces.

On ne mariait, les grands comme les petits, qu'à la porte de l'église. En 1550, lorsque Élisabeth de France, fille de Henri II, épousa Philippe II, roi d'Espagne, Eustache du Bellay, évêque de Paris, alla à la porte de Notre-Dame, « et se fit, dit le cérémonial français, la célébration des épousailles audit portail, selon la coutume de notre mère sainte Église ».

LA POINTE SAINT-EUSTACHE.

Il n'y a pas quarante ans que, dans le carrefour appelé la pointe Saint-Eustache, on voyait une grande pierre posée sur un égout en forme de petit pont, et qu'on appelait le pont Alais, du nom de Jean Alais. Cet homme, pour se rembourser d'une somme qu'il prêtait au roi, fut l'inventeur et le fermier d'un impôt d'un denier sur chaque panier de poisson qu'on apportait aux Halles : il en eut tant de regret qu'il voulut, en expirant, être enterré sous cette pierre, dans cet égout des ruisseaux des halles. On a détruit ce petit monument, qui embarrassait le passage; mais n'y avait-il pas quelque hôtel où il eût été bon de le transporter et de le poser dans la cour avec une inscription[1] ?

RUE DE LA FERRONNERIE[2]

Le vendredi 14 mai 1610, environ les quatre heures de l'après-midi, un embarras de deux charrettes ayant obligé le carrosse de Henri IV[3] de s'arrêter vers le mi-

1. Malice à l'adresse des fermiers généraux de l'époque où écrivait Saint-Foix.
2. Ainsi nommée des marchands de ferraille, *ferrarii*.
3. Il allait à l'Arsenal et avait fait lever les mantelets, parce qu'il faisait beau et qu'il voulait voir les préparatifs pour l'entrée de la reine.

lieu de cette rue, qui était alors très étroite, Ravaillac, qui l'avait suivi depuis le Louvre, monta sur un des rais d'une roue de derrière, et d'un premier et d'un second coup de couteau assassina ce prince, qui expira dans l'instant. « Chose surprenante, dit l'Estoile, nul des seigneurs qui étaient dans le carrosse ne l'a vu frapper le roi; et si ce monstre[1] eût jeté son couteau, on n'eût su à qui s'en prendre. » Henri IV lisait une lettre du comte de Soissons; le duc d'Épernon était à sa droite dans le fond du carrosse; les maréchaux de Lavardin et de Roquelaure étaient à la portière du côté du duc d'Épernon; à la portière du côté du roi étaient le duc de Montbazon et le marquis de la Force, et sur le devant du carrosse le marquis de Mirabeau et du Plessis-Liancourt. Nicolas Pasquier rapporte qu'un diable apparut à Ravaillac et lui dit: « Va, frappe hardiment; tu les trouveras tous aveuglés. » Ce diable pouvait bien être un de ces sept ou huit hommes qui vinrent l'épée à la main, après qu'on l'eut arrêté, et qui voulurent le tuer.

Je n'entrerai pas dans des détails et dans un amas de circonstances qui ne finiraient point et que peu de personnes ignorent; je dirai seulement ce que je pense sur le caractère des deux scélérats dont les mains parricides s'armèrent contre un de nos meilleurs et de nos plus grands rois. Jean Châtel, âgé de dix-huit à dix-neuf ans, après avoir étudié chez les jésuites, faisait son cours de philosophie à l'Université; son père était un riche marchand qui ne le laissait manquer de rien. On voit dans ses interrogatoires un malheureux fermé dans ses abominables principes, simple, vrai, toujours égal dans ses réponses, un véritable fanatique qui n'est point étonné à l'aspect de ses juges, qui se regarde comme un martyr, et les supplices et son crime comme l'expiation de ses péchés. Après qu'on l'eut ôté de la torture: « Je m'accuse, dit humble-

---

1. « Lorsqu'on l'eut arrêté, dit Pierre Mathieu, on vit venir sept ou huit hommes l'épée à la main, qui disaient tout haut qu'il fallait le tuer; mais ils se cachèrent aussitôt dans la foule. »

ment ce monstre à son confesseur, de quelque impatience dans mes tourments; je prie Dieu de me le pardonner, et de pardonner à mes persécuteurs. »

Ravaillac, âgé d'environ trente-deux ans, était pauvre, se vantait d'avoir des révélations et se mettait en fureur au seul nom de huguenot; il parut propre à être l'instrument de l'horrible attentat qu'on méditait depuis longtemps. On démêle aisément, dans ses interrogatoires, que son fanatisme était moins réel qu'affecté. Il feint quelquefois une ignorance stupide: « Le pape est Dieu, dit-il, et Dieu est le pape. » Il répond sur d'autres articles en homme sensé, même assez instruit. Il ment[1], varie, pleure et gémit sur le malheur qu'il a eu de ne pas résister aux tentations du diable; il prie ses juges « de ne pas désespérer son âme à force de tourments »; il reconnaît qu'il est coupable d'un grand crime; mais il soutient toujours que personne ne l'a excité à le commettre, et qu'il ne s'est déterminé à tuer le roi que parce qu'on l'a assuré que ce prince allait faire la guerre au pape. Est-il possible, dit-on, que dans l'horreur des tortures il n'eût pas accusé ceux qui l'avaient séduit, par eux-mêmes ou par leurs émissaires, et en lui faisant de temps en temps de petites charités? Peut-être espérait-il toujours qu'ils lui sauveraient la vie; d'ailleurs il est certain qu'à la première tirade des chevaux, il demanda d'être relâché, qu'il dicta un testament de mort, et que le greffier affecta d'écrire si mal ce testament, que les plus experts en écritures n'ont jamais pu y rien déchiffrer.

Germain Brice dit que « lorsqu'on eut arrêté Ravaillac, on le mena d'abord à l'hôtel de Retz, à pré-

---

1. Il dit qu'il n'était jamais sorti du royaume : il est prouvé qu'on l'avait vu à Naples. Il dit que jamais il n'avait déclaré à qui que ce soit (pas même en confession) son dessein de tuer le roi : il y avait plus d'un an que le prieur des Augustins de Montargis avait trouvé sur l'autel une lettre par laquelle on le sommait d'avertir ce prince qu' « un grand rousseau, natif d'Angoulême », devait l'assassiner. Ce prieur ayant pris conseil du lieutenant général et des principaux de la ville, il fut arrêté d'envoyer la lettre, avec le procès-verbal qu'on avait fait faire, à M. le chancelier, qui malheureusement négligea cet avis. Voilà une preuve juridique et bien authentique que Ravaillac avait confié son abominable dessein.

sent l'hôtel de Condé ». C'aurait été le mener loin : je sais que l'hôtel de Condé était alors l'hôtel de Gondi; mais Jean-Baptiste de Gondi, duc de Retz, avait encore un autre hôtel rue des Poulies, près du Louvre; et ce fut à celui-là qu'on traîna ce scélérat. Il y resta deux jours, enchaîné et gardé par des archers. « A la question, qui lui fut donnée dans toute la rigueur, ajoute Germain Brice, il avoua des choses si étranges, que les juges, surpris et effrayés, jurèrent entre eux sur les saints Évangiles de n'en jamais rien découvrir, à cause des suites terribles qui pouvaient en arriver : ils brûlèrent même les dépositions et tout le procès-verbal au milieu de la chambre; et il n'en est resté que quelques légers soupçons, sur lesquels on n'a pu fonder jusqu'à présent aucun véritable jugement. » Cette narration est absolument fausse : Ravaillac soutint toujours, à la question, qu'il n'avait point de complices; et s'il avoua des choses étranges, ce ne fut que lorsqu'il eut demandé, à la première tirade des chevaux, qu'on le relâchât.

Quelques mois après, la demoiselle d'Écoman, femme d'un gentilhomme, et qui avait été attachée à la reine Marguerite, accusa la marquise de Verneuil et le duc d'Épernon[1] d'avoir fait assassiner Henri IV. « Elle parlait bien, dit l'Estoile, et était ferme et constante en ses réponses et accusations, munies de raisons valables et preuves très fortes, qui rendaient ses juges tout étonnés. Il fallait des preuves juridiques; elle n'en put pas fournir, et fut condamnée à être enfermée le reste de ses jours entre quatre murailles : il fut dit dans l'arrêt que toute la procédure serait supprimée. Apparemment que Germain Brice, qui brouille assez souvent tous les faits, a confondu cette procédure avec le procès criminel de Ravaillac.

Je finirai cet article par un passage des *Mémoires*

---

1. Il ne reste plus personne de sa race, et ses descendants ont fini à la deuxième génération, ainsi que ceux du duc de Lerme en Espagne. Je détaillerai dans un autre article par quelles raisons et comment ces deux hommes tramèrent et conduisirent cette conspiration.

de Sully qui fait connaître le peu de précaution que Henri IV prenait contre les attentats dont il était sans cesse menacé : « Il me fut adressé de Rome[1], dit Sully, un avis d'une conspiration contre la personne de Sa Majesté : je ne crus pas devoir le lui cacher, quoique cet avis ne me parût à moi-même digne que d'être méprisé, comme il le fut de ce prince, qui me répondit à cette occasion qu'il s'était convaincu que, pour ne pas rendre sa vie pire que la mort même, il ne devait faire aucune attention à de semblables avis ; que les tireurs d'horoscope l'avaient menacé, les uns de mourir par l'épée, les autres dans un carrosse, qu'aucun ne lui avait jamais parlé de poison, qui était, à son avis, la manière la plus facile à se défaire de lui, puisqu'il mangeait beaucoup de fruits, et sans essai, de tous ceux qu'on lui présentait, et qu'enfin, sur le tout, il s'en remettait au souverain Maître de ses jours. »

LE FOR-L'ÉVÊQUE[2].

Forum episcopi, c'est-à-dire le siège de la juridiction temporelle de l'évêque. Il y avait dans Paris et dans les faubourgs dix-neuf justices de seigneurs ; l'incertitude de leurs limites causait souvent des conflits de juridiction. Par l'édit du mois de février 1674, toutes ces justices subalternes furent réunies et incorporées à celle du Châtelet ; on conserva seulement la justice (dans leur enclos) à l'archevêque de Paris et chapitre de Notre-Dame, à l'abbé de Saint-Germain

1. Pierre du Jardin, s'étant trouvé à Naples avec Ravaillac, apprit de la bouche même de ce scélérat la conspiration contre Henri IV. M. de Brèves, notre ambassadeur à Rome, à qui il en donna avis, écrivit à M. de Sully ; ce ministre en parla à Henri IV, qui méprisa malheureusement cet avis. On serait tenté de croire à une fatalité absolue et inévitable, quand on réfléchit qu'on n'arrêta point Ravaillac lorsqu'il rentra en France.

2. Au numéro 61 de la rue Saint-Germain-l'Auxerrois, était autrefois la prison dite le For-l'Évêque, parce que c'était là que l'évêque de Paris exerçait son droit de justice. Cette prison fut reconstruite en 1652 et destinée aux débiteurs insolvables et aux comédiens insoumis. Mlle Clairon et les acteurs de la Comédie française y furent enfermés. On les faisait sortir le soir, sous escorte, pour aller jouer, et on les ramenait de même après le spectacle. La prison a été supprimée et démolie en 1780. (F. Lock, *Guide des rues de Paris.*)

des Prés, au grand prieur de France, au commandeur de Saint-Jean de Latran et au prieur de Saint-Martin des Champs.

Adrien de Valois prétend qu'on dit Four-l'Évêque au lieu de For-l'Évêque, et que le four banal où les vassaux de l'évêque envoyaient cuire leur pain occupait une partie de ce bâtiment qui sert aujourd'hui de prison.

RUE DES FOSSÉS-SAINT-GERMAIN-L'AUXERROIS.

L'hôtel de Sourdis communiquait au cloître de cette église.

Gabrielle d'Estrées, duchesse de Beaufort, favorite de Henri IV, demeurait dans la maison du doyen, apparemment pour être proche de la marquise de Sourdis, sa tante. Elle y mourut la veille de Pâques 1599. Sauval assure qu'il avait connu des vieillards qui lui avaient dit qu'après sa mort on l'exposa dans la grande salle de cette maison; qu'elle était vêtue d'une robe de satin blanc et couchée sur un lit de parade de velours cramoisi, enrichi de dentelles d'or et d'argent. Il ne paraît pas vraisemblable qu'on ait exposé à la vue du public une personne à qui des symptômes de mort terribles avaient défiguré tous les traits et tourné la bouche jusque derrière le cou. Elle avait passé une partie du carême à Fontainebleau. Rentrant à Paris, elle vint loger chez Zamet : c'était un Italien qui avait acquis de grandes richesses en s'intéressant dans toutes sortes de maltôtes; c'est lui qui se qualifia, dans le contrat de mariage d'une de ses filles, « seigneur suzerain de dix-sept cent mille écus ». Son caractère plaisant et enjoué l'avait rendu agréable à Henri IV : ce prince choisissait ordinairement sa maison pour ses petits soupers et ses parties de plaisir. La duchesse fut reçue de son hôte avec tous les empressements imaginables. Le jeudi saint, ayant bien dîné, il lui prit quelques éblouissements dans l'église du Petit-Saint-Antoine, où elle était allée entendre les ténèbres. Revenue chez Zamet et se promenant dans le jardin, après avoir mangé d'un citron (d'autres disent d'une salade), elle se sentit tout à coup un feu dans le gosier et des douleurs si aiguës dans l'estomac qu'elle s'écria : « Qu'on m'ôte de cette maison; je suis empoisonnée [1]. » On l'emporta chez elle; son mal y redoubla avec des crises et des convulsions si violentes, qu'on ne pouvait regarder sans effroi cette tête si belle quelques heures auparavant. Elle expira le samedi vers les sept heures du matin. « On empoisonna cette favorite, dit un écrivain de ce temps-là, parce que le roi était déterminé à l'épouser; et, vu les troubles qui en seraient advenus, ajoute ce galant homme, ce fut un service qu'on rendit à ce prince et à l'État. » Cela peut être; mais on conviendra que de pareils services sont plus infâmes que ceux du bourreau; d'ailleurs la plupart des historiens n'attribuent cette mort si frappante qu'à des effets tout naturels.

RUE DU FOUARRE.

L'Université avait autrefois ses écoles des deux côtés de cette rue; elle prit le nom de rue du Fouarre (vieux mot qui signifiait de la paille), de la grande consommation qu'en faisaient les écoliers : ils n'étaient assis dans les classes que sur de la paille. Anciennement il n'y avait aussi ni bancs ni chaises dans les églises : on les jonchait de paille fraîche et d'herbes odoriférantes, surtout à la messe de minuit et aux autres grandes fêtes.

1. On avait déjà parlé de marier Henri IV avec Marie de Médicis, et comme Zamet était né sujet du duc de Florence, ses ennemis le soupçonnèrent d'un crime dont il n'y eut aucune preuve.

Sébastien Zamet était de Lucques. Il fut d'abord le confident du duc de Mayenne, mais il se rangea ensuite du côté de Henri de Navarre, qui l'aima beaucoup. On prétend qu'il avait été cordonnier de Henri III. Toujours est-il qu'il fit une fortune rapide et prodigieuse. Il mourut à Paris en 1614, âgé de soixante-deux ans, avec les titres de conseiller du roi, gouverneur de Fontainebleau, surintendant de la maison de la reine mère, baron de Murat et de Billy.

Zamet faisait un usage magnifique de ses richesses. Il avait toujours les premiers seigneurs de la cour, les lettrés, les savants à sa table. Henri IV ne l'appelait que son ami Bastien. Ses deux fils, naturalisés Français, restèrent en grand crédit après sa mort.

RUE DU FOUR.

Une marchande de graines de la rue du Four, faubourg Saint-Germain, faisait courir le bruit dans le quartier qu'elle avait un diable dans sa boutique; il n'en fallut pas davantage pour y attirer tout Paris. Cette femme, pour entretenir le public dans cette idée, s'enfermait le matin dans son comptoir et ne manquait pas, dès qu'elle s'apercevait que la foule était grande, de se traîner dans les coins de sa boutique. Le comptoir, qui se promenait avec elle, la dérobait aux yeux des spectateurs. Cette cérémonie dura plusieurs jours; mais, le commissaire ayant menacé cette femme de la faire renfermer si le diable revenait encore, elle sut si bien congédier cet esprit de ténèbres, qu'il disparut pour toujours. Une aventure à peu près semblable arriva, il y a quelques années, dans la boutique d'un luthier, rue Croix-des-Petits-Champs.

RUE DES FRANCS-BOURGEOIS,
Au Marais.

En 1350, Jean Roussel et Alix sa femme firent bâtir dans cette rue, qu'on appelait alors la rue des Vieilles-Poulies, vingt-quatre chambres pour y retirer des pauvres. Leurs héritiers, en 1415, donnèrent ces chambres au grand prieur de France, avec soixante-dix livres parisis de rente, à condition d'y loger deux pauvres dans chacune, moyennant treize deniers en y entrant et un denier par semaine. On appela ces chambres la maison des « francs bourgeois », parce que ceux qu'on y recevait étaient francs de toutes taxes et impositions, attendu leur pauvreté : voilà l'origine du nom de cette rue.

Il y demeurait, en 1596, deux gueux qui, dans leur oisiveté, s'étaient si bien exercés à contrefaire le son des cors de chasse et la voix des chiens, qu'à trente pas on croyait entendre une meute et des piqueurs : on devait y être encore plus trompé dans les lieux où les rochers renvoient et multiplient les moindres cris. Il y a toute apparence qu'on s'était servi de ces deux hommes pour une aventure qui fut regardée comme l'apparition véritable d'un fantôme : si Henri IV avait eu la curiosité d'avancer, on lui aurait sans doute lancé un dard, et l'on aurait dit ensuite que, n'étant pas dans le cœur bon catholique, c'était le diable qui l'avait tué. Voici ce que rapportent la plupart des historiens contemporains :

Le roi, chassant dans la forêt de Fontainebleau, entendit comme à une demi-lieue de l'endroit où il était des jappements, le cri et le cor des chasseurs ; et en un moment tout ce bruit qui semblait être éloigné se présenta à vingt pas de son oreille. Il commanda à M. le comte de Soissons de brousser et pousser en avant pour voir ce que c'était, ne présumant pas qu'il pût y avoir des gens assez hardis pour se mêler parmi sa chasse et lui en troubler le passe-temps. Le comte de Soissons, s'avançant, entendit le bruit sans voir d'où il venait ; un grand homme noir se présenta dans l'épaisseur des broussailles et cria d'une voix terrible : « M'entendez-vous ? » et soudain disparut. A cette parole, les plus hardis estimèrent imprudence de s'arrêter en cette chasse, en laquelle ils ne prirent que de la peur ; et bien qu'ordinairement elle noue la langue et glace la parole, ils ne laissèrent pourtant pas de raconter cette aventure, que plusieurs auraient renvoyée aux fables de Merlin, si la vérité, affirmée par tant de bouches et éclairée par tant d'yeux, n'eût ôté tout sujet d'en douter. Les pasteurs des environs disent que c'est un esprit qu'ils appellent le grand veneur ; les autres prétendent que c'est la chasse de Saint-Hubert, qu'on entend aussi en d'autres lieux.

L'ÉGLISE DE SAINTE-GENEVIÈVE[1].

On ne peut exprimer la satisfaction générale que répandit dans Paris la construction de la nouvelle

1. Érigée par ordre de Louis XV en remplacement de l'église des Pères Génovéfains qui menaçait ruine. Commencée vers 1760, la construction, longtemps interrompue, ne fut reprise qu'en 1781. L'église était achevée, mais non encore consacrée, quand la Révolution en chan-

église de Sainte-Geneviève. Sa Majesté voulut qu'on n'épargnât rien pour la magnificence d'un édifice qu'elle destinait à être un des plus beaux monuments de son règne. M. de Marigny, de son côté, y attachait en partie la gloire de son administration, et M. Soufflot regardait cet ouvrage comme celui qui devait consacrer à jamais son nom et ses talents; car tel est le sentiment de la postérité par rapport aux grandes choses : elle voit avec la même admiration le roi qui les a ordonnées, le ministre qui les a conduites et l'artiste qui les a exécutées.

Le premier trait, et le plus estimable du génie, dans le projet de Sainte-Geneviève, est d'avoir saisi une distribution parfaitement adaptée à l'objet sensible d'une dévotion particulière. Cette dévotion sera toujours le principal motif de ceux qui iront prier dans ce temple. Il a donc fallu : 1° poser la châsse de la sainte dans un point qui fût le centre de toutes les lignes, afin que cet objet fût aperçu de tout le monde sans gêne et sans tumulte; 2° cette même dévotion portant à s'approcher le plus qu'on peut de son objet, il est ingénieux de l'avoir placé sous un dôme, de manière que la circulation devînt commode et susceptible d'ordre. D'ailleurs cette châsse, élevée sur des colonnes, se trouvera couronnée par le dôme même, qui alors aura, pour ainsi dire, part à la dignité dont il convenait de la revêtir. Il est évident que tout l'édifice sera le monument voué à cette châsse; et c'est par là précisément que ce temple ne doit point, quant à son plan et à sa distribution intérieure, servir de modèle pour d'autres églises [1].

PAROISSE SAINT-GERMAIN-L'AUXERROIS.

Le curé de cette paroisse, le jour de Pâques 1245, étant monté en chaire, dit que le pape [2] voulait que,

gea la destination et en fit le Panthéon. Rendue au culte sous le second empire, l'église Sainte-Geneviève a de nouveau été affectée à la sépulture des grands hommes par la troisième République.

1. Lorsque l'église est redevenue Panthéon, tout ce qui se rapportait au culte de la patronne de Paris a été transféré à l'église Saint-Étienne du Mont.

2. Innocent IV.

dans toutes les églises de la chrétienté on dénonçât comme excommunié l'empereur Frédéric II : « Je ne sais pas, ajouta-t-il, quelle est la cause de cette excommunication ; je sais seulement que le pape et l'empereur se font une rude guerre ; j'ignore lequel des deux a raison ; mais, autant que j'en ai le pouvoir, j'excommunie celui qui a tort, et j'absous l'autre[1]. » Frédéric II, à qui l'on raconta cette plaisanterie, envoya des présents à ce curé.

RUE DE GRENELLE[2],
Quartier Saint-Eustache.

Cet hôtel, où le comte de Soissons se plaisait à répandre de tous côtés, sur les vitres, les plafonds et les lambris, d'ingénieux emblèmes, de galantes devises et ses chiffres enlacés avec ceux de Catherine de Navarre, sœur de Henri IV ; ce même hôtel qui fut ensuite habité par le duc de Bellegarde, ce courtisan si aimable de Mme, de Mlle de Guise et de tant d'autres ; cet hôtel enfin qui devint, après la mort du cardinal de Richelieu, l'asile des Muses, où l'Académie française tint si longtemps ses séances, où s'assemblaient les Racan, les Sarrazin, les Voiture : c'est aujourd'hui l'hôtel des Fermes[3].

Le 9 juin 1572, Jeanne d'Albret, mère de Henri IV, mourut dans la troisième maison après cet hôtel, du côté de la rue Saint-Honoré. Elle n'avait que quarante-quatre ans et ne fut malade que cinq jours. Le bruit courut qu'elle avait été empoisonnée par l'odeur d'une paire de gants de senteur que lui avait vendue René, un Italien, grand scélérat, et parfumeur suivant la cour de Catherine de Médicis. Le corps de cette princesse fut ouvert ; et les chirurgiens, dit Cayet, rapportèrent qu'ils n'y avaient point trouvé de marques de poison. Elle n'avait pu se dispenser de venir à Paris

1. Fleury, *Histoire ecclésiastique*, année 1245.
2. Aujourd'hui rue Jean-Jacques-Rousseau.
3. Le chancelier Séguier, l'ayant fait reconstruire par le célèbre architecte Androuet du Cerceau, y installa l'Académie nouvellement créée. Les fermiers généraux l'achetèrent à la fin du dix-septième siècle.

pour le mariage de son fils ; d'ailleurs, on l'avait assuré qu'on allait faire la guerre à son ennemi irréconciliable, Philippe II, roi d'Espagne, Charles IX étant persuadé qu'il avait fait empoisonner Élisabeth de France, sa femme.

Aujourd'hui, dès qu'une princesse doit devenir mère, médecins et chirurgiens s'emparent de sa santé ; à peine lui permettent-ils de sortir de son appartement ; la voiture la plus douce et le plus beau chemin ne les rassurent pas ; quelque envie qu'elle ait d'aller seulement de Versailles à Fontainebleau, ils s'y opposent. Cayet, sous-précepteur de Henri IV, rapporte que « Jeanne d'Albret, voulant suivre son mari aux guerres de Picardie, le roi son père lui dit qu'il voulait qu'elle vînt enfanter en sa maison, et qu'il ferait nourrir lui-même l'enfant, fils ou fille ;... que cette princesse partit de Compiègne, traversa toute la France jusqu'aux Pyrénées, et arriva en quinze jours à Pau dans le Béarn... Elle était curieuse, ajoute cet historien, de voir le testament de son père ; il était dans une grosse boîte d'or, sur laquelle était aussi une chaîne d'or qui eût pu faire autour du cou vingt-cinq ou trente tours ; elle la lui demanda : « Elle sera tienne, lui dit-il, dès que « tu m'auras donné un petit-fils ou une petite-fille ; et afin « que tu ne me donnes pas une pleureuse ou un rechigné, « je te promets le tout, pourvu qu'en enfantant tu chan- « tes une chanson béarnaise ; et quand tu enfanteras, j'y « veux être. » Entre minuit et une heure, le 13 de décembre 1553, les douleurs prirent à la princesse. Son père, averti, descend ; l'entendant venir, elle chanta la chanson béarnaise qui commence par *Notre-Dame du bout du pont, aidez-moi en cette heure.* Étant délivrée, son père lui mit la chaîne d'or au cou et lui donna la boîte d'or où était son testament, lui disant : « Voilà « qui est à vous, ma fille ; mais ceci est à moi, » prenant l'enfant dans sa grande robe, et l'emporta dans sa chambre... Le petit prince fut nourri et élevé de façon à être propre à la fatigue et au travail, ne mangeant souvent que du pain commun ; le bon roi son grand-père l'ordonnait ainsi, et ne voulait qu'il fût délicatement mignardé, afin que de jeunesse il s'apprît à la nécessité. Souvent on l'a vu, à la mode du pays, parmi les autres enfants du château et village de Coarraze, pieds déchaux et tête nue, tant en hiver qu'en été. » Quel fut ce prince ? Henri IV.

RUE GRENIER-SAINT-LAZARE.

Pasquier rapporte que, l'an 1424, vint à Paris une fille nommé Margot, qui jouait, au jeu de paume de cette rue, de l'avant et de l'arrière-main mieux qu'aucun homme : ce qui était d'autant plus étonnant qu'alors on jouait seulement de la main nue ou avec un gant double. Dans la suite, quelques-uns mirent à leur main des cordes et tendons pour renvoyer la balle avec plus de force ; et de là on imagina la raquette. Le nom de *paume*, ajoute-t-il, a été donné à ce jeu, parce que dans ce temps-là son exercice consistait à recevoir et à renvoyer la balle de la paume de la main.

LA PLACE DE GRÈVE[1].

Ce nom, que les scélérats ne doivent entendre prononcer qu'avec frayeur, offre un tableau toujours subsistant, toujours nouveau, de tous les crimes qui déshonorent les familles, la société, la patrie, la religion, la nature et l'humanité. J'y vois des voleurs, des assassins, des parricides, des empoisonneurs, des incendiaires, des régicides, des blasphémateurs, des sacrilèges. Ici, c'est une Brinvilliers, un Cartouche, un Desrues ; là, un Ravaillac, un Damien, un Deschauffour, une Lescombat, etc. Tous ces monstres réunis formeraient peut-être une assemblée aussi nombreuse qu'aucune de celles qui ont assisté à leur supplice.

On ne saurait trop tôt apprendre aux jeunes gens

1. Aujourd'hui place de l'Hôtel-de-Ville. Ce n'est que depuis 1830 que les exécutions capitales ne se font plus sur cette place. C'était là que jadis beaucoup d'ouvriers se tenaient chaque jour pour attendre que les patrons vinssent les embaucher. Si les conditions à eux faites ne leur convenaient plus, ils retournaient *en Grève ;* de là l'expression de « grève » aujourd'hui employée pour désigner les coalitions ouvrières.

ni trop souvent leur répéter les noms et le genre de mort dont ont péri ces fameux criminels. Le garde du corps Lachaux n'aurait probablement pas conçu le détestable dessein qui l'a conduit sur cette place, si on l'avait instruit de bonne heure du sort funeste de plusieurs scélérats qui y avaient expié avant lui un semblable projet[1].

Le 14 mai 1585, par arrêt du Grand Conseil, fut décapité un certain Montaud, gentilhomme gascon, un de ceux que le roi avait choisis pour gardes de sa personne. Il avait accusé le duc d'Elbeuf de lui avoir offert dix mille écus pour tuer le monarque. Ne pouvant vérifier cette dénonciation, il fut mis à la question et confessa que « mensongèrement il avait avancé ce propos pour tirer de la bourse de Sa Majesté quelque bonne somme de deniers, à raison d'un tant important et signalé avertissement ».

Lucian du Cerf, dit la Fortune, soldat et ensuite cordonnier, se présenta, le 2 de novembre 1628, au palais de la reine mère, s'adressa au lieutenant de ses gardes, désirant parler à Sa Majesté pour lui donner avis d'un projet formé contre la vie du roi, contre celle de la reine mère et de la reine régnante. Il disait que le sieur de Beaumont, demeurant à Cerf-Fontaine, à trois lieues de Saint-Quentin, l'avait excité à venir à Paris pour empoisonner Leurs Majestés, et lui avait même donné le poison dans une fiole. Lorsqu'on en vint à la recherche des preuves, il fut découvert que le dit la Fortune avait tramé cette fourberie pour se venger du sieur de Beaumont qui lui avait donné un coup de pied, et pour attraper quelque argent. Il fut condamné à être pendu, et mourut en place de Grève.

Le 11 octobre 1620, le roi sortant de son carrosse pour aller à la chasse, à Fontainebleau, il se fit un grand bruit de voix qui disaient: « Voilà un homme que l'on vient de tuer d'un coup de pistolet, proche la

____
1. Voir page suivante.

chambre de Mme la princesse de Conti. » Sa Majesté
ordonna à l'instant au prévôt de l'hôtel et au chevalier du guet qui étaient près d'elle de voir ce que ce
bruit signifiait. Ils trouvèrent un homme tout ensan-
glanté, qui leur dit qu'un quidam, dont le dessein
était d'attenter à la personne du roi, s'étant fait connaître à lui et, craignant d'être dénoncé, lui avait tiré
un coup de pistolet lorsqu'il s'efforçait de l'arrêter. Ce
fourbe fut interrogé et convaincu de s'être blessé lui-
même dans l'espérance de quelque récompense; on le
condamna à mourir sur la roue. Il se disait prince
géorgien, et confessa au supplice qu'il était Calabrais[1].

Jacques Balouseau, dit de Saint-Agnel, né à Saint-Jean-
d'Angély, dont il empruntait le titre de baron, après
plusieurs friponneries, se procura l'entrée du Louvre
et parvint à parler à Louis XIII. Il supposa que quarante gentilshommes français, pensionnaires du roi
d'Espagne, décelaient à ce dernier les secrets de l'État,
et qu'un certain Génois, résidant à Bruxelles, avait
conspiré contre la vie du roi de France. Balouseau fut
mis à la Bastille, où les lieutenants civil et criminel
instruisirent son procès; la sentence portait que, pour
ses impostures, ses perfidies et l'abus de quatre mariages reconnus, il serait pendu en place de Grève; ce
qui fut exécuté en 1626. Il mourut avec assez de courage, en confessant qu'il avait, par ses fourberies, tiré
de l'argent de plusieurs princes, et, de plus, épousé
quatre femmes, qu'il laissait toutes quatre veuves.

Je le répète, si Paul-René du Truche de Lachaux,
écuyer, ci-devant garde du roi, avait eu connaissance
de ces divers supplices, il est vraisemblable qu'il aurait

---

1. Le père Dan, historien du château de Fontainebleau, à qui Saint-
Foix emprunte ce fait, dit que le procès fut fait à ce *pauvre diable* et
qu'il fut condamné à être rompu vif, — ce qui fut exécuté le même jour,
— parce que son imposture *pourrait donner sujet de douter une autre
fois des certains bons avis qui se pourraient faire en pareilles rencon-
tres.* Il est assez singulier de voir que notre auteur, après avoir nommé
les plus détestables assassins comme principaux exemples des crimes
que la vue des supplices aurait pu, selon lui, empêcher, ne cite que deux
malheureux se blessant eux-mêmes pour attirer sur eux l'attention et
la sympathie royales.

évité celui que lui mérita un crime du même genre.
« Le 6 janvier 1761, entre neuf et dix heures du soir,
étant de service et en habit uniforme, il mit à exécution, dans le château de Versailles, le roi soupant à
son grand couvert, le détestable projet, par lui formé
dès le mois d'octobre précédent, de faire croire qu'il
avait été assassiné par des gens qui en voulaient à la
personne de Sa Majesté. Il s'était, à cet effet, retiré dans
un escalier où, après avoir éteint la lumière qui l'éclai-
rait et avoir cassé son épée, il s'était porté lui-même,
en différentes parties de son corps des coups d'un couteau qu'il avait fait aiguiser par un coutelier de Versailles, et dont il a été légèrement blessé, quoique ses
vêtements se trouvassent considérablement coupés de
toutes parts. En cet état, il s'était couché par terre,
avait appelé à son secours et faussement dit à deux
gardes du corps qu'il avait été assassiné, ajoutant
qu'il fallait avertir la garde de veiller à la sûreté du
roi, et que les malheureux qui l'avaient assassiné en
voulaient à la personne de Sa Majesté. Il avait encore
faussement déclaré, à plusieurs reprises, avoir été
assassiné par deux particuliers qu'il supposait être
vêtus l'un en habit ecclésiastique, et l'autre en habit
vert, lesquels, après lui avoir demandé de les faire
entrer au grand couvert ou de les faire trouver sur le
passage du roi, lui avaient, sur son refus, fait connaître leur mauvais dessein, en disant que leur motif
était de délivrer le peuple de l'oppression et de donner
les forces convenables à une religion anéantie. Enfin,
il avait persisté durant plusieurs jours, tant verbale-
ment que judiciairement, dans son imposture.

« Tous ces faits, capables d'alarmer le roi sur les
sentiments d'amour et de fidélité de ses sujets et sur
la sûreté de sa personne sacrée, ont donné lieu à la
plus grande rumeur, troublé la tranquillité publique
et nui au repos de plusieurs citoyens, qui ont été arrêtés comme soupçonnés d'être les particuliers que le
fourbe avait faussement désignés pour ses assassins. »

La populace, en France, court à la place publique

où l'on va exécuter des criminels; est-ce qu'elle prend plaisir à voir répandre le sang? Non; mais elle est curieuse de voir comment sont faits ces hommes, dont la sentence et les crimes deviennent pour elle la nouvelle du jour et le sujet de la conversation. Il n'y en a peut-être pas quatre, parmi les spectateurs, qui ne détournent la vue et dont l'âme ne se sente attristée au moment que le supplice commence.

RUE GUÉNÉGAUD.

J'ai dit que la porte de Buci, située vers le haut de la rue Saint-André-des-Arcs[1], les murs de la ville traversant le terrain où l'on plaça dans la suite la porte Dauphine[2], allaient terminer leur enceinte à la porte de Nesle, bâtie où est à présent la première cour du collège des Quatre-Nations[3]. L'hôtel de Nesle, avec ses jardins, occupait tout l'espace qu'occupent aujourd'hui quelques dépendances de ce collège, les maisons de la petite place de Conti, cette petite place, la rue Guénégaud, depuis l'égout jusqu'à la rivière, et la petite rue de Nevers. Philippe le Bel l'acheta d'Amauri de Nesle en 1308; les rois ses successeurs le donnèrent et l'aliénèrent plusieurs fois: il était toujours revenu au domaine. Charles IX le vendit, en 1571, à Louis de Gonzague, duc de Nevers, qui le rebâtit en partie. Il fut ensuite l'hôtel Guénégaud, et enfin l'hôtel de Conti. Henri de Guénégaud, secrétaire d'État, qui l'avait acheté vers 1650, y avait fait de grands changements et avait bâti cette rue, qui fut prise sur le jardin.

Brantôme parle d' « une reine qui se tenait à l'hôtel de Nesle, laquelle faisait le guet aux passants; et ceux qui lui plaisaient et agréaient le plus, de quelque sorte de gens que ce fussent, les faisait appeler et venir à elle; et après les faisait précipiter de la tour en bas dans l'eau ». « Je ne peux pas dire, ajoute-t-il, que cela soit vrai; mais la plupart de Paris l'affirme;

1. Vis-à-vis la rue Contrescarpe, aujourd'hui rue Mazet.
2. A l'autre bout de la rue Contrescarpe.
3. Palais de l'Institut.

et il n'y a personne qui ne le dise en montrant la tour[1]. »

Le poète Villon, dans sa *Ballade aux Dames*, composée en 1461, dit :

> Où est la Reine
> Qui commanda que Buridan
> Fût jeté en un sac en Seine?

Jeanne, comtesse de Bourgogne et d'Artois, reine de France et de Navarre, princesse très décriée pour ses mœurs, demeura à l'hôtel de Nesle après la mort de Philippe le Long, son mari; elle mourut en 1320 et voulut être enterrée aux Cordeliers. Jean Buridan était de Béthune en Artois; il était célèbre dans l'Université de Paris dès 1327; s'il fut jeté dans la Seine, il ne se noya pas : il vivait encore en 1348.

Dom Félibien et dom Lobineau, dans leur *Histoire de Paris*, ont apparemment suivi les plans qu'on trouve dans le premier volume du *Traité de la police* du commissaire de la Marre; ces plans sont très fautifs : ils placent l'hôtel de Nesle hors des murailles; il est certain qu'il était dans l'enceinte, et que ses murs en faisaient partie. Le duc de Berri, oncle de Charles VI, fit bâtir, il est vrai, un petit hôtel, ou séjour de Nesle, au delà des fossés de la ville; il communiquait au grand hôtel par un pont-levis, et ses jardins s'étendaient, d'un côté vers la porte de Buci, et de l'autre au bord de la rivière, c'est-à-dire où est à présent le quai Malaquais. Il ne fallait pas confondre ce petit hôtel avec le grand. Le collège des Quatre-Nations a été bâti sur quelques dépendances de l'un et de l'autre et sur les fossés de la ville. Je n'écris qu'après avoir examiné très exactement les anciens plans de Paris à la bibliothèque du roi et à celle de Saint-Victor.

En 1838, en fouillant la terre proche de la tour de Nesle, on trouva onze caveaux; et dans un de ces caveaux, le corps d'un homme armé de toutes pièces.

---

1. C'est dans cette assertion de Brantôme et dans la ballade de Villon que Gaillardet et Alexandre Dumas ont pris l'idée première de leur drame célèbre : *la Tour de Nesle*.

Ces sépultures étaient-elles du temps des païens? Il est certain qu'il n'y avait jamais eu ni cimetière ni église dans cet endroit.

RUE DE LA HARPE.

Au fond d'une assez vilaine maison qui a pour enseigne la *Croix de fer*, on voit une salle très vaste, voûtée et haute d'environ quarante pieds. C'est un reste de l'ancien palais des Thermes et un précieux monument de la façon dont bâtissaient les Romains[1]. Le ciment dont ils se servaient nous est toujours inconnu : il me semble que cela ne fait pas honneur à nos architectes. Les édifices et les cours de ce palais occupaient tout l'espace entre cette rue de la Harpe et la rue Saint-Jacques, depuis la rue du Foin jusqu'à la place de Sorbonne. Son parc et ses jardins s'étendaient d'un côté jusque sur le mont Leucotitius[2], et de l'autre jusqu'au temple d'Isis[3]. Quelques savants croient que l'empereur Julien le fit bâtir vers l'an 358; d'autres prétendent qu'il est plus ancien.

Ce fut la demeure ordinaire de nos rois de la première race : « Childebert, dit Fortunat, allait de son palais, par ses jardins, jusqu'aux environs de l'église Saint-Vincent. « Les princesses Gisla et Rotrude, filles de Charlemagne, y furent reléguées après sa mort. Ce grand prince avait pour elles une vive et pour ainsi dire excessive tendresse, qui l'avait empêché, dit le P. Daniel, de les marier, ne pouvant se résoudre à se séparer d'elles. Louis le Débonnaire, dès qu'il fut sur le trône, leur imposa une sorte de réclusion. Ces princesses joignaient à beaucoup d'esprit du goût pour les lettres; elles étaient d'ailleurs affables, généreuses, bienfaisantes, bonnes, en un mot, du fond du cœur et sans motifs d'intrigue, d'intérêt ou d'ambition. Elles moururent généralement regrettées, tandis que le Débonnaire, qui avait banni de sa cour tous les plaisirs, qui

1. Ce palais des Thermes, dégagé de notre temps, est le plus ancien et l'un des plus curieux monuments parisiens.
2. Montagne Sainte-Geneviève.
3. Saint-Vincent, depuis Saint-Germain des Prés.

l'avait réglée monacalement, qui n'avait eu de goût
que pour le plain-chant et les cérémonies de l'Église,
« après s'être rendu méprisable, dit le P. Daniel, aux
évêques et aux abbés, à force de trop communiquer
avec eux et de leur trop déférer », mourut avili, dégradé dans l'esprit de ses sujets, avec la réputation
d'un « très vertueux mais très médiocre empereur ».

RUE SAINT-HONORÉ.

Sous le règne de Philippe le Bel, les églises de Saint-
Honoré, de Saint-Thomas du Louvre et des Quinze-
Vingts étaient encore entourées de champs et de
vignes; et l'on voit dans un vieux registre de ce temps-
là qu'en l'an 1310 la récolte de blé, de vin et d'avoine
y fut bonne. Ces églises ne furent renfermées dans
Paris que par l'enceinte commencée sous Charles V en
1367, achevée sous Charles VI en 1383, et qui subsista
jusqu'en 1633.

En lisant l'histoire des guerres civiles sous les règnes
de Henri III et de Henri IV, il faut faire attention que
le palais des Tuileries était hors des murs[1]. « Henri III,
dit l'Estoile, voyant le peuple continuer dans sa furie,
étant averti d'ailleurs que les prédicateurs, qui marchaient en tête et qui ne tenaient autre langage sinon
qu'il fallait aller prendre frère Henri de Valois dans son
Louvre, avaient fait armer sept ou huit cents écoliers
et trois ou quatre cents moines; et ceux qui étaient
auprès de ce prince ayant, sur les cinq heures du soir,
reçu avis par un de ses bons serviteurs, qui, déguisé,
se coula dans le Louvre, qu'il eût à sortir au plus
vite, sinon qu'il était perdu, sortit du Louvre à pied,
tenant une baguette à la main suivant sa coutume,
comme s'allant promener aux Tuileries. Il n'était pas
encore hors de la porte lorsqu'un bourgeois l'avertit
en diligence de sortir, parce que le duc de Guise[2],

1. Année 1588.
2. Le duc de Guise alla le soir chez le premier président, Achille de
Harlai, qui, le voyant venir, lui cria : « C'est une honte, Monsieur, c'est
une honte que le valet mette le maître hors de la maison ! D'ailleurs, mon

avec douze cents hommes, l'allait venir prendre. Étant arrivé aux Tuileries, où était son écurie, il monta à cheval avec ceux de sa suite qui eurent moyen d'y monter : Duhalde le botta. Étant à cheval, il se retourna vers la ville et jura de n'y rentrer que par la brèche. »

« Entre cinq et six heures du soir, dit Cayet, Henri III sortit de Paris par la Porte-Neuve. Ceux qui étaient avec lui le suivirent; aucuns desquels étaient bien étonnés; car tel conseiller d'État l'était allé trouver au Louvre avec sa robe longue, qui, sans bottes, montait, pour le suivre, sur le premier cheval de l'écurie; et lorsque ce prince sortit par la Porte-Neuve, quarante arquebusiers qu'on avait mis à la porte de Nesle tirèrent vivement sur lui et sur ceux de sa suite. »

On voit par ce récit de deux historiens contemporains que la Porte-Neuve était placée au bord de la rivière, un peu en deçà du dernier guichet[1], en allant du Pont-Neuf aux Tuileries. De cette Porte-Neuve, les murs de la ville, traversant le long du terrain où est à présent la rue Saint-Nicaise[2], allaient joindre la porte Saint-Honoré, située à l'endroit où sont aujourd'hui les boucheries des Quinze-Vingts. Cette porte Saint-Honoré ne fut abattue et reculée jusqu'à l'endroit où nous l'avons vue, à l'entrée du boulevard, qu'en 1633.

« La galerie des Tuileries, dit Sauval, est un ouvrage que Henri IV voulait pousser[3] tout le long de la rivière jusqu'au palais des Tuileries, qui faisait alors partie du faubourg Saint-Honoré, afin, par ce moyen, d'être dehors et dedans la ville quand il lui plairait, et de ne pas se voir enfermé dans les murailles, où l'honneur et la vie de Henri III avaient presque dépendu du caprice et de la frénésie d'une populace irritée. »

âme est à Dieu, mon cœur est au roi; et à l'égard de mon corps, je l'abandonne, s'il le faut, aux méchants qui désolent ce royaume. »
1. Il n'y avait encore ni galerie des Tuileries ni guichet.
2. Bâtie vers 1636.
3. Cette galerie ne fut achevée que sous le règne de Louis XIII.

En 1616, M. de Bérulle acheta l'hôtel du Bouchage pour y établir les prêtres de la congrégation de l'Oratoire : le cul-de-sac de l'Oratoire s'appelait la rue du Louvre. Ce fut au bout de cette rue du Louvre, dans la rue Saint-Honoré, vis-à-vis de l'hôtel du Bouchage, que Paul Stuard de Caussade, comte de Saint-Mégrin, le lundi 21 juillet 1578, sortant du Louvre vers les onze heures du soir, fut attaqué par vingt ou trente hommes et percé de trente-trois coups, dont il mourut le lendemain. Le roi le fit enterrer à Saint-Paul avec la même pompe et les mêmes cérémonies que Quélus et Maugiron. « De ce meurtre, dit l'Estoile, n'en fut faite aucune poursuite, Sa Majesté étant bien avertie que le duc de Guise l'avait fait faire et que celui qui avait fait ce coup avait la barbe et la contenance du duc de Mayenne. »

Quels temps ! quelles mœurs ! Si l'on veut se les rappeler et considérer l'horrible tableau que ce demi-siècle nous présente, on conviendra, je crois, qu'en général la vie des citoyens serait moins exposée sous le règne d'un Néron que sous celui d'un roi dont la faible autorité produit de petits tyrans.

On voit dans l'église de l'Oratoire[1] des morceaux de peinture dont on a orné le chœur, qui forme une rotonde ; et la plupart des personnes qui le considèrent en ignorent le sujet.

Le moment terrible qui doit nous rendre à la vie et qui fera la récompense des justes et la punition des méchants occupe le milieu. Jésus-Christ, au sein de la lumière, sur un trône de nuages, tend la main droite aux prédestinés ; Adam et Ève, qui lui sont présentés par l'ange gardien, demandent grâce pour eux et leur postérité, tandis qu'à la gauche saint Michel, chargé de la vengeance, lance la foudre sur les péchés capitaux et leur oppose son bouclier lumineux, où paraît, en lettres de feu, le nom du Tout-Puissant. L'Envie renversée s'arrache les cheveux et écrase dans sa main

1. Rue Saint-Honoré, actuellement temple protestant.

le fatal serpent qui semble encore menacer Ève. L'Homicide, le poignard sanglant à la main, la fureur dans les yeux, tombe avec l'Avarice, qui serre d'une main sa bourse criminelle. Le Mensonge, levant son masque, se voit confondu avec l'Orgueil. La terre, qui s'ouvre pour les engloutir, laisse échapper des flammes à travers lesquelles on aperçoit la Gourmandise et la Luxure. Le crime puni, un ange fait sonner la trompette de miséricorde, qui rassemble les justes : Abel, Abraham, Sara, Noé et plusieurs patriarches sortent du sein de la terre, dans une obscurité qui marque que les astres sont anéantis.

Aux deux côtés sont représentées la Résurrection et l'Ascension. Dans le premier tableau, Jésus-Christ, triomphant de la mort, sort du tombeau, dont deux anges soulèvent la pierre. La lumière qu'il répand saisit de crainte les soldats préposés à la garde du sépulcre ; leur officier, qui cherche à fuir, est arrêté par ceux de sa troupe, qui se mettent en défense ; un d'eux, renversé, se couvre de son bouclier, ne pouvant soutenir la vue de ce prodige ; deux autres anges dans les nuages tiennent des chaînes, des entraves rompues, symboles de l'heureuse délivrance qui nous soustrait au pouvoir de la mort.

Dans le second, le Sauveur, retournant dans le sein de son Père, s'élève sur un nuage. Deux anges vêtus de blanc se montrent aux disciples, en les assurant de son retour à la fin des siècles. Saint Pierre, saisi des clefs dont il est dépositaire, marque son étonnement et son admiration. Saint Jean, à genoux, tend les bras à son Maître, ainsi que plusieurs apôtres qui sont debout sur la montagne.

Le grand nombre de connaisseurs que ces morceaux de peinture attirent dans l'église de l'Oratoire fait l'éloge le plus flatteur du travail de M. Challe.

Attiré par la curiosité, j'ai voulu voir le café militaire de la rue Saint-Honoré, où tout Paris se portait à cause des ornements nobles et nouveaux dont il est décoré. L'idée de cette décoration m'a paru très ingénieuse. L'auteur suppose que des militaires sortant d'un combat arrivent dans un endroit de délassement, assemblent leurs piques, les lient avec les lauriers de la victoire et les coiffent pittoresquement de leurs casques. Il en résulte, dans toute l'étendue de la salle, l'effet de douze colonnes triomphales, qui se répètent à l'infini par la magie des glaces. Les casques sont d'un beau choix et bien contrastés; ils caractérisent, sous des emblèmes différents, les héros et les dieux de l'antiquité. Des trophées chargés de dépouilles, d'étendards, de couronnes, etc., lient cette ordonnance, que les repos, artistement ménagés, contribuent beaucoup à faire valoir. Enfin, tout y est riche, grand, simple, et respire la belle et saine antiquité. Il est singulier qu'un café porte l'empreinte du vrai goût et nous en offre le modèle, tandis que plusieurs de nos palais, de nos hôtels, de nos maisons, de nos temples même, ne nous présentent que des ornements mesquins et frivoles, malheureusement trop analogues au caractère d'esprit de ce siècle [1].

Il ne faut pas seulement envisager les cafés de Paris comme servant, en été, de lieux de repos et de rafraîchissement; on doit encore les considérer en hiver comme une sorte de retraite pour un nombre assez considérable de citoyens, que leur goût et quelquefois leur peu de fortune y rassemble. Les uns y cherchent un plaisir de plus; les autres y trouvent une peine de moins, considération bien chère à tous ceux qui sentent et qui pensent. On y traite tour à tour, souvent à la fois, les affaires publiques et particulières, les finances et les belles-lettres, le commerce et les procès, les sciences et les beaux-arts; en un mot, les matières politiques, littéraires, économiques, juridiques et morales y deviennent successivement l'objet de la conversation. Ces cafés prennent même assez communément des noms analogues aux différents sujets des entre-

1. Ce n'est pas de notre époque, on le voit, que date l'idée d'ornementer luxueusement les lieux de réunion, qui tiennent tant de place dans la vie de tant de gens.

tiens les plus ordinaires de ceux qui s'y rassemblent. Le gouvernement, en supposant toujours le bon ordre observé, ne saurait qu'approuver qu'il y ait dans Paris de ces sortes de rendez-vous, ressource honnête et peu dispendieuse pour les hommes occupés, qui méritent de la distraction, et pour les oisifs, qui pourraient charmer moins honnêtement les chagrins ou les ennuis inséparables de l'inaction.

HOTEL DE VILLE.

Pendant la prison du roi Jean, les prévôts des marchands et échevins présentèrent à Notre-Dame une bougie (apparemment roulée) aussi longue que l'enceinte de Paris avait alors de tour. Ce don, qu'on renouvelait chaque année, fut suspendu, du temps de la Ligue, pendant vingt-cinq ou trente ans. En 1605, Miron, prévôt des marchands, donna à la place de cette longue bougie une lampe d'argent, avec un cierge qui brûle jour et nuit devant l'autel de la Vierge. Cette dévotion est aussi respectable qu'il est singulier de faire tous les ans la procession autour de deux ou trois cents fagots auxquels on met le feu pendant les plus grandes chaleurs de l'été[1]. Après bien des recherches sur cette ridicule cérémonie, j'ai trouvé que les Grecs et les Romains faisaient des réjouissances aux publications de paix et aux nouvelles de victoires remportées sur l'ennemi, et que ces réjouissances étaient toujours accompagnées de sacrifices, où l'on allumait de grands feux pour brûler les victimes. Nous avons eu l'esprit de conserver les feux, sans avoir de victimes humaines à brûler. Depuis l'invention de la poudre à canon, on a aussi imaginé que par cent bouches d'airain on annoncerait majestueusement la naissance des princes : des concerts de flûtes, de violons, de musettes et de hautbois ne seraient-ils pas d'un meilleur augure ?

1. Les feux de la Saint-Jean qu'on allumait sur la place de Grève et où l'on faisait brûler des chats et d'autres animaux, au grand plaisir des curieux, souvent en présence du roi, qui venait traditionnellement présider à ce singulier divertissement.

Les Français, après la conquête des Gaules, ne changèrent point la forme de police et l'administration qu'ils trouvèrent établies dans les villes; chacune avait ses officiers; on les appelait « défenseurs de la cité »; ils étaient chargés de maintenir les privilèges et le commerce des habitants, et d'ordonner et de régler les dépenses qu'il fallait faire dans de certaines occasions. On tirait ces défenseurs de la cité du corps des nautes, et les nautes étaient d'honorables citoyens, unis et associés pour faire le commerce par eau. Les inscriptions trouvées au mois de mars 1711 en creusant la terre sous le chœur de Notre-Dame nous apprennent que, sous le règne de Tibère, la compagnie des *Nautes*, établie à Paris, éleva un autel à Ésus, à Jupiter, à Vulcain, à Castor et Pollux. Il est naturel de présumer que les *Mercatores aquæ Parisiaci*, dont il est parlé sous les règnes de Louis le Gros et Louis le Jeune, avaient succédé, sous un autre nom, à ces anciens commerçants, et qu'il ne faut point chercher ailleurs l'origine du corps municipal connu depuis sous le nom d'hôtel de ville de Paris et chargé de la police générale de la navigation et des marchandises qui viennent par eau. On ignore où le corps de ville s'assemblait sous la première et la seconde race. On le voit au commencement de la troisième dans une maison de la vallée de Misère, appelée la maison de la Marchandise, de là au Parloir aux Bourgeois, près du grand Châtelet, et ensuite dans un autre Parloir aux Bourgeois, qui se tenait dans une tour de l'enceinte des murailles près des Jacobins de la rue Saint-Jacques. Ses officiers, en 1174, sous le règne de Philippe le Hardi, furent qualifiés prévôts et échevins des marchands de la ville de Paris. En 1357, ils achetèrent deux mille huit cent quatre-vingts livres la maison de Grève, autrement la maison aux Piliers, parce qu'elle était soutenue par devant sur une suite de piliers. Elle avait appartenu aux deux derniers Dauphins de Viennois, et Charles V, n'étant que Dauphin, y avait demeuré et l'avait donnée à Jean d'Auxerre, receveur des gabelles, en considération des services que ce Jean d'Auxerre lui avait rendus. C'est sur les ruines de cette maison et de quelques autres qui l'environnaient que l'on commença de bâtir l'Hôtel de ville, en 1533 : il ne fut achevé qu'en 1605.

Il serait, je crois, difficile de trouver un édifice public de plus mauvais goût et dont la façade soit plus mal tournée. A l'égard de la place, n'est-ce pas un reste de barbarie dans nos mœurs que de choisir l'enceinte ordinaire des gibets et des échafauds pour y faire nos réjouissances à l'occasion de la naissance d'un prince, d'une victoire remportée ou de quelque autre événement ?

RUE SAINT-JACQUES.

La chapelle souterraine de l'église des Carmélites (auparavant Notre-Dame des Champs) paraît d'une grande antiquité. Elle faisait partie d'un temple de Mercure ; et si l'on en croit quelques auteurs, la figure que l'on voit au haut du pignon de cette église est une statue de ce dieu. Moreau de Mautour, après avoir examiné plusieurs fois cette figure avec des lunettes d'approche, dit dans son rapport à l'Académie des inscriptions, qu' « elle était de pierre ; qu'elle avait le visage d'un jeune homme sans barbe, avec des cheveux fort courts ; qu'elle était vêtue d'une draperie depuis le cou jusqu'aux pieds ; que derrière sa tête, qui était nue et penchée sur l'épaule gauche, il y avait cinq pointes sortant d'une grosse branche de fer qui traversait cette statue et servait à la soutenir ; que, de la main gauche, elle tenait une balance ; qu'on distinguait de petites têtes d'enfants dans chacun des bassins de cette balance, et que le bassin du côté droit descendait plus bas que l'autre ; qu'au haut du pignon, on lisait en chiffres romains MDCV, époque de la construction du mur, aussi bien que de la position de cette statue ; et qu'enfin tout cela lui faisait juger qu'elle représentait saint Michel qui pèse les âmes dans une balance ».

Si c'était la figure de cet archange, elle aurait des

ailes, le diable sous ses pieds, et la draperie n'irait que jusqu'aux genoux; je ne serais pas éloigné de croire que c'est un Mercure Teutatès, qu'on trouva dans quelque endroit de cet enclos, que l'on prit pour la statue d'un saint et qu'on plaça au haut du pignon de cette église, lorsqu'on le refit à neuf en 1605.

DIIS INFERIS VENERI MARTI ET MERCURIO SACRUM

Cette inscription, trouvée dans la forêt de Bélesme, prouve que les Gaulois mettaient Mercure au nombre des divinités infernales[1]; et comme ils croyaient à la métempsycose, il est naturel d'imaginer qu'ils représentaient quelquefois ce dieu examinant, pesant et appréciant les âmes, pour savoir s'il les logerait bien ou mal en les renvoyant sur la terre[2].

« On voit chez les Gaulois, dit César, plusieurs statues de Mercure ; c'est de tous les dieux celui pour qui ils ont le plus de vénération; ils le regardent comme l'inventeur des arts, le protecteur des voyageurs et le patron des marchands... Ils disent tous qu'ils descendent de Pluton et qu'ils le savent par la tradition qu'en ont conservée les druides : c'est pour marquer cette origine qu'ils ne comptent point par le nombre des jours, mais par celui des nuits[3]. Soit qu'ils commencent les mois, les années, ou qu'ils célèbrent l'anniversaire de leur naissance, la nuit est toujours la première. »

Personne n'ignore qu'une même divinité chez les païens était chargée d'emplois différents : ils adoraient Apollon comme le dieu du soleil, et en même temps comme celui de la médecine et de la poésie ; ainsi, quoique César paraisse distinguer Mercure de Pluton dans le passage que je viens de citer, il n'en est pas moins vrai que ce n'était que le même chez les Gaulois; et voici ce qui me détermine à le croire. Tite-Live parle d'un endroit (apparemment consacré) qu'on

1. César, *de Bello Gallico,* lib. VI.
2. Id., *ibid.,* I, 5 et 16.
3. On comptait encore par nuits en France dans le douzième siècle

appelait l'éminence de Mercure Teutatès : voilà donc Mercure et Teutatès qui ne font qu'un, ou plutôt Teutatès, qui signifiait en langue celtique père du peuple, n'était qu'une épithète que les Gaulois et les Celtibéres donnaient à Mercure, parce qu'ils le regardaient comme le chef de leur race; c'était le Pluton, le *Dis pater* dont parle César, et dont ils prétendaient être descendus.

L'usage des statues[1] pour représenter les divinités qu'ils adoraient ne s'introduisit chez eux que fort tard et par un commerce plus fréquent avec les Grecs et les Romains. Dans les premiers temps, lorsqu'ils avaient déifié un héros, ils donnaient son nom à un bois, à un lac, à un rocher, à un précipice ou à quelque rivière : ces lieux sauvages et champêtres étaient les uniques objets de leur culte; c'étaient les temples, les autels de leurs dieux et leurs dieux mêmes; c'était surtout au milieu des forêts, au pied des chênes les plus vieux et les plus couverts de mousse, qu'ils faisaient leurs principales cérémonies religieuses, et ces horribles sacrifices de victimes humaines dont parle Lucain.

On ne commença de bâtir des temples dans les Gaules que lorsqu'elles furent soumises aux Romains. Il paraît que ces temples n'étaient pas dans les villes, mais à la proximité : il est certain qu'il n'y en avait point dans l'enceinte des murs de Lutèce. L'abbaye de Saint-Germain des Prés fut bâtie sur les ruines de celui d'Isis. Cybèle avait le sien à peu près où commence la rue Coquillière, du côté de Saint-Eustache. Montmartre prit son nom du temple de Mars, et le temple de Mercure Teutatès, ou Pluton, était donc où sont les Carmélites, c'est-à-dire sur ce côté du mont Leucotitius qu'on appelle aujourd'hui le faubourg Saint-Jacques.

D'ailleurs je n'ignore pas qu'anciennement, dans la plupart des cimetières, il y avait une chapelle dédiée

---

1. « Les Germains, dit Tacite, croient que ce serait dégrader la majesté des dieux que de les renfermer dans les temples, et de les représenter sous une figure humaine. Ils donnent les noms de leurs divinités à des bois qu'ils leur consacrent, et ils adorent ces dieux solitaires comme étant pleins de leur présence. »

à saint Michel ; qu'on l'invoquait comme le patron des morts et le défenseur des tombeaux ; qu'au portail de Notre-Dame il est représenté pesant les âmes, tandis que le diable, pour en escamoter quelques-unes, s'accroupit et se cache sous les balances. On doit donc présumer, dira-t-on, que c'est aussi une de ses statues qu'on voit au haut de l'église des Carmélites. Je réponds à cette objection qu'après que le christianisme eut dissipé les ténèbres de l'idolâtrie, on attribua à plusieurs saints les mêmes fonctions que les païens avaient attribuées à leurs fausses divinités ; que quelqu'un, comme je l'ai dit, ayant déterré par hasard dans un champ un Mercure Teutatès, s'imagina que c'était un saint Michel, et que, sur cette statue et sur cette idée, les sculpteurs s'accoutumèrent à représenter ainsi cet archange. J'ajouterai que jamais les païens n'ont enterré leurs morts dans les villes ; que les lieux où ils les enterraient étaient ordinairement consacrés à Mercure ; qu'ils donnaient à ce dieu l'épithète de *Redux*, comme ayant le pouvoir de ramener les âmes sur la terre ; et qu'enfin, par tous les tombeaux qu'on a trouvés dans l'enclos des Carmélites et aux environs, il n'est pas douteux que c'était le cimetière des Parisiens du temps du paganisme.

SAINT-JACQUES DE LA BOUCHERIE[1].

L'origine de cette église se perd dans l'obscurité des temps les plus reculés. Ce qu'il y a de certain, c'est qu'elle existait dès le dixième siècle, et c'est la plus ancienne de celles qui, dans Paris, portent le nom de l'apôtre saint Jacques. Elle a reçu le surnom de la Boucherie, à cause de l'ancienne boucherie de Paris, auprès de laquelle elle est bâtie, et peut-être comme ayant été érigée pour l'usage des bouchers qui habitaient le quartier où elle est située.

On est étonné en rapprochant le prix où étaient les

1. Église aujourd'hui démolie, moins la tour qui lui servait de clocher, nommée encore tour Saint-Jacques, célèbre dans l'histoire de la science par les expériences de Pascal sur les effets de la pression atmosphérique.

choses au commencement du quinzième siècle de celui où elles sont dans le nôtre. On voit un pilier de cette église élevé pour vingt-deux livres. On remarque qu'un manœuvre gagna dix-neuf sols huit deniers pour neuf journées de son travail. Le plâtre ne coûtait pas un sol le sac. Il est vrai que, dans les années dont il est ici question, le marc d'argent n'était qu'à sept ou huit livres tout au plus.

L'évêque de Paris, invité par le curé de Saint-Jacques, fit, le 24 mai 1414, la consécration du grand autel. Les paroissiens retinrent le prélat à dîner, et il fut ordonné qu'à Monseigneur on donnerait un plat de poisson, qui coûta quarante sols; une alose, dix-huit sols; et pour une quarte d'hypocras, douze sols : en tout soixante-dix sols parisis.

Un nommé Hugues de Navarre, maître en théologie, ayant fait la procession du jour du Saint-Sacrement à la place du curé, qui était à Rome, les paroissiens, par ordre de l'évêque de Paris, présentèrent à ce docteur, pour son dîner, un oison, qui coûta six sols : c'était alors un très grand régal.

L'église de Saint-Jacques était une de celles qui jouissaient du droit d'asile; en 1358, le meurtrier de Jean Baillet, trésorier de France, s'y réfugia; le Dauphin, depuis Charles V, régent du royaume, le fit enlever et pendre; mais l'évêque de Paris, Jean de Meulan, ayant envoyé détacher du gibet le corps de l'assassin, lui fit faire dans la même église des funérailles honorables, auxquelles il assista.

En 1406, un autre criminel, s'étant retiré à Saint-Jacques, en fut arraché et conduit à la Conciergerie. L'évêque de Paris, d'Orgemont, fit cesser le service. Le Parlement le pria de lever l'interdit : le prélat ne l'accorda qu'après qu'on lui eut fait justice, sur la requête qu'il présenta contre les profanes qui avaient violé un lieu de refuge si saint. Louis XII abolit ce droit de franchise, si déshonorant pour la religion et si dangereux pour la société; il subsiste cependant encore dans quelques pays superstitieux de l'Europe.

En 1443, un certain Charles de Tarenne et ses frères cédèrent à la fabrique de Saint-Jacques la Boucherie un tapis de laine appelé le *Dieu-d'Amour*, à plusieurs personnages, pour en jouir, eux et leurs successeurs, au profit de ladite fabrique. On exposait dans les grandes fêtes, à la vue des fidèles, ce tapis profane. Nos églises, même aujourd'hui, sont quelquefois ornées de tapisseries dont les sujets ne sont pas plus chrétiens.

En feuilletant les registres de cette paroisse, on trouve des noms de paroissiens fort extraordinaires. Il y en a même de si indécents, qu'on n'oserait les répéter. Voici quelques-uns de ceux qui peuvent s'écrire : Guiart Belle-Bouche, Gennevotte la Calotte, Hennequin Marque-en-Raye, Hennequin Fleur-de-Rose, Jehan Qui-va-là, Agnès la Bénédicité, Étienne Quinepue, Perrette Gaudeté, etc. Deux chantres se nommaient, l'un Jehan Carmen, l'autre Jehan Flageolet. La plupart de ces noms étaient des sobriquets, analogues aux qualités personnelles ou aux fonctions des citoyens. Nos bons aïeux, loin de s'en formaliser, en tiraient vanité.

L'ÉGLISE DES SAINTS-INNOCENTS [1].

A l'article du cimetière de cette église, Corrozet rapporte une épitaphe qu'on y voyait de son temps, et qu'on n'y voit plus, apparemment parce qu'étant gravée sur une plaque de cuivre, quelque misérable l'a enlevée pour la vendre :

Ci-gît Jollande Bailli, qui trépassa l'an 1518, le quatre-vingt-huitième an de son âge, le quarante-deuxième de son veuvage, laquelle a vu ou pu voir, devant son trépas, deux cent quatre-vingt-quinze enfants issus d'elle.

LES INVALIDES.

Je suis toujours étonné que Louis XIV n'ait pas joint à l'idée de ce superbe édifice celle d'y consacrer un endroit où l'on aurait vu les mausolées avec les statues des généraux qui, sous son règne et sous ceux de ses

1. Démolie en 1786.

successeurs, auraient conduit avec le plus de gloire les armées de la nation. Où pouvaient-ils être plus honorablement inhumés qu'au milieu de ces vieux soldats, compagnons de leurs travaux et qui avaient prodigué, comme eux, leur sang pour la patrie?

Toutes les fois que je vais au dôme des Invalides, l'admiration que peut causer ce grand morceau d'architecture cède en moi à la surprise que me donne sa parfaite inutilité. Je trouve d'abord une église convenable et complète; ensuite, derrière le maître-autel, j'aperçois une nouvelle église, prodigieusement enrichie de peinture, de marbre, de sculpture, de dorure, et qui est elle-même un bâtiment complet. Je demande à quel usage ce grand dôme et tout ce qui l'accompagne! On ne saurait en rendre raison. Je n'y vois que la fantaisie d'un grand prince, qui a voulu faire du beau sans avoir une idée bien nette de ce qu'il voulait faire.

Dès que le roi entre aux Invalides, sa garde ordinaire est sans fonction; cela fut ainsi décidé dès les premiers temps que Louis XIV alla visiter cet hôtel. Les soldats, qui voulaient, à l'envi les uns des autres, voir de près ce grand monarque pour lequel ils avaient tant de fois exposé leur vie dans les combats, se jetèrent en foule devant Sa Majesté. La garde les repoussa un peu brusquement, ce qui leur fut très sensible. Le roi, s'en étant aperçu, ordonna à ses gardes d'agir plus doucement à l'égard de ses anciens serviteurs, et il ajouta, avec cet air de bonté dont il savait si bien relever l'éclat de son diadème, qu'il était en sûreté au milieu d'eux. Les Invalides, pénétrés de joie et de reconnaissance, témoignèrent vivement leur sensibilité. Depuis ce temps-là, le roi s'est toujours confié, quand il est entré dans l'hôtel, à la garde de ces anciens militaires.

Une circonstance glorieuse pour les invalides est la visite que leur rendit Pierre le Grand, czar de Russie. Après avoir tout examiné avec cet œil observateur auquel rien n'échappait de ce qui méritait d'être remarqué, il voulut voir dîner les soldats. On leur fit donner une double portion de vin, et il prit lui-même sur une table un demi-setier, qu'il but militairement à la santé de ses camarades.

Ces belles allées, qui s'étendent de l'hôtel des Invalides jusqu'aux bords de la Seine et où nos vieux guerriers, s'entretenant des hasards de leur vie et des victoires acquises par leurs blessures, rappellent l'image douce et riante des héros d'Homère et de Virgile errant dans l'Élysée; cette noble et précieuse portion de terre réunit l'enfance et la vieillesse de notre brave milice. D'un côté, la valeur se prépare à fournir une glorieuse carrière; de l'autre, elle se repose après sa course, et montre, dans une même perspective, son berceau et son dernier asile.

ILE SAINT-LOUIS [1].

Quelques auteurs ont cru que c'était sous le règne de Charles VI que vivait un chien dont la mémoire mérite d'être conservée à la postérité par un monument qui subsiste encore sur la cheminée de la grand'salle du château de Montargis. D'Audiguier prétend que c'était un lévrier; j'en doute, attendu que le nez, dans les chiens, est le mobile du sentiment; or les lévriers n'ont pas de nez; et par conséquent, s'ils caressent un maître, s'ils se trouvent à son lever, à son coucher, ce n'est que par l'habitude, comme des courtisans, sans s'y attacher et sans l'aimer : je les crois absolument incapables de ces traits de bonté de cœur dont je vais faire le récit.

Aubri de Mondidier, passant seul dans la forêt de Bondi, est assassiné et enterré au pied d'un arbre. Son chien reste plusieurs jours sur sa fosse, et ne la quitte que pressé par la faim. Il vient à Paris chez un intime ami du malheureux Aubri, et, par ses tristes hurlements, semble vouloir lui annoncer la perte qu'ils ont faite. Après avoir mangé, il recommence ses

1. Nommée aussi ile Notre-Dame, à cause du voisinage de l'église de ce nom, qui est bâtie sur l'ile dite de la Cité.

cris, va à la porte, tourne la tête pour voir si on le suit, revient à cet ami de son maître et le tire par son habit, comme pour lui marquer de venir avec lui. La singularité de tous les mouvements de ce chien, sa venue sans son maître qu'il ne quittait jamais; ce maître qui, tout d'un coup, a disparu, et peut-être cette distribution de justice et d'événements qui ne permet guère que les crimes restent longtemps cachés, tout cela fit que l'on suivit ce chien. Dès qu'il fut au pied de l'arbre, il redoubla ses cris, en grattant la terre comme pour faire signe de le chercher en cet endroit : on y fouilla, et on y trouva le corps du malheureux Aubri.

Quelque temps après, il aperçoit par hasard l'assassin, que tous les historiens nomment le chevalier Macaire; il lui saute à la gorge, et l'on a bien de la peine à lui faire lâcher prise. Chaque fois qu'il le rencontre, il l'attaque et le poursuit avec la même fureur. L'acharnement de ce chien, qui n'en veut qu'à cet homme, commence à paraître extraordinaire : on se rappelle l'affection qu'il avait marquée pour son maître, et, en même temps, plusieurs occasions où ce chevalier Macaire avait donné des preuves de sa haine et de son envie contre Aubri de Mondidier. Quelques autres circonstances augmentent les soupçons. Le roi, instruit de tous les discours que l'on tenait, fait venir ce chien, qui paraît tranquille jusqu'au moment qu'apercevant Macaire au milieu d'une vingtaine d'autres courtisans, il tourne, aboie et cherche à se jeter sur lui. Dans ces temps-là, on ordonnait le combat entre l'accusateur et l'accusé, lorsque les preuves du crime n'étaient pas convaincantes : on nommait ces sortes de combats jugements de Dieu, parce qu'on était persuadé que le Ciel aurait plutôt fait un miracle que de laisser succomber l'innocence. Le roi, frappé de tous les indices qui se réunissaient contre Macaire, jugea qu' « il échéait gage de la bataille », c'est-à-dire qu'il ordonna le duel entre ce chevalier et le chien. Le champ clos fut marqué dans l'île Notre-Dame, qui n'était alors qu'un terrain vague et inhabité. Macaire était armé d'un gros bâton ; le chien avait un tonneau percé pour sa retraite et ses relancements. On le lâche ; aussitôt il court, tourne autour de son adversaire, évite ses coups, le menace tantôt d'un côté, tantôt de l'autre, le fatigue, et enfin s'élance, le saisit à la gorge, le renverse et l'oblige de faire l'aveu de son crime en présence du roi et de toute la cour [1].

On ne sera point étonné que ce chien soit resté plusieurs jours sur la fosse de son maître, ni qu'il ait marqué de la fureur à la vue de son assassin ; mais la plupart des lecteurs ne voudront pas croire qu'on ait ordonné le duel entre un homme et un chien ; il me semble cependant que, pour peu qu'on ait parcouru l'histoire et vécu dans le monde, on doit être tout au moins aussi persuadé des travers de l'esprit humain que du bon cœur des chiens.

Vers l'an 968, il s'agissait de savoir si, en ligne directe, la représentation devait avoir lieu [2] ; les docteurs furent d'avis différents. L'empereur Othon Ier nomma « deux braves » qui se battirent en sa présence pour décider ce point de droit : celui qui soutenait pour la représentation ayant eu l'avantage, il fut ordonné qu'elle aurait lieu, et qu'à l'avenir les petits-fils succéderaient aux biens de leurs aïeuls ou aïeules, avec leurs oncles et tantes, de la manière que leurs pères et mères eussent succédé.

---

1. On a beaucoup discuté, sans résultat bien formel, sur le plus ou moins d'authenticité de cette anecdote ; en fin de compte, on a découvert une historiette absolument analogue dans une chronique composée au treizième siècle par Albaret, abbé de Trois-Fontaines, qui la reporte au temps de Charlemagne. Au reste, avant les chroniqueurs du moyen âge, Plutarque avait raconté l'histoire du chien de Pyrrhus, qui gardait le corps de son maître assassiné, et qui, adopté par le roi, reconnut dans l'entourage de celui-ci les meurtriers, qu'il attaqua avec violence et qui avouèrent leur crime. Plutarque ajoute que déjà l'on avait vu le chien du sage Hésiode convaincre les fils de Gangetor de Naupacte d'avoir assassiné son maître. Et il va de soi que ces témoignages anciens ne font que rendre plus admissible la possibilité de l'anecdote, qui chez nous est devenue populaire.

2. C'est-à-dire si, en cas de succession à recueillir après le décès des grands-parents, les enfants qui ont perdu leur père ou leur mère peuvent être substitués dans leurs droits.

L'évêque de Paris et l'abbé de Saint-Denis se disputaient le patronage sur un monastère : Pépin le Bref, ne pouvant décider sur des droits qui lui paraissaient trop embrouillés, les renvoya au jugement de Dieu par la croix : l'évêque et l'abbé nommèrent donc chacun un homme, et ces deux hommes allèrent dans la chapelle du palais, où ils étendirent les bras en croix. Le peuple, dévotement attentif, priait tantôt pour l'un, tantôt pour l'autre : l'homme de l'évêque se lassa le premier, baissa les bras et lui fit perdre son procès [1].

L'épreuve ou le jugement de Dieu par l'eau froide consistait à jeter l'accusé dans une grande et profonde cuve pleine d'eau, après lui avoir lié la main droite au pied gauche et la main gauche au pied droit; s'il enfonçait, on le croyait innocent; s'il surnageait, c'était une preuve que l'eau, qu'on avait eu la précaution de bénir, le rejetait de son sein, étant trop pure pour y recevoir un coupable.

Celui que l'on condamnait à l'épreuve ou jugement de Dieu [2] par le feu était obligé de porter à neuf, quelquefois à douze pas, une barre de fer rouge pesant environ trois livres. Cette épreuve se faisait aussi en mettant la main dans un gantelet de fer sortant de la fournaise, ou bien en la plongeant dans un vase plein d'eau bouillante pour y prendre un anneau bénit qui y était suspendu plus ou moins profondément; ensuite on enveloppait la main du patient avec un linge sur lequel le juge et la partie adverse apposaient leurs sceaux. Au bout de trois jours, on les levait; et s'il ne paraissait point de marques de brûlure, on le renvoyait absous.

Les fers et autres instruments qui servaient aux épreuves étaient bénits et gardés dans les églises pri-

1. Parmi plusieurs moyens qu'emploient les Siamois pour connaître de quel côté est la justice dans les affaires civiles ou criminelles, ils se servent surtout de certaines pilules purgatives qu'ils font avaler aux deux parties : celle qui les garde le plus longtemps dans son estomac, sans les rendre, gagne son procès. (*Histoire des Voyages.*)

2. On dit encore tous les jours, pour affirmer un fait: « J'en mettrais ma main au feu. » Cette expression vient sans doute de l'usage de cette épreuve.

vilégiées à cet effet; le profit qu'elles en retiraient était une raison de plus pour entretenir la crédulité. Il semblait que, dans ce temps-là, on eût entièrement oublié le précepte : « Tu ne tenteras point le Seigneur ton Dieu. »

Je suis fâché que l'auteur de l'*Esprit des lois* soit persuadé que nos ancêtres avaient les mains comme les pattes d'un crocodile : « Qui ne voit, dit-il au sujet des épreuves, que chez un peuple exercé à manier les armes, la peau, dure et calleuse, ne devait pas recevoir assez d'impression du fer chaud ou de l'eau bouillante pour qu'il y parût trois jours après? Et s'il y paraissait, c'était un efféminé. » Les efféminés, lui dira-t-on, peuvent être de très honnêtes gens. « Nos paysans, ajoute-t-il, avec leurs mains calleuses, manient le fer chaud comme ils veulent. » Où a-t-il vu cela? lui dira-t-on encore, et dans quelles provinces nos paysans plongent-ils la main et le poignet dans l'eau bouillante sans qu'il y paraisse?

L'épreuve par le feu était en usage chez les païens ; dans l'*Antigone* de Sophocle, les gardes offrent de prouver leur innocence en maniant le fer chaud et en marchant à travers les flammes. Strabon parle des prêtresses de Diane, qui marchaient sur des charbons ardents sans se brûler. Saint Épiphane rapporte que des prêtres d'Égypte se frottaient le visage avec certaines drogues et le plongeaient ensuite dans des chaudières d'eau bouillante, sans paraître ressentir la moindre douleur. Mme de Sévigné, dans une de ses lettres, dit qu'elle vient de voir, dans sa chambre, un homme qui a fait couler sur sa langue dix ou douze gouttes de cire d'Espagne allumée, et dont la langue, après cette opération, s'est trouvée aussi belle qu'auparavant. Nous avons vu, dans les provinces, un charlatan nommé Gaspard Toulon qui se frottait les mains avec du plomb fondu.

Pour revenir à l'histoire du chien d'Aubri de Mondidier, il me semble qu'une question de droit décidée par deux champions, un procès perdu parce qu'un

homme se lasse et laisse tomber ses bras, des accusés
qu'on déclare innocents parce qu'étant bien liés ils
vont au fond de l'eau, et d'autres qu'on croit coupables parce qu'ils n'ont pas empoigné une barre de fer
rouge sans se brûler, il me semble, dis-je, que ces
faits doivent rendre le lecteur moins incrédule sur le
duel en question, d'autant plus qu'il est constaté par
un monument. J'ai dit que ce combat est peint sur une
des cheminées de la grand'salle du château de Montargis. D'ailleurs des critiques très judicieux, entre
autres Jules Scaliger et le P. Montfaucon, rapportent
cette histoire : ce ne sont pas des conteurs de fables.
A l'égard des auteurs qui la placent en 1371, le 8 octobre, sous le règne de Charles V, je crois qu'ils se trom-
pent : Olivier de la Marche, qui écrivait vers 1460, la
raconte dans son *Traité des duels* et dit qu'il l'a tirée
des « anciennes chroniques », expression dont on ne se
sert pas en parlant d'un fait arrivé depuis cent ans.
Je présume que ce chien était contemporain de Philippe-Auguste ou de Louis VII.

RUE DE LA JUIVERIE[1].

En horreur au peuple, exposés sans cesse à des ava-
nies, jouets de l'avarice des princes, qui les chassaient
pour s'emparer de leurs biens et qui leur permettaient
ensuite de revenir moyennant de grosses sommes, tel
a été le sort des juifs en France sous la première, la
seconde et la troisième race, jusqu'en 1394, qu'ils furent absolument et entièrement bannis par Charles VI.
Quelques offres qu'ils aient faites depuis, même dans
les besoins les plus pressants de l'État, ils n'ont jamais
pu obtenir d'être de nouveau tolérés. Les plus riches
demeuraient dans les rues de la Pelleterie, de la Juiverie, de Judas et de la Tixeranderie; les artisans, les
petits courtiers et fripiers occupaient les halles et
toutes ces rues qui y aboutissent. Ils avaient leurs
écoles dans les rues Saint-Bon et de la Tacherie.
Leur synagogue fut, en différents temps, dans les rues

1. Aujourd'hui rue de la Cité.

du Pet-au-Diable ou dans la rue de la Juiverie. Philippe-Auguste, en 1183, après les avoir chassés, permit à l'évêque de Paris de convertir en église leur synagogue de la rue de la Juiverie : elle devint et a toujours été depuis l'église paroissiale de la Madeleine[1]. Deux terrains vagues sur lesquels on bâtit dans la suite les rues Galande et Pierre-Sarrazin leur servaient de cimetières. Il ne leur était pas permis de paraître en public sans une marque jaune sur l'estomac. Philippe le Hardi les obligea même de porter une corne sur la tête. Il leur était défendu de se baigner dans la Seine, et quand on les pendait, c'était toujours entre deux chiens. Sous le règne de Philippe le Bel, leur communauté s'appelait *Societas Caponum*, et la maison où ils s'assemblaient *Domus Societatis Caponum :* d'où est venu sans doute le mot injurieux *capon*.

RUE DE LA JUSSIENNE.

Cette rue s'appelait anciennement la rue de l'Égyptienne, à cause d'une chapelle de Sainte-Marie-l'Égyptienne, qui est à l'entrée, du côté de la rue Montmartre : le peuple, par abréviation et corruption de mot, s'est accoutumé à l'appeler rue de la Jussienne.

PORT SAINT-LANDRI.

Le corps d'Isabeau de Bavière, femme de Charles VI, morte le dernier de septembre 1435, fut porté à Saint-Denis d'une façon singulière; on l'embarqua à ce port, dans un petit bateau, et l'on dit au batelier de le remettre au prieur de l'abbaye.

RUE DES LIONS,
Près Saint-Paul.

Cette rue prit son nom du bâtiment et des cours où étaient renfermés les grands et les petits lions du roi. Un jour que François Ier s'amusait à regarder un combat de ses lions, une dame, ayant laissé tomber son gant, dit à de Lorges : « Si vous voulez que je croie

1. Supprimée en 1790.

que vous m'aimez autant que vous me le jurez tous les jours, allez ramasser mon gant. » De Lorges descend, ramasse le gant au milieu de ces terribles animaux, remonte, le jette au nez de la dame, et depuis, malgré toutes les avances et les agaceries qu'elle lui faisait, ne voulut jamais la revoir.

LE LOUVRE [1].

On disait de Versailles, quand Louis XIV commença d'y bâtir, que c'était un favori sans mérite. On peut dire du Louvre que, malgré le mérite de sa situation, il n'a jamais guère été en faveur. Dagobert y mettait ses chiens, ses chevaux de chasse et ses piqueurs. Les rois fainéants y allaient assez souvent ; mais ce n'était qu'après leur dîner, pour digérer, en se promenant en coche dans la forêt [2] qui couvrait tout ce côté de la rivière : ils revenaient le soir en bateau et en pêchant souper à Paris. Il n'est point parlé de cette maison royale sous la seconde race, ni même sous la troisième, jusqu'au règne de Philippe-Auguste, qui en fit une espèce de citadelle environnée de larges fossés et flanquée de tours. Celle qu'on appela la grosse tour [3] du Louvre était isolée et bâtie au milieu de la cour et de tout l'édifice, dont elle achevait de rendre les appartements encore plus tristes et plus obscurs. Il semblait que ce prince avait affecté de ne laisser régner dans ce lieu qu'une clarté sombre, afin que cette tour, ce donjon de la souveraineté et d'où relevaient tous les grands feudataires de la couronne, leur annonçât, quand ils venaient y faire la prestation de foi et hommage, que c'était une prison toute préparée pour eux s'ils manquaient à leurs serments. Trois comtes de Flandre,

1. De l'ancien mot saxon *louvear*, qui signifiait un château. D'autres étymologistes trouvent l'origine de ce nom dans *roboretum*, lieu planté de *rouvres*, forêt de chênes ; d'autres, et c'est l'opinion la plus accréditée, veulent la trouver dans *lupara* (se prononçant *loupara*), à cause des loups qui hantaient cette région boisée.

2. Une partie de cette forêt subsistait encore du temps de saint Louis, puisque les historiens disent qu'il fit bâtir l'hôpital des Quinze-Vingts *in luco*, dans un bois.

3. François Ier la fit abattre en 1528.

Jean de Montfort, qui disputait le duché de Bretagne à Charles de Blois, et Charles le Mauvais, roi de Navarre, y furent enfermés en différents temps. Le Louvre, après avoir été hors des murs pendant plus de six siècles, se trouva enfin dans Paris par l'enceinte commencée sous Charles V en 1367 et achevée sous Charles VI en 1383. Charles V, qui ne jouissait que d'un million de revenu, dépensa cinquante-cinq mille livres à rehausser ce palais et à rendre les appartements plus commodes et plus agréables; mais ni ce prince ni ses successeurs jusqu'à Charles IX n'en firent leur demeure ordinaire; ils le laissaient pour les monarques étrangers qui venaient en France. Sous le règne de Charles VI, Manuel, empereur de Constantinople, et Sigismond, empereur d'Allemagne, y furent logés. François Ier y logea Charles-Quint en 1539. Je remarque qu'on recevait ces princes avec beaucoup de magnificence et qu'on leur faisait de grands honneurs; mais qu'à leur entrée dans Paris on avait toujours attention de ne leur donner que des chevaux noirs : le cheval blanc était la monture du souverain dans ses États. « L'empereur Charles IV, dit Christine de Pisan, fut monté sur le cheval que le roi lui avait envoyé, lequel était morel[1], et semblablement fut monté son fils Venceslas, élu roi des Romains, et ne furent pas sans raison envoyés chevaux de ce poil; car les empereurs, quand ils entrent dans les bonnes villes de leur seigneurie, ont accoutumé d'être sur chevaux blancs, et le roi Charles V ne voulut pas qu'en son royaume fussent ainsi montés... Adonc le roi, pour aller recevoir ledit empereur, partit de son palais sur un grand palefroi blanc, accompagné des ducs de Berri, de Bourgogne, de Bourbon, de Bar, et de comtes, de barons et de chevaliers sans nombre, et de prélats vêtus en chappes romaines. »

Charles IX, Henri III, Henri IV et Louis XIII demeurèrent au Louvre et y firent bâtir. Il n'y reste plus rien

____

1. Noir.

du vieux château de Philippe-Auguste, que Charles V
avait fait réparer : ce qu'on y voit de plus ancien est
du règne de François Ier.

« Sire, disait un jour Dufrény à Louis XIV, qui l'aimait et qui se divertissait de ses plaisanteries, je ne
regarde jamais le nouveau Louvre[1] sans m'écrier :
« Superbe monument de la magnificence d'un des plus
« grands rois qui de son nom ait rempli la terre, palais
« digne de nos monarques, vous seriez achevé, si l'on
« vous eût donné à l'un des quatre ordres mendiants
« pour tenir ses chapitres et loger son général ! » L'idée
est folle ; mais elle me rappelle qu'aucun de ces religieux ne manque jamais des choses nécessaires à la
vie, tandis que le cardinal de Retz rapporte dans ses
Mémoires qu'étant allé voir au Louvre la reine d'Angleterre, il la trouva dans la chambre de sa fille, depuis Mme la duchesse d'Orléans, et qu'elle lui dit : « Vous
voyez, je viens tenir compagnie à Henriette ; la pauvre
enfant n'a pu se lever aujourd'hui, faute de feu. » —
« Il est très vrai, ajoute-t-il, qu'il y avait six mois que
le cardinal Mazarin ne la faisait point payer de sa
pension ; les marchands ne voulaient plus lui rien fournir, et il n'y avait pas un morceau de bois chez elle.
Le Parlement lui envoya quarante mille francs. » O
Henri IV ! c'est ta petite-fille qui manque d'un fagot
pour se lever, au mois de janvier, dans le Louvre !

« Si jamais, dit Piganiol, le grand projet qu'on avait
fait pour le Louvre, pendant que M. Colbert était surintendant des bâtiments, était exécuté, on démoli-
rait l'église de Saint-Germain-l'Auxerrois, les maisons
du cloître et celles de quelques rues voisines, pour
faire, sur l'emplacement qu'elles occupent, une grande
et magnifique place à laquelle le Pont-Neuf abouti-
rait et qui, dégageant l'avenue du Louvre, mettrait
dans un beau point de vue cette superbe façade, dont
Claude Perrault a donné le dessin, et qui est le plus
beau morceau d'architecture moderne qu'il y ait dans
l'univers. »

1. Les bâtiments commencés par Louis XIV.

On avait commencé à exécuter la principale façade
du Louvre sur le dessin de Lavau, premier architecte
du roi; mais Colbert n'en était pas content, et, se faisant
une affaire d'honneur de donner à ce palais un fron-
tispice digne du prince qui devait l'habiter, il invita
tous les architectes de Paris à examiner les plans de
Lavau et à composer eux-mêmes des dessins, résolu
de faire exécuter celui qui serait jugé le plus beau.

Tous ces projets furent exposés, dans une salle, aux
yeux des connaisseurs. Il y en avait un de Claude
Perrault, qui fut trouvé admirable; mais on ne savait
à qui l'attribuer. Qui pouvait se douter qu'un médecin
de profession en fût l'auteur[1]? Ce plan plaisait fort à
Colbert; mais, pour n'avoir rien à se reprocher, il résolut de prendre l'avis des grands maîtres d'Italie, de
les engager à donner eux-mêmes des dessins. Ils en
envoyèrent effectivement; mais on n'y eut aucun égard,
excepté à ceux du cavalier Bernin, peintre, sculpteur
et architecte de la plus grande réputation. Comme il
y avait à la cour quelques Italiens qui l'exaltaient avec
cet enthousiasme qui leur est propre, Colbert prit le
parti de l'appeler en France; et voici la lettre qu'il lui
fit écrire par Louis XIV même :

Seigneur cavalier Bernin, je fais une estime si particulière de
votre mérite, que j'ai un grand désir de voir et de connaître une
personne aussi illustre, pourvu que ce que je souhaite se puisse
accorder avec le service que vous devez à notre Saint-Père le Pape,

1. Claude Perrault, né en 1613, mort en 1688. D'abord médecin, son
amour des beaux-arts lui fit entreprendre une traduction de Vitruve. Il
donna les dessins de la fameuse colonnade qui a immortalisé son nom.
Boileau, dont il avait été le médecin, mais dont il blâmait les satires, fit
allusion à lui en parlant, dans son *Art poétique*, d'un docteur de Florence qui de méchant médecin devint bon architecte. Perrault se plaignit à Colbert, qui transmit ses plaintes au poète. « De quoi se plaint-il?
je l'ai fait précepte, » répliqua Boileau, qui avait dit en effet :

       Soyez plutôt maçon si c'est votre métier,

mais qui bientôt après enchérit sur cette malice par l'épigramme bien
connue :

       Oui, j'ai dit dans mes vers qu'un célèbre assassin,
       Laissant de Galien la science infertile,
       D'ignorant médecin devint maçon habile,
       Mais de parler de vous je n'eus jamais dessein,
         Lubin, ma muse est trop correcte;
       Vous êtes, je l'avoue, ignorant médecin,
         Mais non pas habile architecte.

et avec votre commodité particulière. Je vous envoie en conséquence ce courrier exprès, par lequel je vous prie de me donner cette satisfaction, et de vouloir entreprendre le voyage de France, prenant l'occasion favorable qui se présente du retour de mon cousin le duc de Créqui, ambassadeur extraordinaire, qui vous fera savoir plus particulièrement le sujet qui me fait désirer de vous voir, et de vous entretenir des beaux dessins que vous m'avez envoyés pour le bâtiment du Louvre; et du reste, me rapportant à ce que mondit cousin vous fera entendre de mes bonnes intentions, je prie Dieu qu'il vous tienne en sa sainte garde, seigneur cavalier Bernin.

Signé : LOUIS.

A Paris, le 11 avril 1665.

C'est une chose incroyable que les honneurs qu'on rendit à cet Italien. Après que M. de Créqui eut pris congé du pape avec la pompe usitée dans cette occasion, il alla, avec la même pompe, chercher Bernin, pour le prier de venir en France. Dans toutes les villes où il passa, il y eut ordre, de la part du roi, de le complimenter et de lui porter les présents de la ville. Lyon même, qui ne rend cet honneur qu'aux seuls princes du sang, s'en acquitta comme les autres. Des officiers envoyés de la cour lui apprêtaient à manger sur sa route; quand il approcha de Paris, on envoya à sa rencontre M. de Chantelou, maître d'hôtel de Sa Majesté, pour le recevoir et l'accompagner partout.

Il arriva sur la fin de mai 1665. On le logea dans un hôtel meublé des meubles de la couronne, et on lui donna des officiers pour faire sa cuisine et le servir. Il fut présenté, le 4 juin, au roi, qui lui fit l'accueil le plus distingué. La première chose que proposa Bernin fut de travailler au buste du roi; c'était un très bon moyen de faire sa cour. Le cavalier réussit dans ce buste, mais son dessin de la façade du Louvre fut critiqué.

Malgré cela, comme la cour était prévenue en faveur de l'Italien, on adopta ses projets, et le jour fut pris pour mettre la première pierre à la façade. Le roi la posa lui-même, et cette cérémonie se fit avec beaucoup d'éclat et de magnificence.

Lorsque les fondations furent avancées, Bernin demanda à s'en retourner, ne pouvant se résoudre à passer l'hiver dans un climat aussi froid que le nôtre. On lui promit trois mille louis par an s'il voulait rester; mais il voulut absolument aller mourir dans sa patrie. La veille de son départ, on lui porta trois mille louis avec un brevet de douze mille livres de pension. Il reçut le tout assez froidement.

Je sais que tout ceci ne s'accorde point avec ce que dit M. de Voltaire dans son *Siècle de Louis XIV* et dans son *Discours sur l'envie*; mais l'anecdote n'en est pas moins vraie. Voici l'endroit du discours de M. de Voltaire qui semble contredire mon récit:

> A la voix de Colbert, Bernini vint de Rome :
> De Perrault dans le Louvre il admira la main.
> « Ah! dit-il, si Paris renferme dans son sein
> Des travaux si parfaits, un si rare génie,
> Fallait-il m'appeler du fond de l'Italie? »

1° Le cavalier Bernin avait vu en Italie même le dessin de Claude Perrault, qu'on y avait envoyé avec tous les autres ; et, au lieu de l'approuver, il crut qu'il était seul en état d'en faire un qui fût digne du roi. — 2° Comment concilier cette admiration du dessin de Perrault avec l'empressement qu'il eut de faire exécuter le sien par préférence? — 3° Si le cavalier Bernin avait admiré le dessin de Claude Perrault, son frère l'académicien aurait-il manqué d'en parler dans ses Mémoires, d'où j'ai tiré toute cette anecdote? — 4° Un pareil suffrage n'est pas, en général, dans le caractère des Italiens, et le cavalier Bernin avait encore plus d'amour-propre qu'un autre. Il ne louait et ne prisait que ses ouvrages et quelques-uns des artistes de son pays.

Après son départ, lorsqu'il fut question de bâtir sur les fondements du Louvre, Colbert, qui n'avait goûté ni le dessin ni le dessinateur, fut embarrassé sur le parti qu'il prendrait. Charles Perrault lui donna un mémoire où il exposait les raisons de ne pas exécuter ce projet. Il représenta d'ailleurs qu'on n'avait promis à Bernin d'adopter ses plans qu'au cas qu'il n'abattrait rien de ce que les rois prédécesseurs avaient fait construire, que ç'avait été une condition expresse, que néanmoins cet architecte abattait le Louvre entièrement : ce qui était vrai. Le ministre fut frappé de ces raisons ; et après bien des irrésolutions le dessin de Perrault l'emporta.

Que l'on juge, après cela, des obstacles que rencontrent les hommes de génie, obstacles auxquels ils succombent souvent. Ce projet si beau, si grand, si majestueux, fut sur le point d'être rejeté ; on fit cent mauvaises plaisanteries sur ce choix, entre autres qu'il fallait que l'architecture fût bien malade, puisqu'on la mettait entre les mains des médecins.

Colbert avait à satisfaire la grandeur de Louis XIV ; il savait que, pour lui faire adopter ses vues, il fallait les lui annoncer sous des apparences fastueuses, il fallait les élever jusqu'à la hauteur d'une âme ambitieuse, qui ne les envisageait souvent que par le côté de l'éclat. D'ailleurs ce ministre savait encore que les monuments sont nécessaires dans une monarchie pour donner à la nation une grande idée d'elle-même ; que cet orgueil que lui inspire la somptuosité de ses édifices réfléchit en quelque sorte sur le caractère national, le renforce et lui communique un élan qui le porte à la gloire, comme on vit jadis les Romains, dans le temps de leur splendeur, s'enflammer à l'aspect du Capitole.

Un Anglais qui venait d'admirer par parties la belle colonnade du Louvre et de gémir sur l'indécence des obstacles qui empêchèrent longtemps tous les curieux de la voir en son entier, entra dans la cour de ce palais ; il fut si transporté d'indignation à la vue d'un bâtiment qu'un particulier avait eu le crédit de faire élever au milieu de cet emplacement pour s'y loger[1], qu'il dit tout haut, en présence de plusieurs personnes : « Si j'habitais Paris, je crois que je vien-

---

1. Le Louvre, que Louis XIV avait totalement abandonné pour Versailles, avait été peu à peu envahi par une foule de gens qui s'y s'étaient fait concéder des logements, et qui avaient établi au dehors et dans la cour toutes sortes de constructions, dont ce palais ne fut débarrassé qu'en 1750.

drais à bout de faire jouer une mine sous ce bâtiment, et d'y mettre moi-même le feu, après m'être bien assuré que le maître du logis serait chez lui. » On trouvera sans doute cette démolition un peu barbare; mais c'est un Anglais qui parle, et un amateur zélé des beaux-arts.

Depuis qu'on a exhumé ce magnifique palais, si longtemps enseveli dans l'oubli le plus honteux à la nation, Paris, la province, les étrangers, tous les peuples du monde, et moi-même, nous pouvons admirer sans obstacles le plus beau morceau d'architecture qui existe sur la terre, la gloire du génie français, le témoin authentique de sa supériorité en ce genre sur tous les architectes de la Grèce et de Rome, sur tous les peuples de l'Europe, monument qui publiera d'une voix plus éclatante que toutes les trompettes de la Renommée qu'il n'est aucun sublime dans les arts, comme dans les lettres, où l'esprit du Français ne puisse atteindre, quand son vol sera soutenu par le goût du grand dans le prince et dans son ministre. Oui, les hommes à talents de notre nation l'emporteront sur ceux de toutes les autres quand ils seront encouragés moins par les récompenses de leur souverain, aujourd'hui si répandues, que par ces éloges rares et donnés au seul mérite. Ils excelleront quand ils ne seront plus jugés par cette foule de petits-maîtres qui inondent la cour et la ville, et dont l'impertinence et l'audace, fille de l'ignorance et de l'oisiveté, augmentent tous les jours le nombre; hommes vils et méprisables, pétris de faux goût et de présomption, sans étude et par conséquent sans principes, sans lumières, sans idées de grandeur et de noblesse; serviles esclaves de la mode et de ses futiles préjugés; chez qui la nouveauté des bijoux, l'arrangement de la coiffure, la bigarrure de l'habillement, tiennent lieu d'esprit, de sens, de raison; qui donnent le ton à ces bonnes compagnies si vantées, et si heureusement parvenues au point d'estimer ces poupées parlantes et de louer en elles jusqu'aux boucles de leurs souliers.

SAINT-MARCEL.

En 1668, le cardinal Ginetti avait envoyé de Rome à Paris une caisse pleine de reliques; l'évêque de Soissons fut prié d'en faire la vérification chez la Prata, notaire, qui demeurait alors dans le cloître de Saint-Marcel. La première et la plus considérable de ces reliques était une prétendue tête de saint Fortunat, martyr. Le chirurgien qui avait été appelé s'aperçut d'abord que les dents n'étaient pas proportionnées à la tête. Il leva l'os pétreux, et il reconnut que c'était un os de carton. Il trempa dans l'eau bouillante la relique, qui perdit aussitôt la forme d'une tête et devint comme du linge mouillé. L'assemblée en resta là et ne procéda point à l'examen des autres reliques.

RUE DU MALTHOIS,
Près de l'arcade de la Grève.

Le jeune roi Philippe, que Louis le Gros, son père, s'était associé et avait fait couronner à Reims, passant près de Saint-Gervais, un cochon s'embarrassa dans les jambes de son cheval, qui s'abattit; et ce jeune prince tomba si rudement, qu'il en mourut le lendemain, 3 octobre 1131. Il fut alors défendu de laisser vaguer des pourceaux dans les rues. Dans la suite, ceux de l'abbaye Saint-Antoine furent privilégiés, les religieuses ayant représenté que ce serait manquer à leur patron que de ne pas excepter ses cochons de la règle générale.

RUE DES MARMOUZETS[1].

« Ceux d'entre nous, dit le commissaire de la Marre, qui ont vu le commencement du règne de Sa Majesté[2] se souviennent encore que les rues de Paris étaient si remplies de fange, que la nécessité avait introduit l'usage de ne sortir qu'en bottes; et quant à l'infection que cela causait dans l'air, le sieur Courtois, médecin,

1. Dans la Cité, aujourd'hui rue Chanoinesse.
2. Louis XV.

qui demeurait rue des Marmouzets, a fait cette petite expérience, par laquelle on jugera du reste : il avait dans sa salle, sur la rue, de gros chenets à pomme de cuivre; et il a dit plusieurs fois aux magistrats et à ses amis que tous les matins il les trouvait couverts d'une teinture de vert-de-gris assez épaisse, qu'il faisait nettoyer pour faire l'expérience le jour suivant; et que depuis l'année 1663, que la police du nettoiement des rues a été établie, ces taches n'avaient plus paru. Il en tirait cette conséquence que l'air corrompu que nous respirons faisait d'autant plus d'impressions malignes sur les poumons et sur les autres viscères, que ces parties sont incomparablement plus délicates que le cuivre, et que c'était la cause immédiate de plusieurs maladies. »

RUE SAINT-MARTIN.

On appelait champ clos un terrain qu'on couvrait de sable et qu'on entourait d'une double barrière, avec des échafauds pour le roi et les juges du champ, pour les dames, les gens de la cour et le peuple. Ces espèces de théâtres, destinés à être arrosés du sang de la noblesse, se faisaient ordinairement aux dépens de l'accusateur; quelquefois l'accusé avait la fierté de vouloir qu'ils se fissent à frais communs. « Il y a grande apparence, dit Sauval, que les lices et champs clos de Saint-Martin des Champs et de l'abbaye de Saint-Germain des Prés étaient toujours prêts, et qu'on les laissait-là sans les renouveler, jusqu'à ce qu'ils ne fussent plus en état de servir. » Les religieux de ce prieuré et de cette abbaye avaient, sans doute, la bonté de les louer; et on leur avait l'obligation de trouver un endroit où se couper la gorge, qui coûtait beaucoup moins que s'il eût fallu le faire préparer exprès.

Je vais rapporter un passage de Brantôme qui me conduira à quelques réflexions sur les combats judiciaires et sur les duels; je crois qu'elles paraîtront si naturelles, qu'on sera étonné qu'elles aient échappé à tant d'auteurs qui ont traité cette matière.

« Au combat de feu mon oncle de la Châtaigneraie contre Jarnac, dit Brantôme, parmi la grande et superbe assemblée qui s'y trouva, il y avait grande quantité d'ambassadeurs, et entre autres celui du grand sultan Soliman, lequel s'étonna fort et trouva fort étrange ce combat d'un gentilhomme français contre un gentilhomme français, et surtout d'un favori du roi contre un autre, le roi les allant mettre et exposer ainsi en tel outrage et massacre. Les mahométans ne font pas cela, mettant tout leur point d'honneur à bien servir leur prince et à prendre et soutenir sa querelle en guerre... Les Grecs disaient que ces combats appartenaient aux Barbares. Les anciens Romains ont été de la même opinion que les Grecs et les Turcs; ils n'ont nullement approuvé tous ces duels et combats, ni ne se sont enfoncés en nos points d'honneur de nous autres chrétiens. »

Les Grecs et les Romains, comme aujourd'hui les mahométans, étaient vêtus de longs habits, n'avaient point d'armes dans les villes et n'en portaient qu'à la guerre : il n'était donc guère possible qu'une querelle entre deux citoyens eût des suites sanglantes.

Les peuples de la Germanie n'avaient point de villes; ils habitaient les forêts. Leurs habits, pour ne pas les embarrasser à la chasse, devaient être courts et leur serrer la taille; la crainte des bêtes féroces les obligeait d'être toujours armés. Le premier mouvement d'un homme armé, lorsqu'on l'insulte, est de porter la main sur son arme : voilà, je crois, l'origine des duels que les autres nations reprochaient aux peuples du Nord et qu'on reproche à leurs descendants. Voyons à présent comment ces combats furent judiciairement autorisés et pourquoi on en regardait l'événement comme *un jugement de Dieu*.

Les Francs, lorsqu'ils eurent achevé, sous la conduite de Clovis, leur établissement dans les Gaules, sentirent la nécessité d'avoir des lois écrites pour régler l'administration de la justice et constituer une forme positive de gouvernement. Il n'y a qu'à lire Tacite, et l'on

verra que ces lois, qu'on appela saliques, furent rédi-
gées sur les usages et coutumes des Germains : on n'y
fit que les changements et les modifications qu'exigeait
l'état présent d'une nation qui n'était plus errante, et
où chaque particulier commençait à jouir en propriété
du partage qui lui était échu dans les terres conquises.
La malheureuse coutume de se faire justice soi-même
par la force, transmise, pour ainsi dire, avec le sang,
d'âge en âge, chez tous les peuples sortis de la Germanie, leur semblait aussi ancienne et aussi noble que
leur origine. Il n'était pas possible d'espérer que l'on
persuaderait à des conquérants de renoncer à un usage
qu'ils regardaient non seulement comme une marque
de leur indépendance, mais comme le droit de tout
homme libre. Si Numa n'eut pas de peine à l'abolir
chez les Romains, il faut considérer que ce législateur
tant vanté, qui commandait au plus à deux lieues à la
ronde, dans un asile d'esclaves fugitifs et de brigands,
n'avait besoin que d'être un passable lieutenant de police. Il était aisé de faire accepter toutes sortes de règlements à une troupe de scélérats que l'espoir de l'impu-
nité avait rendu compatriotes, qui se méprisaient et
se craignaient mutuellement et dont chacun, jugeant
des autres par lui-même, devait, pour sa propre sûreté, courir au-devant du frein des lois. Nos ancêtres
étaient bien différents; l'équité naturelle, la candeur
et la bonne foi faisaient le fond de leur caractère :
comme ils n'appréhendaient pas les lâchetés, ils auraient eu honte de se garantir contre la force et le
courage; ne s'étant point dégradés par des crimes, ils
sentaient un peu trop fièrement qu'ils étaient des
hommes. Les sages qu'ils avaient choisis pour rédiger
les lois furent donc obligés de se conformer aux préjugés de cet honneur sauvage qui dominait les esprits ;
ils tâchèrent seulement d'en diminuer les funestes
effets, en l'assujettissant à des formalités. Il fut dit que
celui qui se croirait lésé par un autre dans son honneur
et dans ses biens le citerait devant le juge, et qu'après
avoir exposé son grief, il pourrait déclarer, à haute

voir, qu'il regardait désormais l'homme présent comme son ennemi, et qu'il le poursuivrait et l'attaquerait partout.

Si les preuves contre l'accusé étaient convaincantes, le juge terminait l'affaire en le condamnant à l'amende. Il faut remarquer que chez les Francs, comme chez les Germains, l'homicide même s'expiait par une somme d'argent, et que sous la première et la seconde race et pendant près de quatre siècles sous la troisième, un noble ne pouvait être puni de mort que pour crime de lèse-majesté ou de trahison envers la patrie.

Au défaut de preuves convaincantes, on admettait le serment. « Si deux voisins, disent les capitulaires de Dagobert, sont en dispute sur les bornes de leurs possessions, qu'on lève un morceau du gazon dans l'endroit contesté; que le juge le porte dans le malle [1]; que les deux parties, en le touchant de la pointe de leurs épées, prennent Dieu à témoin de la justice de leurs prétentions, qu'ils combattent après, et que la victoire décide du bon droit. »

Dans les cas des crimes capitaux, on tâchait d'augmenter l'appareil du serment et de le rendre encore plus redoutable aux parties, en les faisant jurer sur les reliques des saints pour qui l'on savait qu'elles avaient le plus de vénération. Laissant à part le trouble d'un misérable qui vient de se parjurer et la fermeté qu'inspire l'innocence, il était naturel de regarder l'événement d'un combat autorisé par la loi et consacré par des cérémonies religieuses comme un jugement formel par lequel Dieu faisait connaître la vérité ou la fausseté de l'accusation. Le vaincu était tout de suite traîné sur une claie, en chemise, jusqu'au lieu patibulaire, où on le pendait, mort ou vif.

On sera, sans doute, surpris de voir qu'on faisait subir un supplice honteux à un noble parce qu'il succombait dans l'épreuve par le duel, lorsque ce noble, déclaré, atteint et convaincu du même crime

---

1. Lieu où se tenaient les assises.

sur des preuves certaines et positives, en eût été quitte pour une amende. Après avoir bien réfléchi sur une coutume qui paraît si bizarre, je crois en avoir trouvé l'origine dans les usages des Germains : on ne pouvait punir de mort un Germain que lorsque le Ciel même semblait avoir prononcé son arrêt. « Chez eux, le supplice du coupable, dit Tacite, est moins considéré comme une punition que l'autorité du chef soit en droit d'ordonner, que comme une inspiration et un commandement exprès du dieu qu'ils croient présider aux combats et secourir les combattants. *Velut Deo imperante, quem adesse bellantibus credunt.* »

« Celui qui avait tué dans nos duels ou combats judiciaires, dit Brantôme, n'était nullement reçu de l'Église pour y être enterré; et les ecclésiastiques alléguaient pour raison que sa défaite était une sentence du Ciel, et qu'il avait succombé par la permission de Dieu, parce que sa querelle était injuste. »

Une partie de la confiscation des biens du vaincu appartenait au seigneur haut justicier : ainsi les évêques, les abbés, les prieurs et les chapitres qui possédaient des fiefs et des seigneuries crurent qu'on pouvait permettre que les procès civils et criminels se décidassent par le duel. Le pape Nicolas le regardait comme un combat légitime et un conflit autorisé par les lois. Pierre le Chantre, qui écrivait vers 1180, dit que quelques Églises jugent et ordonnent le duel, et font combattre les champions dans la cour de l'évêque ou de l'archidiacre, comme on fait à Paris; et que le pape Eugène III, consulté sur ces combats, répondit qu'il fallait continuer d'agir suivant l'ancienne coutume. Louis VI déclara, par une charte, que les serfs ou hommes de corps de l'Église de Paris pourraient témoigner contre qui que ce pût être, et que quiconque les traiterait de parjures serait tenu de prouver son accusation par la voie du duel, sinon qu'il perdrait sa cause et serait obligé, sous peine d'excommunication, de satisfaire à l'insulte faite à l'Église. Sous le règne de Louis le Jeune, les religieux de Sainte-Geneviève offrirent de prouver par le duel que les habitants d'un petit village auprès de Paris étaient hommes de corps de leur abbaye. Sous le même règne, les religieux de Saint-Germain des Prés ayant demandé le duel pour prouver qu'Étienne de Maci avait eu tort d'emprisonner un de leurs serfs, les deux champions combattirent longtemps avec un égal avantage. « Mais enfin, à l'aide de Dieu, dit l'historien, le champion de l'abbaye emporta l'œil de son adversaire et l'obligea de confesser qu'il était vaincu. » Les roturiers et les serfs combattaient avec des bâtons et avaient un bouclier pour parer les coups. Dans les auditoires de tous les seigneurs ecclésiastiques et laïques, à la place du crucifix qu'on y met aujourd'hui, on voyait la figure de deux champions armés de toutes pièces, acharnés au combat. Ragueau rapporte qu'il y avait deux pareilles figures dans la chambre d'audience du chapitre de Saint-Merri. « Je suis bien trompé, dit Sauval, si je n'en ai pas vu moi-même dans les deux chambres des requêtes du palais, avant qu'on les eût peintes, dorées et ornées comme elles sont à présent ; et je pense, ajoute-t-il, que derrière le crucifix de l'une de ces chambres il reste encore une grande partie de la figure d'un de ces champions, si elle n'y est pas entière. »

Dans les règlements de Philippe le Bel sur les duels, il est dit :

Que les lices seront de quarante pas de large et de quatre-vingts pas de long ;

Que l'on n'accordera le duel que lorsqu'il n'y aura que des indices contre l'accusé, et que les preuves ne seront pas suffisantes ;

Qu'au jour désigné, les deux combattants partiront de leurs maisons à cheval, la visière levée et faisant porter devant eux glaive, hache, épée et autres armes raisonnables pour attaquer et se défendre ; qu'ils marcheront doucement, faisant, de pas en pas, le signe de la croix, ou bien ayant à la main l'image du saint auquel ils ont le plus de confiance et de dévotion ;

Qu'arrivés dans le champ clos[1], l'appelant, ayant la main sur le crucifix, jurera sur sa foi du baptême, sur sa vie, son âme et son honneur, qu'il croit avoir bonne et juste querelle, et que d'ailleurs il n'a sur lui, ni sur son cheval, ni en ses armes, herbes, charmes, paroles, pierres, conjurations, pactes ou incantations dont il veuille se servir. L'appelé fera les mêmes serments;

Que le corps du vaincu, s'il est tué, sera livré au maréchal du camp, jusqu'à ce que Sa Majesté ait déclaré si elle veut lui pardonner ou en faire justice, c'est-à-dire le faire attacher au gibet par les pieds;

Qu'au vaincu, s'il est vivant, les aiguillettes seront coupées, qu'il sera désarmé et déshabillé, que tout son harnois sera jeté çà et là par le camp, et qu'il restera couché à terre jusqu'à ce que Sa Majesté ait pareillement déclaré si elle veut en faire justice ou lui pardonner; qu'au surplus, tous ses biens seront confisqués au profit du roi, après que le vainqueur aura été préalablement payé de ses frais et dommages.

Le combat de la Châtaigneraie et de Jarnac[2], dans la cour du château de Saint-Germain en Laye, le 10 juillet 1547, a été le dernier duel autorisé. Henri II fut si fâché de la mort de la Châtaigneraie, son favori, qu'il jura solennellement d'abolir ces sortes de combats.

On fit voir à Henri IV, par plus de sept mille lettres de grâce expédiées à la chancellerie, qu'il y avait au

1. En Allemagne, on mettait un cercueil au milieu du champ clos; l'accusateur et l'accusé se plaçaient l'un à la tête et l'autre au pied du cercueil, et y restaient quelques instants en silence avant que de commencer le combat.

2. Ce combat, resté célèbre, entre deux seigneurs longtemps aussi intimes eut pour motif certains propos scandaleux que l'un disait avoir entendus et que l'autre niait avoir tenus. Furieux du démenti reçu, la Châtaigneraie demanda au roi François Iᵉʳ la permission d'un combat à outrance. Ce prince ne voulut point l'accorder; mais Henri II, son successeur, y consentit. Jarnac, quelques jours avant le combat, avait appris d'un maître d'escrime un coup — dit depuis coup de Jarnac et devenu proverbial — à l'aide duquel il mit bientôt son adversaire à sa merci. La Châtaigneraie, blessé au jarret et emporté du champ clos par ordre du roi, mourut trois jours plus tard, beaucoup moins du coup reçu que du chagrin de sa défaite.

moins sept ou huit mille gentilshommes tués en duel depuis dix-huit ans. Les duels étaient rares tandis qu'ils furent permis, parce qu'un homme, en se battant furtivement, se serait déshonoré et aurait passé pour un assassin; parce qu'en se plaignant et en demandant le combat, il satisfaisait à son honneur; parce que les juges, informés de la querelle par la plainte, tâchaient de l'accommoder; parce qu'il n'était guère possible que celui qui avait tort ne fût intimidé par les serments qu'il fallait faire, et parce qu'enfin il fallait vaincre ou mourir, et mourir déshonoré. D'ailleurs la noblesse n'étant pas encore vénale, comme elle l'est aujourd'hui, un gentilhomme estimait assez son sang et même celui de son ennemi pour croire qu'ils en étaient, l'un et l'autre, responsables à la patrie, et par conséquent pour ne pas chercher à le répandre légèrement.

Les édits de Louis XIV contre les duels sont très sévères; mais on ne détruira jamais les funestes préjugés du point d'honneur que par la honte et le ridicule. J'établirais dans différents quartiers de Paris quatre endroits où, tous les dimanches, on donnerait au public le divertissement d'un duel. Il y aurait un prix en argent et une médaille pour l'heureux champion qui tuerait son adversaire. Les aspirants à la gloire de ces combats iraient, la veille, faire inscrire leurs noms et leurs qualités chez un commissaire chargé de ce détail; ensuite ils tireraient au sort; et lorsque chacun de ces messieurs aurait su l'athlète auquel il aurait affaire, ils pourraient aller souper tous ensemble, comme d'honnêtes gens qui s'égorgeront le lendemain, mais sans se haïr et seulement parce qu'ils ont du cœur. J'abolirais en même temps la peine de mort contre les gentilshommes qui, ayant eu querelle ensemble, se battraient; mais je les obligerais de porter la médaille. L'idée d'être confondu avec des misérables qui exposeraient leur vie pour de l'argent, de n'être pas regardé pour plus brave qu'eux, établirait insensiblement dans l'imagination la moins pacifique, non seulement de la répugnance, mais même de la honte et de l'infamie à provoquer et à être provoqué pour se battre; d'autant plus qu'avoir escrimé dans quelques combats particuliers n'est point du tout une preuve sûre qu'on a véritablement de la valeur. Si la mode avait été chez les Romains, comme elle est parmi nous, de tâcher de s'enfoncer réciproquement une épée dans le corps à la moindre offense, je soutiens que les combats de gladiateurs l'auraient fait tomber. M. Duclos prétend que ce point d'honneur, quelquefois chimérique, peut avoir l'avantage d'entretenir une certaine sensibilité d'âme, plus généreuse et plus puissante que le simple devoir. Je n'entends pas trop ce que c'est que la sensibilité « généreuse » d'une âme sur laquelle le devoir n'est pas tout-puissant; ou, si je l'entends, cela veut dire que l'âme d'un Français n'est pas comme celle d'un ancien Grec, d'un ancien Romain, d'un Turc, d'un Persan, et que, si elle ne s'entretenait pas journellement dans l'idée de ferrailler à la moindre petite insulte personnelle, il pourrait lui arriver de se modifier ignominieusement dans une bataille, où il ne s'agit que du devoir de citoyen. Si ce commentaire explique la pensée de M. Duclos, elle est fausse et peu réfléchie.

L'auteur d'un livre imprimé en 1640 croit que la moustache peut contribuer à rendre un homme valeureux. « J'ai bonne opinion, dit-il, d'un jeune gentilhomme curieux d'avoir une belle moustache. Le temps qu'il passe à l'ajuster et à la redresser n'est point du tout un temps perdu : plus il l'a regardée, plus son esprit doit s'être nourri et entretenu d'idées mâles et courageuses. » Il parait, en effet, que l'amour et l'orgueil de la moustache était ce qui mourait le dernier dans les « braves » de ce temps-là. Le *Mercure français* rapporte que « l'exécuteur coupant les cheveux du comte de Bouteville, décapité pour duel, ledit Bouteville porta la main à sa moustache, qui était belle et grande; et qu'alors l'évêque de Nantes lui dit: « Mon « fils, il ne faut plus penser au monde : quoi! vous y « pensez encore! »

PORTE SAINT-MARTIN.

Sur un des côtés de la porte Saint-Martin, un sculpteur, qui sans doute aimait la simple nature, a représenté Louis XIV nu, absolument nu, la chevelure flottante, une massue à la main.

RUE NEUVE-SAINT-MERRY.

En 1358, Perrin Macé, garçon changeur, assassina dans cette rue Jean Baillet, trésorier des finances. Le Dauphin, depuis Charles V, régent du royaume pendant la prison du roi Jean son père, ordonna à Robert de Clermont, maréchal de Normandie, d'aller enlever ce scélérat de l'église de Saint-Jacques de la Boucherie, où il s'était réfugié, et de le faire pendre; ce qui fut exécuté. Jean de Meulan, évêque de Paris, cria à l'impiété, prétendit que c'était violer les immunités ecclésiastiques, envoya ôter du gibet le corps de cet assassin et lui fit faire, dans cette même église de Saint-Jacques de la Boucherie, d'honorables funérailles, auxquelles il assista : c'était bien de l'honneur à ce pendu.

Quelques jours après, Robert de Clermont fut massacré dans une sédition, en soutenant les intérêts de son roi : Jean de Meulan défendit qu'on lui donnât la sépulture dans une église ou cimetière, disant qu'il avait encouru l'excommunication en faisant enlever Perrin Macé d'un lieu saint, et qu'un excommunié ne devait pas être enterré parmi les fidèles. Il paraît que ce prélat ne s'était pas nourri l'esprit de la lecture de l'Ancien Testament : il y aurait vu que les lieux de refuge désignés par Moïse, établis par Josué, n'étaient pas pour les assassins, mais pour ceux qui, par malheur, avaient commis un meurtre involontaire, et que Dieu dit : « Si quelqu'un a tué son prochain de dessein prémédité, vous l'arracherez de mon autel afin qu'il soit puni. » Louis XII aimait trop son peuple, et sa religion était trop éclairée, pour ne pas abolir absolument et entièrement le droit d'asile dont jouissaient plusieurs églises et couvents de Paris, entre autres Saint-Jacques de la Boucherie, Saint-Merry, Notre-Dame, l'Hôtel-Dieu, l'abbaye de Saint-Antoine, les Carmes de la place Maubert et les Grands Augustins. On va juger de l'abus de ces asiles par un seul exemple. En 1365, Guillaume Charpentier assassina sa femme : son crime était public, prouvé, avéré; il convenait lui-même qu'il l'avait commis. Des sergents l'arrachèrent de l'Hôtel-Dieu où il s'était réfugié et le traînèrent en prison : il présenta sa plainte, sur laquelle le Parlement condamna les sergents à l'amende et ordonna que ledit Guillaume Charpentier serait rétabli dans son asile; et en effet il y fut remis : je ne sais pas ce qu'il devint et s'il se remaria; mais il est certain qu'il ne fut pas puni.

ÉGLISE DE SAINT-MERRY.

Sous le règne de Charles le Bel, en 1323, Jourdain de l'Isle, gentilhomme de Périgord, qui avait épousé la nièce du pape Jean XXII, ayant tué d'une façon barbare deux huissiers qui étaient allés lui signifier un arrêt du Parlement, fut pris et condamné à être pendu. Le lendemain de l'exécution, le curé de Saint-Merry écrivit à Jean XXII :

Très Saint Père, dès que je sus que le mari de votre nièce allait être exécuté, j'assemblai notre Chapitre, et je représentai qu'il convenait de profiter de cette occasion pour vous marquer notre très respectueux attachement et notre très profonde vénération. A peine votre neveu était-il pendu, qu'avec grand luminaire nous allâmes le prendre à la potence et nous le fîmes porter dans notre église, où nous l'avons enterré honorablement et gratis. Saint Père, nous continuons de vous demander très humblement votre sainte et paternelle bénédiction.   J. THOMAS, chevecier.

On doit faire moins d'attention à la simplicité ou au ridicule de cette lettre qu'à la justice de ce temps-là. La protection ne sauvait point les criminels, et les grands exemples, disait-on, sont les plus nécessaires.

LE PONT-NEUF.

La longueur de ce pont est de cent soixante-dix toises, et sa largeur de douze. Il fut commencé en 1578 et ne fut achevé qu'en 1604. Pour le bâtir, on joignit l'une à l'autre deux petites îles situées au couchant de la Cité, et qui jusqu'alors en avaient été séparées par un bras de la rivière, à l'endroit où est à présent la rue de Harlai. C'est sur ces deux petites îles que l'on commença aussi de bâtir, en 1608, la place Dauphine. La plus grande de ces îles s'appelait l'île aux Treilles, et l'autre l'île de Buci ou du Passeur-aux-Vaches. En 1160, Louis le Jeune fit don au chapelain de la chapelle Saint-Nicolas du Palais de six muids de vin par an du cru de l'île aux Treilles.

Sous la première, la seconde et la troisième race jusqu'au règne de Louis XIII, si l'on faisait la statue d'un roi, ce n'était que pour la placer sur son tombeau, ou bien au portail de quelque église ou de quelque maison royale qu'il avait fait bâtir ou réparer. La statue équestre de Henri IV, érigée sur le Pont-Neuf le 23 août 1614, est la première et le premier monument général et public de cette espèce qu'on ait élevé dans Paris à la gloire de nos rois[1]. Je n'aurais mis ni ces trophées d'armes, ni ces esclaves enchaînés aux quatre coins du piédestal, ni ces inscriptions qui sont aux quatre faces à la louange de ce prince : j'aurais mis simplement : HENRI IV.

L'évêque de Luçon, qui fut depuis cardinal de Richelieu, passait sur le Pont-Neuf précisément dans le moment que la populace effrénée y exerçait mille indignités sur le cadavre du maréchal d'Ancre. Son carrosse ayant malheureusement pressé un de ces furieux, le prélat craignit que, pendant la querelle qui s'éleva entre son cocher et cet homme, on ne le connût, et que la haine qu'on avait pour Concini, auquel on savait qu'il devait toute sa fortune, ne s'étendît jusque sur lui. Son péril lui fit naître l'idée de demander ce qu'on faisait. On lui répondit qu'on brûlait le cadavre

---

1. Cette statue, fondue à Florence et offerte à Marie de Médicis par le grand-duc de Toscane Cosme II, fut renversée en 1790. — En 1814, une statue en plâtre de Henri IV fut érigée, et enfin en 1818 on plaça la statue en bronze actuelle, œuvre de Lemot.

du maréchal. Aussitôt il loua le zèle des Parisiens, les appela bons serviteurs de Sa Majesté, et se mit à crier : « Vive le roi ! » On lui donna sur-le-champ passage, et sa présence d'esprit le sauva du plus grand danger.

La reine mère fut promptement instruite de l'assassinat de Concini. Sa surprise fut égale à sa douleur; mais cette princesse parut plus occupée de la perte prochaine de son autorité que de la mort de son favori. Comme elle paraissait plongée dans les plus tristes réflexions, on eut l'imprudence de venir témoigner l'embarras où l'on était d'annoncer à la maréchale que son mari avait été tué, et de la prier de prendre ce soin. Ce discours la choqua : « J'ai bien autre chose à faire présentement, répondit-elle; qu'on ne me parle plus de ces gens-là; et si l'on ne peut dire à la maréchale que son mari est mort, il faut le lui chanter aux oreilles. »

RUE DES NONANDIÈRES.

Cette rue s'appelait anciennement la rue des Nonains d'Hyères[1], à cause d'une maison considérable que l'abbaye du village d'Hyères y possédait. L'origine de cette abbaye de religieuses remonte aux premiers siècles de l'Église, et l'on y menait autrefois une vie très austère. Ce ne fut que dans le quatorzième siècle que l'usage des œufs commença à y être permis; encore n'en mangeait-on que certains jours de l'année. La belle Agnès laissa un fonds pour la pitance d'œufs au jour de son anniversaire. Des particuliers, fondant leur obit[2], vers l'an 1400, spécifièrent que ce jour-là chaque religieuse aurait quatre œufs. Un autre donna un fonds de terre, afin que le jour de la Fête-Dieu on fournît à chaque religieuse le même nombre d'œufs.

MM. Budée ont possédé longtemps la seigneurie d'Hyères. M. le premier président de Harlay leur succéda, et M. de Barcos en fit l'acquisition de ce dernier. Il y a dans ce lieu une fontaine célèbre appelée la fon-

---

1. C'est ainsi que l'inscription actuelle est orthographiée. Hyères ou Yères, village sur la rivière de ce nom, canton de Boissy-Saint-Léger.
2. Service religieux pour le repos de leur âme.

taine de Budée. M. de Barcos y a fait graver sur un marbre ce quatrain :

> Dans les eaux de cette fontaine
> Budée a puisé son savoir ;
> Harlay l'a mise en mon pouvoir ;
> Où chercher ailleurs l'Hippocrène ?

La rivière d'Hyères est remarquable par quelques singularités. Elle ne gèle jamais et ne déborde que très rarement. Dans le quatorzième siècle, elle était quelquefois plusieurs années sans couler ; on la voyait ensuite reprendre son cours pendant quelques mois. Encore aujourd'hui, elle est fort irrégulière ; il y a plusieurs endroits où elle disparaît entièrement et se fait une route sous terre, d'où elle sort pour y rentrer de nouveau.

NOTRE-DAME.

Les chrétiens ne commencèrent à avoir des temples publics que vers l'an 230. La première église qui ait été dans Paris fut bâtie sous le règne de l'empereur Valentinien Ier, vers l'an 375 ; elle s'appelait Saint-Étienne ; et il n'y avait encore que celle-là dans l'enceinte de cette ville en 522, lorsque Childebert, fils de Clovis, contribua de ses largesses à la faire réparer, à y faire mettre des vitres et à l'augmenter d'une nouvelle basilique, qui fut dédiée à Notre-Dame. Ce fut en partie sur les fondements de ces deux églises et en donnant plus d'étendue à la cathédrale que nous voyons aujourd'hui, que l'on commença de la bâtir, vers l'an 1160, sous le règne de Louis le Jeune. Il paraît que les pasteurs de ce temps-là avaient un zèle moins ardent dans leurs entreprises, ou qu'il était moins fructueux que de nos jours : elle ne fut achevée qu'au bout de près de deux cents ans.

Le jour de la Pentecôte, il était d'usage de jeter par les ouvertures des voûtes d'en haut des étoupes enflammées et de lâcher des pigeons qui volaient sur les assistants pendant la messe.

Le lit de l'évêque et celui du chanoine morts appartenaient à l'Hôtel-Dieu. Lorsque la mollesse et le luxe eurent introduit des lits mieux fournis et plus riches, il y eut souvent, entre les créanciers de l'évêque et cet hôpital, des contestations sur les rideaux, la courte-pointe et le nombre des matelas. Le Parlement, en 1654, débouta de leurs oppositions les créanciers de François de Gondi, archevêque de Paris, et adjugea son lit, avec tous les accompagnements, à l'Hôtel-Dieu : ce fut le lit de noces de la fille d'un des économes.

En creusant sous le chœur, au mois de mars 1711, on trouva, à quinze pieds[1] de profondeur, neuf pierres dont les bas-reliefs et les inscriptions ne manquèrent pas de faire du bruit parmi les antiquaires de l'Europe. J'ai lu les explications et toutes les conjectures qu'ils ont hasardées sur ces monuments; et ce qui m'a paru de plus certain, c'est que, sous le règne de Tibère, une compagnie de commerçants par eau (*nautæ Parisiaci*) avait fait élever dans cet endroit, qui était apparemment alors le port de Paris, un autel *en plein vent*[2] à Ésus, à Jupiter, à Vulcain et à Castor et Pollux.

C'est la statue équestre de Philippe de Valois et non pas de Philippe le Bel que l'on voit en entrant à droite contre le pilier le plus proche du chœur. Ce prince, en arrivant à Paris, après la bataille de Mons-en-Puelle[3], alla à Notre-Dame, où il entra tout armé, et y laissa son cheval et ses armes, après avoir remercié Dieu et la Vierge de la victoire qu'il avait remportée.

Le *saint Christophe* est un vœu d'Antoine des Essarts : il avait été arrêté avec son frère, Pierre des Essarts, surintendant des finances, qui eut la tête tranchée en 1413 : il rêva la nuit que saint Christophe rompait les grilles de la fenêtre de sa prison et l'emportait dans ses bras; ayant été déclaré innocent quelques jours

1. On peut juger combien le *sol* ou *rez-de-chaussée* de l'ancien Paris a été rehaussé : on montait treize marches pour entrer dans cette église; aujourd'hui on descend.

2. Je dis *en plein vent*, parce que les Gaulois, lorsqu'ils furent assujettis aux Romains et qu'ils commencèrent à avoir des temples, n'en bâtissaient guère dans les villes : il est certain qu'il n'y en avait point dans Paris.

3. Bataille gagnée en 1304 sur les Flamands, qui deux ans auparavant avaient infligé à l'armée française le terrible désastre de Courtray.

après, il fit travailler à cette statue colossale, devant laquelle il est représenté à genoux.

Louis XIII demanda au pape d'ériger le siège épiscopal de Paris en archevêché, ce qu'il obtint en 1622. Grégoire XI, à qui Charles V avait fait la même demande en 1376, répondit à ce prince qu' « il en était empêché, attendu que l'église de Paris était encore bien petitement dotée ». Il me semble que cela n'aurait pas fait un empêchement du temps des apôtres.

Louis XIV, au mois d'avril 1674, érigea les terres et seigneuries de Saint-Cloud, de Maisons, de Creteil, d'Ozoir-la-Ferrière et d'Armentières en duché-pairie en faveur de François de Harlay, archevêque de Paris, et de ses successeurs; ils prennent place au Parlement parmi les pairs laïques, immédiatement après les ducs de Béthune-Charost.

On prétend que le grand bassin octogone du jardin des Tuileries est aussi large que les tours de Notre-Dame sont hautes.

Gobineau de Montluisant, gentilhomme chartrain, amateur de science hermétique, explique ainsi, relativement à son art, les figures hiéroglyphiques qui ornent le portail de cette cathédrale : Le Père éternel, étendant ses bras et tenant un ange dans chacune de ses mains, représente le Créateur qui tire du néant le soufre incombustible et le mercure de vie, figurés par ces deux anges. Au côté gauche d'une des trois portes, on voit quatre figures humaines de grandeur naturelle : la première a sous ses pieds un dragon volant, qui mord sa queue. Ce dragon représente la pierre philosophale, composée de deux substances, la fixe et la volatile. La gueule du dragon dénote le sel fixe, qui, par sa siccité, dévore le volatil, désigné par la queue glissante de l'animal. La seconde foule aux pieds un lion dont la tête est tournée vers le ciel. Ce lion n'est autre chose que le sel animé, qui désire de s'en retourner vers sa sphère. La troisième a sous ses pieds un chien et une chienne qui s'entre-mordent avec fureur, pour signifier le combat de l'humide et du sec, dans lequel consiste presque tout le travail du grand œuvre. La quatrième enfin se rit de toutes les figures qui l'environnent : on a voulu représenter par là ces sophistes ignorants qui se moquent de la science hermétique et la regardent comme un art purement illusoire ; en quoi, dit l'auteur, ils offensent grièvement la majesté divine, qui y a mis les plus grands trésors.

Au-dessous de ces grandes figures, on voit celle d'un évêque en posture méditative : c'est Guillaume de Paris, ce savant adepte qui a fait et parfait le magistère des sages, c'est-à-dire la pierre philosophale. Dans l'un des piliers du milieu, qui séparent les différentes portes, on remarque un autre évêque qui enfonce sa crosse dans la gueule d'un dragon. Le monstre semble vouloir sortir d'un bain, où l'on aperçoit aussi la tête d'un roi à triple couronne. L'évêque représente le philosophe alchimiste, et sa crosse l'art hermétique. La substance mercurielle est désignée par le dragon qui veut s'échapper de son bain, c'est-à-dire du vase où le mercure est renfermé. Ce roi couronné est le soufre, composé de trois substances, savoir : l'esprit éthéré, le sel nitreux, l'alcali.

Auprès d'une des portes à droite, il y a cinq vierges qui tendent leur calice et reçoivent ce qui est versé d'en haut par une main qui sort d'une nuée. A gauche, on voit cinq vierges folles, qui tiennent leur coupe renversée contre terre. Les premières représentent les vrais philosophes chimistes, amis de la nature, qui reçoivent du ciel la matière propre à faire de l'or ; les cinq autres désignent cette foule innombrable d'opérations fausses des souffleurs et des charlatans.

Quiconque a considéré ce portail avec attention doit s'apercevoir que je supprime une infinité d'autres figures qui donnent lieu à notre philosophe de dévoiler tous les secrets de l'alchimie. Sottement épris des avantages chimériques de cette science, il attribue à l'architecte et au sculpteur des idées qui probablement ne sont jamais entrées dans le dessein ni dans l'exécution de cet édifice. Semblable aux enfants qui croient apercevoir dans un nuage des hommes, des maisons, des animaux, il n'a vu dans ce portail que ce qu'une imagination échauffée par les vapeurs de ses fourneaux a pu lui suggérer à l'avantage de son art.

En examinant ces mêmes figures avec d'autres yeux, on n'y trouvera rien assurément qui ait rapport à la pierre philosophale. Cette statue qui foule aux pieds un dragon n'est point un philosophe alchimiste qui veut fixer la substance volatile; c'est Jésus-Christ vainqueur du démon qui foule aux pieds le péché et l'erreur, désignés sous l'emblème d'un serpent. Les autres figures représentent David, Salomon, Melchisédech, les sibylles, etc. Une grande statue de pierre qui se voyait à l'entrée du parvis Notre-Dame a sans doute été la principale cause de la première explication. Cette figure informe et grossière fut détruite il y a quelques années. On la prenait pour une image de Mercure; mais il y a plus d'apparence que c'est encore Jésus-Christ qu'on a voulu représenter; et je pense que ce monument avait été employé autrefois au portail de l'ancienne cathédrale ou à d'autres églises de Paris.

LE PONT NOTRE-DAME.

Ce fut sur ce pont que l'infanterie ecclésiastique de la Ligue passa en revue devant le légat, le 3 de juin 1590. Capucins, Minimes, Cordeliers, Jacobins, Carmes, Feuillants, tous, la robe retroussée, le capuchon bas, le casque en tête, la cuirasse sur le dos, l'épée au côté et le mousquet sur l'épaule, marchaient quatre à quatre, le révérend évêque de Senlis à leur tête avec un esponton; les curés de Saint-Jacques de la Boucherie et de Saint-Côme faisaient les fonctions de sergents-majors. Quelques-uns de ces miliciens, sans penser que leurs fusils étaient chargés à balle, voulurent saluer le légat, et tuèrent à côté de lui un de ses aumôniers. Son Éminence, trouvant qu'il commençait à faire trop chaud à cette revue, se dépêcha de donner sa bénédiction, et s'en alla.

LE PALAIS[1].

Le Palais a été le séjour ordinaire de tous nos rois de la troisième race, depuis Hugues Capet jusqu'à Charles V[2]. C'était un assemblage de grosses tours qui communiquaient les unes aux autres par des galeries et dont la vue s'étendait sur Issy, sur Meudon et sur Saint-Cloud. Son jardin, qu'on appelait le jardin du roi, occupait tout le terrain où sont aujourd'hui les cours Neuve et de Lamoignon et toutes ces maisons bâties de briques qui les environnent et qui sont aisées à distinguer d'avec les anciens édifices. Ce jardin, en l'endroit où est à présent la rue de Harlay, était séparé par un bras de la rivière de deux petites îles qu'on joignit l'une à l'autre et à la Cité, et sur lesquelles on commença de bâtir la place Dauphine en 1608.

Au mois de mars 1599, le Parlement fit faire un montoir de pierre dans la cour du Mai, pour que les anciens présidents et conseillers pussent remonter plus aisément sur leurs chevaux ou sur leurs mules, en sortant de l'audience. Un conseiller offrait alors la croupe de son cheval à son confrère, comme il lui offre aujourd'hui une place dans son carrosse. Régnier dit dans une de ses satires :

> Il me demande : « Êtes-vous à cheval ?
> N'avez-vous point ici quelqu'un de votre troupe ?
> — Je suis tout seul à pied. » Lui de m'offrir la croupe.

Il nous paraîtrait à présent fort singulier de voir deux magistrats, en robe et en rabat, sur la même monture, comme les fils d'Aimon. Gui Loisel, tous les samedis soir, accompagnait à pied son père monté sur sa mule, quand il allait à sa maison des champs, près de Villejuif. Cela n'était pas fastueux; mais nous avons en même temps une preuve bien auguste de la courageuse fermeté qui régna dans les délibérations, lorsqu'il fut question de défendre les droits du sang de nos souverains. Représentons-nous Paris livré au fanatisme, aux

1. Le Palais de justice.
2. Il alla demeurer à l'hôtel de Saint-Paul, qu'il avait fait bâtir.

moines et aux Seize, qui ne respiraient que massacres et nouveaux assassinats; considérons le Parlement sans secours et sans défense, environné de ces hommes de sang : il brave leur fureur; rien ne l'intimide; il donne cet arrêt du 28 juin 1593 qui sauva l'État, qui nous rendit à nos princes légitimes et au meilleur des rois [1]. Qu'on lise toutes les histoires, on n'y verra point d'action qui marque davantage un dévouement sans bornes au bien de la justice et de l'honneur.

Dans l'emplacement de la maison du parricide Jean Châtel, vis-à-vis le Palais, on éleva une pyramide avec une inscription, sur une des faces, contre les Jésuites. Henri IV, en 1605, ordonna qu'on abattît cette pyramide; et Miron, prévôt des marchands, fit bâtir à la place une fontaine [2] au haut de laquelle on mit ces deux vers :

> Ille ubi restabant sacri monumenta furoris,
> Eluit infandum Mironis unda scelus [3].

La première grosse horloge qu'il y ait eu dans Paris y fut mise sous le règne de Charles V, en 1370, dans une tour qui flanque le Palais à un des bouts du quai de la Mégisserie; il fallut faire venir d'Allemagne un horloger à qui l'on donnait cinq sols par jour pour en avoir soin.

RUE DES TROIS-PAVILLONS [4].

Diane de Poitiers, femme de Louis de Brézé, grand sénéchal de Normandie, que Henri II fit duchesse de Valentinois, demeurait à l'hôtel Barbette. En 1561, les

1. Le 28 juin 1593, le Parlement de Paris, réuni en séance solennelle, rendit un arrêt par lequel il ordonna que « remontrances seraient faites à M. le lieutenant général à ce qu'aucun traité ne se fît pour transférer la couronne en la main des princes ou princesses étrangers, déclarant tous faits faits ou qui se feraient pour l'établissement d'une princesse ou d'un prince étrangers nuls et de nulle valeur, comme faits au préjudice de la loi salique et autres lois fondamentales du royaume ». C'était la répudiation décisive des menées de la Ligue en faveur des Guises, et des intrigues espagnoles.

2. Elle n'y est plus.

3. « Là où un monument rappelait une sainte fureur, l'eau de Miron effaça le souvenir d'un crime épouvantable. »

4. Aujourd'hui rue Elzévir.

duchesses d'Aumale et de Bouillon, ses filles, vendirent cet hôtel (comme faisant partie de la succession de leur père) à différents particuliers, qui les firent démolir et qui commencèrent à bâtir sur son emplacement les rues de Diane, du Parc-Royal et la nouvelle rue Barbette. On ne sait pas pourquoi la rue de Diane a changé de nom pour prendre celui des Trois-Pavillons.

PAROISSE SAINT-PAUL.

Guillaume de Vienne, en mourant, ordonna qu'on mit sur sa tombe cette épitaphe : « Il le fut père de Jean de Vienne. » En effet, sa tendresse paternelle devait être flattée de la gloire que son fils avait acquise en différentes occasions. Charles V l'ayant créé amiral de France, en 1373, les descentes qu'il fit en Angleterre et en Irlande prouvèrent qu'il avait raison d'avoir toujours eu pour maxime que les Anglais n'étaient jamais plus faibles et plus aisés à vaincre que chez eux. Il fut tué en Bulgarie, le 26 septembre 1396, à la tête des troupes françaises, dans la malheureuse bataille de Nicopolis.

L'ÉGLISE DE SAINT-PIERRE AUX BOEUFS[1].

Sous le règne de Louis XII, un écolier, nommé Hémon de la Fosse, natif d'Abbeville, à force de lire et d'admirer les auteurs grecs et latins, devint assez fou pour se persuader qu'il n'était pas possible que la religion d'aussi grands génies qu'Homère, Cicéron et Virgile ne fût pas la vraie. Le 25 août 1503, étant entré dans la Sainte Chapelle, il arracha l'hostie des mains du prêtre au moment de l'élévation, en disant : « Quoi ! toujours cette folie ! » Il fut arrêté et mis en prison. On retarda son supplice de plusieurs jours, dans l'espérance qu'il abjurerait ses extravagantes erreurs et qu'il reconnaîtrait son crime ; mais toutes les représentations et les exhortations qu'on lui fit fu-

1. Cette église, supprimée en 1790, puis vendue, après avoir servi longtemps de magasin, a été démolie lors de l'élargissement de la rue Saint-Pierre-aux-Bœufs, aujourd'hui rue d'Arcole. La façade a été transportée et adaptée à l'un des portails de l'église Saint-Séverin.

rent inutiles; il persista toujours à soutenir que Jupiter était le souverain dieu de l'univers, et qu'il n'y avait point d'autre paradis que les Champs Élysées. Il fut brûlé vif, après qu'on lui eut percé la langue et coupé le poing. J'ai ouï conter qu'à la procession solennelle qu'on fit en réparation de l'action sacrilège de cet écolier, deux bœufs que l'on conduisait à la boucherie de l'Hôtel-Dieu, et qui se trouvèrent à la petite paroisse de Saint-Pierre, s'agenouillèrent devant le Saint Sacrement, et que les deux figures des bœufs, en pierre et en relief, qu'on voit sur le portail de cette paroisse[1], sont un monument de ce miracle. Ce qu'il y a de certain, c'est que très longtemps avant que l'on fît cette procession, cette église de Saint-Pierre aux Bœufs s'appelait ainsi, parce qu'étant la paroisse des bouchers de la Cité, ils y avaient fait mettre ces deux figures de bœufs sur le portail.

RUE DE LA POTERIE-DES-ARCIS[2].

En 1600, des comédiens de province obtinrent la permission de s'établir à Paris : ils ouvrirent leur théâtre à l'hôtel d'Argent, dans cette rue. En 1609, à l'occasion de quelques désordres arrivés à la porte de ce spectacle et de celui de l'hôtel de Bourgogne, le juge de police rendit une ordonnance dont je rapporterai les principaux articles : ils m'ont paru curieux, par la comparaison des temps et des mœurs.

Sur la plainte faite par le procureur du roi, que les comédiens de l'hôtel de Bourgogne et de l'hôtel d'Argent finissent leurs comédies à heures indues et incommodes pour la saison de l'hiver, et que, sans permission, ils exigent du peuple sommes excessives : étant nécessaire d'y pourvoir et de leur faire taxe modérée, nous avons fait et faisons très expresses défenses auxdits comédiens, depuis le jour de la Saint-Martin jusqu'au quinzième février, de jouer passé quatre heures et demie au plus tard ; auxquels, pour cet effet, enjoignons de commencer précisément, avec telles personnes qu'il y aura, à deux heures après midi, et finir à ladite heure de quatre heures et demie, et que la porte soit ouverte à une heure précise.

Défendons aux comédiens de prendre plus grande somme des

1. On vient de les ôter.
2. Aujourd'hui rue du Renard.

habitants et autres personnes, que de cinq sols au parterre, et de dix sols aux loges et galeries ; et en cas qu'ils aient quelques actes à représenter où il conviendra plus de frais, il y sera par nous pourvu sur leur requête.

« Paris, dit M. le président Hainault, était alors bien différent de ce qu'il est aujourd'hui : il n'y avait point de lanternes, il y avait beaucoup de boues, très peu de carrosses et quantité de voleurs. » On peut ajouter qu'il était plus aisé à un comédien de s'entretenir dans ce temps-là avec vingt sols qu'à présent avec six francs.

Au commencement du règne de Louis XIII, les comédiens de l'hôtel d'Argent quittèrent ce quartier et louèrent un jeu de paume dans la vieille rue du Temple : on les appela la troupe du Marais. Ce fut sur ce théâtre du Marais que deux comédiennes (les demoiselles Marotte-Beaupré et Catherine des Urlis) se donnèrent rendez-vous pour se battre l'épée à la main, et se battirent, en effet, à la fin de la petite pièce. Sauval dit qu'il était ce jour-là à la comédie.

RUE DES PROUVAIRES [1].

En 1476, Alphonse V, roi de Portugal, vint à Paris pour y solliciter des secours contre Ferdinand, fils du roi d'Aragon, qui lui avait enlevé la Castille. Louis XI, disent les historiens, lui fit rendre de grands honneurs, et tâcha de lui procurer tous les amusements possibles. On le logea dans cette rue chez un épicier nommé Laurent Herbelot : on le mena au Palais, où il eut le plaisir d'entendre plaider une belle cause. Le lendemain, il alla à l'évêché, où l'on procéda, en sa présence, à la réception d'un docteur en théologie ; et le dimanche suivant, 1er décembre et veille de son départ, on ordonna une procession de l'Université, qui passa sous ses fenêtres : voilà un roi bien honorablement logé et bien amusé !

RUE ET BUTTE SAINT-ROCH.

En parlant de l'enceinte commencée sous Charles V,

---

1. Ou rue des Prêtres : *prouvaire,* en vieux langage, signifiait un prêtre.

en 1367[1], achevée sous Charles VI, en 1383, et qui subsista jusqu'en 1631, j'ai dit que les murs de la ville, traversant le terrain de la place des Victoires et du jardin du Palais-Royal, allaient aboutir à la porte Saint-Honoré, située où sont à présent les boucheries des Quinze-Vingts. Ce fut de ce côté que Charles VII, le 8 septembre 1429, fit attaquer Paris, dont les Anglais étaient les maîtres. « Vint ledit roi aux champs, vers la porte Saint-Honoré, sur une manière de butte ou montagne qu'on nommait le Marché aux pourceaux[2], et fit dresser plusieurs canons et coulevrines... Jeanne la Pucelle dit qu'elle voulait assaillir la ville : elle n'était pas bien informée de la grande eau qui était dans les fossés[3]... Avec une lance, elle sonda l'eau, qui était bien profonde : quoi faisant, elle eut[4], d'un trait d'arbalète, les deux cuisses percées, ou du moins l'une. Mais nonobstant elle ne voulait en partir, et faisait apporter des fagots et du bois dans l'autre fossé, dans l'espoir de passer jusqu'au mur[5]; enfin, depuis qu'il fut nuit, elle fut envoyée querir par plusieurs fois; mais elle ne voulait partir et se retirer en aucune manière; il fallut que le duc d'Alençon l'allât querir et l'amenât lui-même. »

Il y avait encore des moulins sur la butte Saint-Roch en 1670. La rue Neuve-des-Petits-Champs finissait à la rue Sainte-Anne, et de là jusqu'à l'hôtel de Vendôme, qu'on démolit en 1687 pour faire la place, on ne trouvait plus que quelques masures éparses çà et là sur tout le terrain où l'on a continué cette rue Neuve-des-Petits-Champs et bâti les rues de Gaillon, d'Antin et de Louis-le-Grand. Le marché aux chevaux se tenait dans cet espace qu'occupent aujourd'hui la rue et l'hôtel

1. Voyez p. 22.
2. La butte Saint-Roch.
3. Cette partie des fossés par où elle voulait faire son attaque était où sont aujourd'hui les rues des Boucheries et Traversière.
4. A peu près au bout de la rue Traversière, du côté de la rue Saint-Honoré.
5. Ce côté du mur, ou rempart, était où est aujourd'hui la petite rue du Rempart : elle traverse de la rue de Richelieu dans la rue Saint-Honoré, vis-à-vis de la rue Saint-Nicaise.

d'Antin. Ce fut à l'endroit où commence cette rue d'Antin, du côté de la rue Neuve-des-Petits-Champs, derrière les murs du jardin de l'hôtel de Vendôme, que les ducs de Beaufort et de Nemours se battirent en duel, cinq contre cinq, le 30 juillet 1652, vers les sept heures du soir. M. de Beaufort avait pour seconds Buri, de Ris, Brillet et d'Héricourt [1]. Le marquis de Villars, père du maréchal, le chevalier de la Chaise, Compan et d'Uzerches étaient les seconds du duc de Nemours, qui avait lui-même chargé chez lui les pistolets et les avait emportés avec les épées. Lorsqu'ils furent en présence : « Eh ! beau-frère, quelle honte ! oublions le passé et soyons bons amis, lui dit M. de Beaufort. — Ah ! coquin, il faut que je te tue ou que tu me tues, » répondit M. de Nemours. Il tira le premier, apparemment comme l'offensé, et voulut ensuite fondre l'épée à la main sur M. de Beaufort, qu'il avait manqué, et qui le tua raide de trois balles dans l'estomac. D'Héricourt fut tué par le marquis de Villars, et de Ris par d'Uzerches ; les autres ne se blessèrent pas dangereusement. L'archevêque de Paris défendit [2] qu'on fît pour le duc de Nemours des prières à Saint-André des Arcs, sa paroisse, où on l'avait porté. Quel était cet archevêque ? Le fameux cardinal de Retz, qui portait ordinairement un poignard dans sa poche au lieu d'un bréviaire.

RUE SALLE-AU-COMTE [3].

Près de la fontaine était la maison de Henri de Marle, chancelier de France, massacré en 1418. Un procureur au Châtelet, qui acheta cette maison en 1663, s'y trouvait, dit Sauval, mal logé et trop à l'étroit.

On voit dans les registres du Parlement que, le 9 d'août 1413, Charles VI, pour procéder, suivant les

1. C'est à tort qu'aujourd'hui les témoins ou assistants d'un duel sont quelquefois qualifiés *seconds* : les seconds des duels d'autrefois, embrassant, comme on le voit ici, la querelle qui allait se vider par les armes, se battaient contre les seconds de la partie adverse.

2. Il le permit enfin au bout de quinze jours, le 11 août 1652, à la prière du prince de Condé.

3. Supprimée par le percement du boulevard de Sébastopol, allait de la rue de Rambuteau à la rue aux Ours.

formalités ordinaires et par voie de scrutin, à l'élection d'un chancelier, fit entrer dans la chambre du conseil le Dauphin, les ducs de Berri, de Bourgogne, de Bavière et de Bar, plusieurs barons, chevaliers et conseillers, qui tous jurèrent sur l'Évangile et sur la vraie croix de nommer celui qu'ils croiraient le plus digne de posséder cette grande charge. Arnaud de Corbie eut dix-huit voix; Simon de Nanterre, président au Parlement, en eut vingt, et Henri de Marle, premier président, en eut quarante-quatre, « de sorte, dit l'abbé de Choisi, qu'à la pluralité des voix, celle du roi n'étant comptée que pour une, Henri de Marle fut proclamé chancelier ».

RUE DE SEINE.

La reine Marguerite de Valois, première femme de Henri IV, étant revenue à Paris après une absence de près de vingt-cinq ans, fit bâtir au bout de cette rue, en 1606, un hôtel avec de vastes jardins qui régnaient le long de la rivière : elle y mourut le 27 mars 1615. Cette princesse joignait au meilleur cœur, à l'âme la plus noble, la plus compatissante et la plus généreuse beaucoup d'esprit et de beauté. « Vraie héritière des Valois, dit Mézeray, elle ne fit jamais don à personne sans excuse de donner si peu : elle était le refuge des gens de lettres, en avait toujours quelques-uns à sa table et apprit tant en leur conversation, qu'elle parlait et écrivait mieux que femme de son temps. » Elle passait une partie de la journée dans son lit, entourée de petits enfants de chœur fort jolis, qu'elle faisait chanter. « Étant à Toulouse, dit le président Laroche, elle reçut les salutations du Parlement dans un lit de damas blanc, très riche, ayant au fond de son lit de petits enfants de chœur chantant et jouant du luth. » Personne en Europe ne dansait si bien qu'elle : don Juan d'Autriche, gouverneur des Pays-Bas, partit exprès en poste de Bruxelles et vint à Paris *incognito* pour la voir danser à un bal paré.

Dans un passage de ses Mémoires, cette princesse

point bien les horreurs de la nuit de la Saint-Barthélemy. « Lorsque j'étais le plus endormie, dit-elle, voici un homme, frappant des pieds et des mains à la porte, criant : « Navarre ! Navarre ! » Ma nourrice, pensant que c'était le roi mon mari, court vitement à la porte ; c'était un gentilhomme, nommé M. de Néjan, qui avait un coup d'épée dans le coude, un coup de hallebarde dans le bras, et qui était encore poursuivi par quatre archers qui entrèrent tous après lui dans ma chambre. Lui, voulant se garantir, se jeta sur mon lit. Moi, sentant ces hommes qui me tenaient, je me jette à la ruelle, et lui après moi, me tenant toujours au travers le corps. Nous criions tous les deux, et étions aussi effrayés l'un que l'autre. Enfin, Dieu voulut que M. de Nançai [1], capitaine des gardes, vint, qui, me trouvant en cet état, encore qu'il y eût de la compassion, ne put se tenir de rire. » C'est dans le Louvre, c'est dans la chambre de la sœur du roi, c'est jusque sur son lit qu'on égorge des malheureux qui réclament en vain la foi des serments et des traités ! Nançai, qui passait pour un des plus honnêtes hommes de la cour, rit à ce spectacle ! il rit dans ces moments d'horreur, dans ce jour à jamais exécrable ! « Ayant changé de chemise, ajoute cette princesse, parce que j'étais toute couverte de sang, et m'étant fait jeter un manteau de nuit, je passai à l'appartement de Mme de Lorraine, ma sœur. Entrant dans l'antichambre, un gentilhomme, nommé Bourse, se sauvant des archers qui le poursuivaient, fut percé d'un coup de hallebarde à trois pas de moi... Cinq ou six jours après, ceux qui avaient commencé cette partie, connaissant qu'ils avaient failli à leur principal dessein, n'en voulant point tant aux huguenots qu'aux princes du sang, souffraient impatiemment que le roi mon mari et le prince de Condé fussent échappés ; et, connaissant qu'étant mon mari nul ne voudrait attenter contre lui, ils ourdirent une autre trame : ils vont persuader à la reine ma mère qu'il fallait me démarier. »

1. Gaspard de la Châtre.

Henri IV, dont elle n'avait point eu d'enfants, se voyant paisible possesseur de la couronne, lui fit proposer, pour le bien de l'État, de faire casser leur mariage : elle y consentit de la façon la plus noble, la plus modeste et la plus désintéressée ; loin d'exiger plusieurs conditions auxquelles ce prince aurait été obligé de souscrire, elle demanda uniquement qu'on payàt ses dettes et qu'on lui assurât une pension convenable. « L'abaissement de sa condition, dit Mézeray, était si relevée par la bonté et les autres vertus royales qui étaient en elle, qu'elle n'en fut point à mépris. » Son palais fut vendu en 1619, quatre ans après sa mort, et l'on commença de bâtir le quai Malaquais sur une partie du terrain qu'occupaient les jardins. Jusqu'alors le faubourg Saint-Germain n'avait été que comme ces villages composés de quelques rues, dont les maisons sont séparées les unes des autres par des vignes, des prés et des jardins. En sortant de la porte de Nesle, située où est à présent la première cour du collège des Quatre-Nations, on entrait dans la campagne. La rue Taranne et la rue Saint-Dominique s'appelaient *le Chemin-aux-Vaches*, et les rues des Petits-Augustins[1], Jacob, des Saints-Pères, de l'Université, du Bac, de Verneuil, de Beaune et de Bourbon n'existaient point encore : on en verra, je crois, la preuve avec plaisir dans une comédie du grand Corneille, représentée pour la première fois en 1642.

DORANTE.

Paris semble à mes yeux un pays de romans.
Je croyais ce matin voir une ile enchantée :
Je la laissai déserte, et la trouve habitée ;
Quelque Amphion nouveau, sans l'aide des maçons,
En superbe palais a changé ses buissons.

GÉRONTE.

Paris voit tous les jours de ces métamorphoses ;
Dans tout le Pré-aux-Clercs tu verras mêmes choses ;
Et l'univers entier ne peut rien voir d'égal
Aux superbes dehors du Palais-Cardinal :

1. C'était le Pré-aux-Clercs.

Toute une ville entière [1], avec pompe bâtie,
Semble d'un vieux fossé par miracle sortie.
    (*Le Menteur*, acte II, scène v.)

RUE SAINT-SÉVERIN.

Au mois de janvier 1474, les médecins et les chirurgiens de Paris représentèrent à Louis XI que « plusieurs personnes de considération étaient travaillées de la pierre, colique, passion et mal de côté; qu'il serait très utile d'examiner l'endroit où s'engendraient ces maladies; qu'on ne pouvait mieux s'éclaircir qu'en opérant sur un homme vivant, et qu'ainsi ils demandaient qu'on leur livrât un franc-archer qui venait d'être condamné à être pendu pour vol, et qui avait été souvent fort molesté desdits maux ». On leur accorda leur demande; et cette opération, qui est, je crois, la première qu'on ait faite pour la pierre, se fit publiquement dans le cimetière de l'église Saint-Séverin. « Après qu'on eut examiné et travaillé, ajoute la chronique, on remit les entrailles dedans le corps dudit franc-archer, qui fut recousu, et, par l'ordonnance du roi, très bien pansé, et tellement qu'en quinze jours il fut guéri et eut rémission de ses crimes sans dépens; et il lui fut même donné de l'argent. »

Le cours des événements de la vie est quelquefois bien singulier : il fallait que ce misérable, pour être guéri de la pierre, fût condamné à être pendu ! Mais croira-t-on que, dans ce temps-là, s'il l'avait été, son cadavre serait devenu comme un dépôt précieux de la mort, auquel les chirurgiens n'auraient pas osé toucher? La dissection du corps humain passait pour un sacrilège au commencement du règne de François Ier; et l'empereur Charles-Quint fit consulter les théologiens de Salamanque pour savoir si l'on pouvait en conscience disséquer un corps afin d'en connaître la structure.

Sur la porte de l'amphithéâtre anatomique de Toulouse, on lit ces vers :

1. Quartiers Richelieu et Montmartre.

Hic locus est ubi mors gaudet succurrere vitæ.
« Ici la mort se plaît à secourir la vie. »

RUE DU TEMPLE.

Les Templiers furent ainsi nommés parce que Baudouin II, roi de Jérusalem, leur donna une maison proche du temple de Salomon. Leur ordre ne subsista pas deux cents ans; il commença en 1118 et fut aboli en 1312. Villani et la plupart des historiens assurent qu'un Templier, prieur de Montfaucon, près de Toulouse, et un Florentin, nommé Noffodei, qui furent leurs délateurs, étaient deux scélérats que le grand maître, pour crime d'hérésie, et attendu la vie honteuse qu'ils menaient, avait condamnés à finir leurs jours en prison. Ces deux misérables firent dire à Enguerrand de Marigni, surintendant des finances, que, si l'on voulait leur promettre la liberté et leur assurer de quoi vivre, ils découvriraient des secrets « dont le roi pourrait tirer plus d'utilité que de la conquête d'un royaume ». Ce fut sur les dépositions de ces deux hommes que les Templiers qui se trouvèrent en France furent arrêtés à jour marqué, le 13 d'octobre 1307. Guillaume de Nogaret, si connu par la violence de son caractère, et frère Imbert, dominicain, confesseur du roi et revêtu du titre d'inquisiteur, se chargèrent de donner à la poursuite de cette affaire toute l'activité possible. On fit des informations de tous côtés; et bientôt on n'entendit plus parler que de chaînes, de cachots, de bourreau et de bûchers. On attaqua jusqu'aux morts; leurs ossements furent déterrés, brûlés, et leurs cendres jetées au vent. On accordait la vie et des pensions à ceux qui se reconnaissaient volontairement coupables; on livrait les autres aux tortures. Plusieurs, qui n'auraient pas craint la mort, épouvantés par l'appareil des tourments, convinrent de tout ce qu'on leur disait d'avouer; il y en eut aussi un grand nombre dont la constance ne put être ébranlée ni par les promesses ni par les supplices. On en brûla cinquante-quatre derrière l'abbaye de Saint-Antoine, qui tous, au milieu des flammes, protestèrent de leur innocence jusqu'au dernier soupir. Le grand maître, Jacques de Molai, qui avait été parrain d'un des enfants du roi; Gui, commandeur d'Aquitaine, fils de Robert II et de Mahaut d'Auvergne et frère du dauphin d'Auvergne; Hugues de Péralde, grand prieur de France, et un autre dont on ignore le nom, après avoir été conduits à Poitiers devant le pape, furent ramenés à Paris pour y faire une confession publique de la corruption générale de leur ordre; ils en étaient les principaux officiers, et Philippe le Bel, qui n'ignorait pas qu'on disait hautement que les richesses immenses que les Templiers avaient apportées de l'Orient, et dont il voulait s'emparer, étaient la véritable cause de la persécution qu'ils essuyaient, espérait que cette cérémonie en imposerait au peuple et calmerait les esprits effrayés par tant et de si terribles exécutions dans la capitale et dans les provinces. On les fit monter tous les quatre sur un échafaud dressé devant l'église de Notre-Dame; on lut la sentence qui modérait leur peine à une prison perpétuelle; un des légats fit ensuite un long discours, où il détailla toutes les abominations et les impiétés dont les Templiers avaient été convaincus, disait-il, par leur propre aveu; et, afin qu'aucun des spectateurs n'en pût douter, il somma le grand maître de parler et de renouveler publiquement la confession qu'il avait faite à Poitiers. « Oui, je vais parler, » dit cet infortuné vieillard en secouant ses chaines. Et s'avançant jusqu'au bord de l'échafaud : « Je n'ai que trop longtemps trahi la vérité. Daigne m'écouter, daigne recevoir, ô mon Dieu, le serment que je fais; et puisse-t-il me servir quand je comparaîtrai devant ton tribunal ! Je jure que tout ce qu'on vient de dire des Templiers est faux; que ce fut toujours un ordre zélé pour la foi, charitable, juste, orthodoxe, et que si j'ai eu la faiblesse de parler différemment à la sollicitation du pape et du roi, et pour suspendre les horribles tortures qu'on me faisait souffrir, je m'en repens. Je vois, ajouta-t-il, que j'irrite nos bourreaux et que le bûcher va s'allumer ; je me soumets à tous les tourments qu'on m'apprête, et reconnais, ô mon Dieu, qu'il n'en est point qui puisse expier l'offense que j'ai faite à mes frères, à la vérité et à la religion. » Le légat, extrêmement déconcerté, fit ramener en prison le grand maître et le frère du dauphin d'Auvergne, qui s'était aussi rétracté : le soir même, ils furent tous les deux brûlés vifs et à petit feu dans l'endroit où est aujourd'hui la statue de Henri IV. Leur fermeté ne se démentit point ; ils invoquaient Jésus-Christ et le priaient de soutenir leur courage ; le peuple, consterné et fondant en larmes, se jeta sur leurs cendres et les emporta comme de précieuses reliques. Les deux commandeurs qui n'avaient pas eu la force de se rétracter furent traités avec douceur. Mézeray rapporte que le grand maître ajourna le pape à comparaître devant le tribunal de Dieu dans quarante jours et le roi dans un an ; si cet ajournement est vrai, ce fut une prophétie que l'événement vérifia. A l'égard des deux scélérats qui occasionnèrent toute cette procédure, le premier périt dans une mauvaise affaire, et l'autre, Noffodei, fut pendu pour quelques nouveaux crimes.

Parmi les abominations qu'on imputait aux Templiers, l'on prétendait qu'à leur réception dans l'ordre on les conduisait dans une chambre obscure, où ils reniaient Jésus-Christ et crachaient trois fois sur le crucifix ; qu'ils adoraient une tête de bois doré qui avait une grande barbe et qu'on ne montrait qu'aux chapitres généraux ; qu'en Languedoc[1], trois commandeurs mis à la torture avaient avoué qu'ils avaient assisté à plusieurs chapitres provinciaux de l'ordre ; que dans un de ces chapitres, tenu à Montpellier, et de nuit, suivant l'usage, on avait exposé *une tête* ; qu'aussitôt le diable avait apparu sous la figure d'un chat ; que ce chat, tandis qu'on l'adorait, avait parlé et répondu avec bonté aux uns et aux autres, etc.

Frère Pierre de Boulogne, procureur général de l'or-

---

1. *Histoire générale de Languedoc,* année 1307.

dre, représenta dans différentes requêtes qu'il n'était pas vraisemblable que des hommes, surtout n'y étant poussés par aucun motif d'intérêt, renonçassent à la religion où ils étaient nés pour croire à une idole, qu'aucun de ceux qui s'étaient présentés pour entrer dans l'ordre n'eût eu horreur de ces abominables mystères, et ne les eût révélés ; que le roi, par ses lettres, avait promis la liberté, la vie et des pensions aux Templiers qui se reconnaîtraient volontairement coupables, et qu'on avait livré aux plus cruelles tortures ceux qu'on n'avait pu séduire par des promesses ou effrayer par des menaces ; qu'il était prouvé que plusieurs Templiers étaient tombés malades dans les prisons, avaient protesté en mourant, avec toutes les marques du repentir le plus vif et le plus sincère, que les déclarations qu'on avait exigées d'eux étaient fausses, et qu'ils ne les avaient faites que pour se délivrer des horribles traitements qu'on leur faisait souffrir ; qu'on n'avait point confronté les témoins aux accusés, et qu'enfin aucun des Templiers qu'on avait arrêtés dans les autres royaumes de la chrétienté n'avait déposé rien de semblable aux abominations qu'on leur imputait en France, où leur perte avait été résolue et préparée par tous les moyens que peuvent employer la force et la séduction.

Les archevêques de Sens, de Reims et de Rouen, loin d'avoir égard à ces remontrances, firent décider dans les conciles de leurs provinces qu'on traiterait comme relaps, et comme ayant renoncé à Jésus-Christ, les Templiers qui se rétracteraient de ce qu'ils auraient déclaré à la question ; et quelques jours après, conformément à cette barbare et singulière jurisprudence, on en brûla cinquante-neuf dans l'endroit où est aujourd'hui l'hôtel des Mousquetaires noirs. Le récit de l'évêque de Lodève, historien contemporain, nous représente ces infortunés, dévorés par les flammes, attachant les yeux au ciel pour y puiser les forces qui leur avaient manqué dans les tortures, et demandant à Dieu de ne pas permettre qu'ils trahissent une seconde

fois la vérité en s'accusant et en accusant leurs frères
de crimes qu'ils n'avaient pas commis.

Dans le concile général de Vienne en Dauphiné, composé de plus de trois cents archevêques, évêques et
docteurs d'Allemagne, d'Italie, d'Angleterre, d'Espagne et de France, tous (excepté un prélat italien et les
archevêques de Sens, de Reims et de Rouen) représentèrent qu'il serait contre l'équité naturelle de supprimer
l'ordre des Templiers avant que de les avoir entendus dans leurs défenses et sur les récusations des témoins, et sans les avoir confrontés à leurs accusateurs,
comme ils l'avaient demandé dans toutes leurs requêtes. Le pape, étonné de cette opposition générale à ses
intentions, s'écria que, « si l'on ne pouvait pas, par le
défaut de quelques formalités, prononcer juridiquement contre eux, la plénitude de sa puissance pontifi-
cale suppléerait à tout, et qu'il les condamnerait par
voie d'expédient, plutôt que de fâcher son fils le roi
de France ». En effet, quelques mois après, dans un
consistoire secret de cardinaux et d'évêques « que la
complaisance, dit Vertot, ramena à son avis », il
cassa et annula l'ordre des Templiers : la sentence
portait que, n'ayant pu les juger selon les formes de
droit, il les condamnait d'autorité apostolique et par
provision.

Il est certain qu'ils s'étaient livrés au faste, au luxe,
à une vie molle et voluptueuse ; que leur valeur, leur
naissance, la gloire dont ils s'étaient couverts dans tant
de combats, et d'immenses revenus leur inspiraient un
orgueil, un ton d'indépendance qui n'avaient pu que
déplaire infiniment à tous les souverains ; qu'à l'occasion de leurs privilèges et de leurs possessions, ils
avaient eu des démêlés très vifs avec la plupart des
évêques ; que leurs railleries continuelles sur la fainéan-
tise et les fraudes pieuses des moines leur avaient attiré de dangereux ennemis ; et qu'enfin Philippe le
Bel les accusait d'avoir envoyé des secours d'argent à
Boniface VIII pendant ses différends avec ce pape, et
de tenir en toute occasion des discours séditieux sur sa

conduite et sur celle de ses deux favoris, Enguerrand de Marigni, surintendant des finances, et Étienne Barbette, prévôt de Paris et maître des monnaies.

Marigni était de ces hommes qui se qualifient ministres d'un État, et qui n'en sont que les tyrans, sous l'autorité d'un maître dont ils corrompent l'équité naturelle, en flattant toutes ses passions. Ne pouvant plus imaginer de nouveaux impôts, il avait eu recours à la plus pernicieuse des ressources, l'affaiblissement et le haussement des monnaies. Les changements qu'il y fit devinrent si fréquents et furent portés à un tel excès, que la populace de Paris se souleva, pilla la maison d'Étienne Barbette, maltraita dans les marchés les pourvoyeurs du roi, l'investit lui-même dans le Temple où il logeait alors et empêcha pendant trois jours qu'on n'y portât des vivres. Barbette et Marigni accusèrent les juifs et les Templiers d'avoir fomenté cette sédition. Jamais prince ne fut plus fier que Philippe le Bel, et sa fierté le rendait implacable dans sa haine. D'ailleurs il était avide, dépensier, toujours pressé d'argent, et par conséquent obligé de se faire souvent illusion sur les moyens que ses ministres employaient pour en trouver ; il ne leur fut pas difficile de lui faire adopter le projet d'une vengeance qui pourrait faire entrer dans ses coffres la dépouille des juifs et une partie des richesses que les Templiers avaient apportées de l'Orient. Bientôt le bruit se répandit dans Paris que les juifs avaient outragé une hostie, profané les vases sacrés et crucifié des enfants le jour du vendredi saint. Le peuple, qui aime à croire tout ce qui peut exciter sa fureur, ne tarda pas à crier qu'il fallait exterminer ces ennemis du nom chrétien. Le ministère les fit tous arrêter dans un même jour, 22 juillet 1306 ; leurs biens furent confisqués ; on ne laissa à chacun que ce qu'il fallait pour le conduire hors du royaume. L'année suivante, on arrêta de la même manière tous les Templiers qui se trouvèrent en France ; et le terrible tribunal qu'on érigea contre eux dans chaque province fut composé d'évêques et de moines ; l'archevêque de Sens, frère d'Enguerrand de Marigni, présidait à celui de Paris.

Clément V occupait la chaire de saint Pierre. Presque tous les historiens, entre autres saint Antonin, archevêque de Florence, Villani et le continuateur de Nangis, disent que « ce pape faisait un honteux trafic des choses sacrées..., qu'à sa cour on vendait publiquement les bénéfices..., qu'allant de Lyon à Bordeaux, il avait pillé sur son passage tous les monastères et toutes les églises...; que Philippe le Bel lui ayant offert de le faire élire pape à six conditions, il avait juré sur le Saint-Sacrement de les exécuter toutes et que l'extinction de l'ordre des Templiers en était une ». Ainsi, lorsqu'il apprit que ce prince les avait fait arrêter, s'il marqua de la surprise et de la colère, s'il écrivit des lettres pleines d'amertume, ce ne fut, selon quelques auteurs, que pour ne pas paraître avoir abandonné les droits du saint-siège. Il est certain qu'il ne tarda pas à s'apaiser. « Ce très cher fils, dit-il dans une de ses bulles, en parlant de Philippe le Bel, n'a point fait arrêter les Templiers par un motif d'avarice, mais par un véritable zèle pour la religion ; il est très éloigné de vouloir s'approprier la moindre petite partie de leurs biens... ; nous en avons interrogé nous-même soixante-douze, ajoute-t-il, qui tous ont confessé les abominations qu'on impute à leur ordre...; le grand maître en a fait aussi l'aveu à Chinon, devant nos commissaires, les cardinaux Bérenger de Fredole, Étienne de Suisi[1] et Landolphe de Brancaccio. » Le grand maître, comme presque toute la noblesse de ce temps-là, ne savait ni lire ni écrire ; lorsqu'on lui lut à Paris cette déposition qu'il devait avoir faite à Chi-

---

1. Il était de la plus basse naissance ; il prit le nom de Suisi du village de Suisi, où il était né, à deux lieues de Laon. Il fut élevé par charité dans l'abbaye de Saint-Jean de Laon, d'ou il vint achever ses études à l'Université de Paris. Une certaine éloquence naturelle, jointe à un caractère souple, flatteur et insinuant, lui acquit des protecteurs et lui fraya le chemin à la fortune. Philippe le Bel le fit garde des sceaux. Clément V le nomma cardinal. Il mourut en 1311, avec la réputation d'un homme « qui toute sa vie s'était dévoué aux grands et à servir leurs passions ».

non, il parut très étonné, fit deux fois le signe de la croix, et s'écria : « Si ces deux commissaires étaient d'une autre qualité, je sais ce que je leur proposerais. » On lui répondit que des cardinaux ne recevaient pas des gages de bataille. « Eh bien ! répliqua-t-il, je prie donc Dieu qu'on leur fende le ventre, comme les fendent les Tartares et les Sarrasins aux menteurs et aux faussaires. » Vertot dit que, pour charger davantage le grand maître et pour le rendre plus criminel, le greffier avait apparemment ajouté à sa déposition des circonstances aggravantes. Cela ne justifie pas les commissaires; un juge doit-il souscrire un interrogatoire sans l'avoir lu ?

Sur les lettres et les instances du pape, on avait arrêté les Templiers dans tous les États de la chrétienté ; il n'y en eut de condamnés à mort qu'en France et dans le comté de Provence, qui appartenait alors au roi de Naples et de Sicile. Le concile de Vienne, après la suppression générale de l'ordre, avait disposé de leurs biens en faveur des chevaliers hospitaliers de Saint-Jean de Jérusalem[1]; mais Philippe le Bel ne consentit à s'en dessaisir qu'à condition qu'on lui payerait préalablement deux cent mille livres pour les frais de la procédure; c'était une somme immense dans ces temps-là. Cependant Louis le Hutin, son successeur, crut devoir demander soixante mille livres de plus; et enfin on convint qu'il aurait les deux tiers de l'argent des Templiers, les meubles de leurs maisons, les ornements de leurs églises et tous les fruits et revenus de leurs terres, depuis le 13 d'octobre 1307 jusqu'à l'année 1314. Rapin de Toiras dit que « le roi d'Angleterre Édouard II, dans l'espérance de profiter de leurs biens, fit tenir à Londres un synode national où ils furent condamnés; mais qu'on ne les traita point avec autant de rigueur qu'en France, et que l'on se contenta de les disperser dans des monastères pour y faire pénitence, avec une pension

1. Plus tard chevaliers de Malte.

modique prise sur leurs revenus ». L'abbé de Choisi prétend que les seigneurs anglais s'emparèrent de tous les biens des Templiers, en disant que « leurs ancêtres les avaient donnés aux Templiers, et non pas aux hospitaliers; et que puisqu'il n'y avait plus de Templiers, il était juste que ces biens revinssent à leurs anciens maîtres ». Le roi de Castille les unit à son domaine; le roi de Portugal les donna à l'ordre du Christ, qu'il institua, et le roi d'Aragon s'appropria dix-sept forteresses qu'ils possédaient dans le royaume de Valence. Le pape eut sa bonne part dans cette riche dépouille, surtout dans les États de Charles II, roi de Naples et de Sicile, comte de Provence et de Forcalquier; il partagea avec ce prince l'argent et tous les effets mobiliers de ces infortunés.

Enguerrand de Marigni, que le P. Daniel nous représente comme un ministre d'un grand mérite, avait pillé les finances, accablé le peuple d'impôts et ruiné plusieurs particuliers par des vexations inouïes; il était sans foi, sans pitié, et le plus vain et le plus insolent de tous les hommes; il osa dire en plein conseil au comte de Valois, frère de Philippe le Bel : « C'est vous qui avez menti. » La veille de l'Ascension 1315, avant le point du jour, comme c'était alors la coutume, il fut pendu au gibet qu'il avait fait lui-même dresser à Montfaucon quelques années auparavant; et « comme maître du logis, dit Mézeray, il eut l'honneur d'être mis au haut bout, au-dessus de tous les autres voleurs ». Dix ans après, le comte de Valois, aussi malade d'esprit que de corps, fit faire des aumônes; et ceux qui les distribuaient disaient de sa part à chaque pauvre : « Priez Dieu pour M. de Marigni et pour M. de Valois. » Le confesseur de ce prince, sollicité secrètement par l'évêque de Beauvais et l'archevêque de Sens, frère de Marigni, avait alarmé sa conscience sur la condamnation de ce ministre, dont le procès, il est vrai, n'avait pas été instruit selon toutes les formalités requises.

On avait élevé à Marigni une statue sur les degrés

du Palais, auprès de celle de Philippe le Bel; elle fut abattue. J'ai eu la curiosité d'aller la voir dans une petite cour de la Conciergerie, où elle est sans piédestal et appuyée contre le mur; elle m'a paru d'une bonne attitude : la taille en est courte et assez fournie; le visage est riant et agréable; l'habillement descend au-dessous des genoux; elle a sur la tête une espèce de chaperon dont la pointe, qui n'est pas rejetée en arrière, mais entortillée, revient sur l'oreille gauche; on remarque sur l'habit un baudrier brodé, auquel l'épée est attachée.

VIEILLE RUE DU TEMPLE.

Dans cette rue, le 21 de novembre 1407, environ les sept heures et demie du soir, vis-à-vis d'une maison qu'on appelait alors l'image Notre-Dame et qui joint le couvent des Religieuses Hospitalières de Saint-Gervais, le duc d'Orléans, frère unique du roi Charles VI, n'ayant avec lui que deux écuyers montés sur un même cheval, un page[1] et trois valets de pied qui marchaient devant pour l'éclairer, fut investi par dix hommes armés, à la tête desquels était un gentilhomme de Normandie, nommé Raoul d'Ocquetonville : ce scélérat, d'un coup de hache d'armes, lui coupa la main dont il tenait la bride de sa mule, et de deux autres coups lui fendit la tête. On prétend que le lendemain le corps de ce prince, qu'on avait porté dans l'église des Blancs-Manteaux, jeta du sang lorsque le duc de Bourgogne, qu'on ne connaissait point encore pour l'auteur de cet assassinat et qui voulait faire bonne contenance, se présenta pour lui donner l'eau bénite[2].

1. Ce page, nommé Jacob de Merre, voulut le couvrir de son corps et fut tué sur lui.

2. L'auteur, qui admet que les antipathies naturelles peuvent produire un pareil phénomène, en cite plusieurs exemples et dit que l'épreuve du jugement de Dieu par le cercueil a été longtemps d'usage en Allemagne. Le corps de la victime étant placé dans un cercueil, on forçait l'accusé à le toucher, et l'on observait attentivement les mouvements, les changements d'aspect du cadavre. C'est la confrontation actuelle, avec cette différence que l'on y observe l'effet produit sur les vivants, au lieu de demander des témoignages au mort.

Ce duc de Bourgogne était fils de Philippe de France, qui fut fait prisonnier à la bataille de Poitiers et emmené à Londres avec le roi Jean son père. Un jour que le roi Jean et le roi d'Angleterre soupaient ensemble, Philippe donna un soufflet au maître d'hôtel, en lui disant: « Où as-tu appris à servir le roi anglais avant le roi de France lorsqu'ils sont à la même table? — Vraiment, mon cousin, lui dit Édouard sans se fâcher, vous êtes Philippe le Hardi. » Le courage avec lequel ce jeune prince avait combattu à la bataille de Poitiers, n'ayant que quatorze ans, lui avait mérité ce surnom de Hardi; mais je ne conçois pas pourquoi l'on donna le surnom de Jean sans Peur au duc de Bourgogne son fils, dont le cœur, inaccessible aux remords, était sans cesse agité par la crainte qu'on n'attentât sur sa vie. Après l'assassinat du duc d'Orléans, il fit bâtir, à son hôtel de Bourgogne, une tour, et dans cette tour une chambre sans fenêtre et dont la porte était très basse; il la fermait le soir et l'ouvrait le matin avec toutes les précautions que la frayeur inspire aux scélérats. Il ne se familiarisait qu'avec les bouchers; le bourreau[1] était un de ses courtisans, allait à son lever et lui touchait dans la main. Les massacres que cet indigne prince fit commettre dans Paris, ses trahisons envers la France et ses liaisons avec les Anglais rendront à jamais sa mémoire exécrable.

LE PALAIS DES THERMES.

Les bains de Dioclétien, à Rome, ne furent achevés qu'en 306; ce palais fut bâti sur le modèle de ces bains; il est donc étonnant qu'on soutienne qu'il était bien plus ancien que l'empereur Julien, qui commandait dans les Gaules en 357. D'ailleurs, en le bâtissant, il fallut en même temps penser à y faire venir des

---

1. « Il se nommait Capeluche, et fut condamné à mort pour plusieurs crimes. Étant sur l'échafaud, et voyant que celui qui devait lui couper le cou s'y prenait mal, il se fit délier, arrangea lui-même le billot, regarda si le « coutelas était bien tranchant, tout comme s'il eût voulu faire « ledit office à un autre »; ensuite il cria merci à Dieu, et fut décollé par son valet. » (*Journal de Paris*, 21 août 1413.)

eaux; et l'on trouva, en 1544, les restes d'un aqueduc qui avait servi à y conduire celles d'Arcueil. Or, l'on doit présumer que cet aqueduc, et par conséquent ce palais, n'étaient pas encore achevés du temps de Julien, puisqu'il dit dans son *Misopogon :* « Les Parisiens habitent une île et n'ont point d'autre eau que celle de la Seine. » Mon opinion est que ce prince, en partant de Paris, donna ses ordres pour bâtir ce palais, afin de laisser un monument de sa magnificence proche d'une ville qu'il chérissait et où il avait été proclamé empereur.

RUE THIBAUTODÉ[1].

Agnès du Rochier, âgée de dix-huit ans, très jolie et fille unique d'un riche marchand de cette rue, qui lui avait laissé beaucoup de bien, se fit recluse à la paroisse de Sainte-Opportune le 5 octobre 1403. On appelait *recluses* des filles ou des veuves qui se faisaient bâtir une petite chambre joignant le mur de quelque église. La cérémonie de leur réclusion se faisait avec grand appareil : l'église était tapissée; l'évêque célébrait la messe pontificalement, prêchait et allait ensuite lui-même sceller la porte de la petite chambre, après l'avoir aspergée d'eau bénite ; on n'y laissait qu'une petite fenêtre, par où la pieuse solitaire entendait l'office divin et recevait les choses nécessaires à la vie. Agnès du Rochier mourut à l'âge de quatre-vingt-dix-huit ans; elle était née riche; elle aurait pu, en visitant les prisonniers et les pauvres malades, contribuer, pendant quatre-vingts ans, au soulagement de bien des malheureux : elle voulut gagner le ciel sans sortir de sa chambre.

LES TUILERIES[2].

Ce palais fut ainsi nommé du lieu où il est situé et qu'on appelait les Tuileries, parce qu'on y faisait de la

---

1. Ou mieux rue Thibault-aux-Dés, ainsi nommée d'un certain Thibault qui tenait un jeu de dés; aujourd'hui rue des Bourdonnais.
2. Palais incendié en 1871 et sur l'emplacement duquel sont actuellement des jardins.

tuile. Catherine de Médicis le fit bâtir en 1564. Il ne consistait que dans le gros pavillon carré du milieu, dans les deux corps de logis qui ont chacun une terrasse du côté du jardin, et dans les deux pavillons qui les terminent. Henri IV et Louis XIII l'ont étendu, exhaussé et décoré. Ses proportions, à ce qu'on prétend, sont moins agréables et moins régulières qu'elles ne l'étaient d'abord; mais c'est toujours, après le Louvre, le plus beau palais de l'Europe.

Un astrologue ayant prédit à Catherine de Médicis qu'elle mourrait auprès de Saint-Germain, on la vit aussitôt fuir superstitieusement tous les lieux et toutes les églises qui portaient ce nom, et elle n'alla plus à Saint-Germain en Laye; et même, à cause que son palais des Tuileries se trouvait sur la paroisse de Saint-Germain-l'Auxerrois, elle en fit bâtir un autre (l'hôtel de Soissons) près de Saint-Eustache. Quand on apprit que c'était Laurent de Saint-Germain, évêque de Nazareth, qui l'avait assistée à la mort, les gens infatués de l'astrologie prétendirent que la prédiction avait été accomplie.

Ce fut aux Tuileries, quatre jours avant le massacre de la Saint-Barthélemy, qu'elle donna cette fête dont parlent presque tous les historiens, mais trop légèrement : ils excitent la curiosité du lecteur, sans la satisfaire. Mézeray se contente de dire qu'à l'occasion du mariage du roi de Navarre (depuis Henri IV) et de Marguerite de Valois, il y eut à la cour beaucoup de divertissements, de tournois et de ballets; et qu'« entre autres il s'en fit un où l'on ne put s'empêcher de préfigurer le malheur qui était près d'accabler les huguenots, le roi et ses frères y défendant le paradis contre le roi de Navarre et les siens, qui étaient repoussés et relégués en enfer ! Voici ce que j'ai trouvé dans les Mémoires de ce temps-là, qui sont très rares : « Premièrement, en ladite salle à main droite, il y avait le paradis, l'entrée duquel était défendue par trois chevaliers armés de toutes pièces, qui étaient Charles IX et ses frères. A main gauche était l'enfer, dans lequel il y

avait un grand nombre de diables et de petits diablotaux, faisant infinies singeries et tintamarres avec une
grande roue tournante dans ledit enfer, toute environnée de clochettes. Le paradis et l'enfer étaient séparés par une barque conduite par Caron, nautonier
de l'enfer. A l'un des bouts de la salle, et derrière le
paradis, étaient les Champs Élysées; à savoir, un jardin embelli de verdure et de toutes sortes de fleurs,
et le ciel empyrée, qui était une grande roue avec les
douze figures du zodiaque, les sept planètes et une infinité de petites étoiles faites à jour, rendant une
grande lueur et clarté par le moyen des lampes et
flambeaux qui étaient artistement accommodés par
derrière. Cette roue était dans un continuel mouvement, faisant aussi tourner ce jardin, dans lequel
étaient douze nymphes fort richement parées. Dans la
salle se présentèrent plusieurs troupes de chevaliers
errants (c'étaient des seigneurs de la religion qu'on
avait choisis exprès[1]); ils étaient armés de toutes pièces, vêtus de diverses livrées et conduits par leurs
princes (le roi de Navarre et le prince de Condé); tous
lesquels, tâchant de gagner le paradis, pour ensuite
aller querir ces nymphes au jardin, en étaient empê-
chés par les trois chevaliers qui en avaient la garde;
lesquels, l'un après l'autre, se présentaient à la lice,
et, ayant rompu la pique contre lesdits assaillants et
donné le coup de coutelas, les renvoyaient vers l'enfer, où ils étaient traînés par les diables et diablotaux.
Cette forme de combat dura jusqu'à ce que les chevaliers errants eussent été combattus et traînés un à un
dans l'enfer, lequel fut ensuite clos et fermé. A l'instant descendirent du ciel Mercure et Cupidon, portés
sur un coq. Le Mercure était cet Étienne le Roi, chantre tant renommé, lequel étant à terre se vint présenter aux trois chevaliers, et, après un chant mélodieux,
leur fit une harangue et remonta ensuite au ciel sur
son coq, toujours chantant. Alors les trois chevaliers

1. De la *religion* : ainsi désignait-on alors les protestants qui, eux, se
disaient « de la religion *réformée* ».

se levèrent de leurs sièges, traversèrent le paradis, allèrent aux Champs Élysées querir les douze nymphes, et les amenèrent au milieu de la salle, où elles se mirent à danser un ballet fort diversifié, et qui dura une grosse heure. Le ballet achevé, les chevaliers qui étaient dans l'enfer furent délivrés et se mirent à combattre en foule et à rompre des piques. Le combat fini, on mit le feu à des traînées de poudre qui étaient autour d'une fontaine dressée presque au milieu de la salle, d'où s'éleva un bruit et une fumée qui firent retirer chacun. Tel fut le divertissement de ce jour : d'où l'on peut conjecturer quelles étaient, parmi telles feintes, les pensées du roi et du conseil secret. »

Catherine de Médicis, dont l'abominable politique avait corrompu l'heureux naturel de son fils, était l'âme de ce conseil secret. Peut-on sans frémir d'horreur penser à une femme qui imagine, compose et prépare une fête sur le massacre qu'elle doit faire, quatre jours après, d'une partie de la nation où elle règne ; qui sourit à ses victimes, qui joue avec le carnage, qui fait danser l'Amour et les nymphes sur les bords d'un fleuve de sang, et qui mêle les charmes de la musique aux gémissements de cent mille malheureux qu'elle égorge ?

Je remarque que, par un hasard assez singulier, le plus beau jardin public d'Athènes s'appelait les Tuileries ou le Céramique[1], parce qu'il avait été planté, comme le nôtre, sur un endroit où l'on faisait de la tuile.

HOTEL DES TOURNELLES[2].

Louis XII y mourut le 1er janvier 1515 ; jamais prince ne fut plus regretté de ses sujets et ne mérita mieux de l'être. A sa mort, les crieurs des corps (usage qui subsiste encore dans quelques provinces de France), en sonnant leurs clochettes, criaient le long des rues : « Le bon roi Louis, père du peuple, est

1. De χέραμος, tuile.
2. Démoli en 1563, occupait l'emplacement actuel de la place Royale et de plusieurs rues environnantes.

mort. » Ce prince était sobre, doux, modeste, laborieux, aimait les sciences, parlait avec beaucoup de grâce et était rempli de sentiments d'honneur, de religion, d'humanité et de bienfaisance. Sa mémoire sera éternellement en bénédiction parmi les Français. « Il ne courut oncques, dit Saint-Gelais, du règne de nul des autres, si bon temps qu'il a fait durant le sien. »

Dès son avènement au trône, il diminua les impôts et ne les rétablit jamais. Il sut si bien ménager les finances, qu'elles lui suffirent pour subvenir aux différents besoins de l'État. Ce qu'il y a d'étonnant, ou plutôt ce qui ne l'est pas quand on fait attention au caractère du peuple, qui murmure toujours contre le gouvernement actuel, et qui n'aura peut-être jamais d'idée juste des vertus et des vices ni du sentiment de sa félicité réelle, c'est que les Français traitaient d'avarice la sage épargne de leur maître. On en faisait des plaisanteries dans les sociétés; les chansons, les épigrammes, couraient de main en main : on alla jusqu'à jouer Louis XII en plein théâtre. Il prenait le parti d'en rire le premier, et disait « qu'il aimait bien mieux que son peuple se divertît de son économie, que s'il avait à gémir de ses prodigalités ». Son ambition la plus vive, sa plus forte envie, était de rendre ses sujets heureux : ils le furent; mais ils ne surent qu'ils l'avaient été qu'après sa mort.

Louis XII avait épousé en secondes noces Anne de Bretagne, veuve de son prédécesseur, Charles VIII, pour laquelle il avait eu toujours une tendre inclination. Cependant il ne fut pas heureux avec elle. Cette princesse était d'une humeur chagrine, acariâtre, tracassière. Elle excédait le roi de ses mauvais propos. Un jour il lui ferma la bouche par cet apologue : « Sachez, Madame, qu'à la création du monde, Dieu avait donné des cornes aux biches, de même qu'aux cerfs; mais les biches, se voyant un si beau bois sur la tête, entreprirent de faire la loi aux cerfs; le souverain Créateur en fut indigné et leur ôta cet ornement pour les punir de leur arrogance. »

Ces sortes de plaisanteries étaient fort du goût de ce prince, et il en faisait fréquemment. « Le menu peuple et les paysans, disait-il, sont la proie des traitants et des gens d'armes ; et ceux-ci sont la proie du diable. » — « Les chevaux courent les bénéfices, et les ânes les attrapent. » — « Il n'y a rien de mieux pour la conduite de la vie que de voir souvent des gens de bien ; mais il ne faut voir ni avocats ni procureurs : ces sortes de gens ont coutume d'allonger le cuir avec les dents, en expliquant les lois à leur façon et conformément à leurs intérêts. »

Il fallait que les avocats ne se piquassent pas alors d'autant de noblesse qu'ils en mettent aujourd'hui dans leur profession ; car c'est sous ce règne que fut faite la comédie si célèbre et si bonne de l'*Avocat Patelin*, et cette satire tombait sans doute sur le corps en général.

Louis XII, qui avait la plus grande idée de la magistrature, trouva un jour deux conseillers du Parlement qui faisaient une partie de paume, et leur fit les remontrances les plus fortes parce qu'ils profanaient, disait-il, la dignité d'un si auguste sénat. Il les menaça même de leur ôter leurs charges et de les mettre au rang de ses valets de pied s'ils y retournaient jamais. Ce trait rappelle celui de Philippe, roi de Macédoine, qui priva, dit Plutarque, un magistrat de sa place, parce qu'il était trop soigneux de se parfumer.

Un officier de la maison de Louis XII avait maltraité un laboureur ; le roi, instruit de cette violence, ordonna qu'on ne servît à cet officier que du vin et de la viande. Le lendemain, le roi lui demanda s'il avait fait bonne chère : « Sire, on en ferait une bien meilleure s'il y avait du pain. — Bon, dit le roi, est-ce qu'on ne peut se passer de pain ? — Non certes, Sire, répondit le gentilhomme. — Vous vous moquez, répliqua Louis XII ; le pain n'est pas absolument nécessaire à la vie. — Votre Majesté m'excusera si je soutiens que les Français ne peuvent s'en passer. — Pourquoi donc, reprit le roi, avez-vous battu ce pauvre labou-

reur qui vous met le pain à la main ? » La reine Anne
mourut le 9 janvier 1513, et Louis XII se remaria
l'année suivante avec la princesse Marie, sœur de
Henri VIII, roi d'Angleterre.

RUE TROUSSE-VACHE [1].

Le cardinal de Lorraine, revenant du concile de
Trente, voulut faire une espèce d'entrée dans Paris,
accompagné de plusieurs gens armés. Le maréchal de
Montmorenci, alors gouverneur de cette capitale, lui
envoya dire qu'il ne le souffrirait pas. Le cardinal lui
répondit avec hauteur et continua sa marche. Montmorenci le rencontra vis-à-vis des charniers des Innocents, fit main basse sur son escorte, et Son Éminence se sauva dans l'arrière-boutique d'un marchand
de cette rue, où elle resta cachée jusqu'à la nuit, sous
le lit d'une servante.

Ce même cardinal, étant à la tête du conseil sous le
règne de François II, se trouva importuné du grand
nombre d'officiers estropiés et de veuves d'officiers
tués qui sollicitaient à la cour quelques petites pensions pour vivre; il fit publier à son de trompe, « pour
se délivrer, disait-il, de ces mendiants », que tous
ceux qui étaient venus à Fontainebleau pour demander quelque chose eussent à se retirer dans vingt-
quatre heures, sous peine d'être pendus à un gibet qu'il
fit dresser devant le château. Il mourut dans son lit.

RUE VERDELET.

Le Boucher était anciennement un surnom glorieux
qu'on donnait à un général après une victoire, en reconnaissance du carnage qu'il avait fait de trente ou
quarante mille hommes. Jean de Montigni, premier
président au Parlement, fut surnommé le Boulanger [2],
en reconnaissance des blés qu'il fit venir à Paris pendant une famine, et qui conservèrent la vie à vingt-cinq

---

1. Aujourd'hui partie de la rue de la Reynie. Ainsi nommée d'une enseigne, *à la Vache troussée*, c'est-à-dire à la queue relevée.

2. Sa famille quitta le nom de Montigni pour adopter un surnom si
honorable. Il demeurait au coin de cette rue et de la rue Plâtrière.

ou trente mille personnes. « Voilà de ces actions, dit Mézeray, dont je voudrais qu'on tâchât d'éterniser la mémoire par des médailles. » Cet historien, s'il avait vécu de nos jours, aurait eu cette satisfaction. La Provence, en 1647, a fait frapper une médaille pour laisser à la postérité un monument des obligations qu'elle avait à M. Bouret.

Lettre écrite par MM. les Procureurs du pays de Provence à M. Bouret, fermier général, le 12 mai 1747.

MONSIEUR,

Nous sommes très mortifiés de vous voir partir sans vous avoir donné quelque marque de notre vive reconnaisse. ce. Il n'y a que les sentiments de nos cœurs qui puissent égaler les services que la Provence a reçus de vous; et tout ce que nous pourrons faire sera toujours au-dessous de ce que nous vous devons. Nous avons cru que le témoignage le plus sensible que nous pourrions vous donner de nos sentiments, était de faire graver une médaille d'or, où seront d'un côté les armes de la Provence, avec ces mots :

COMITA PROVINCIÆ.

Et de l'autre côté on lira :

STEPHANO MICHAELI BOURET, QUOD JUSSU LUDOVICI XV, REGIS CHRISTIANISSIMI, ET OPE JO. BAPT. DE MACHAULT, GENERALIS ÆRARII MODERATORIS, PROVINCIAM MAXIMA REI FRUMENTARIÆ PENURIA LABORANTEM, PROVIDENTISSIME SUSTENTAVIT, HOC GRATI ANIMI MONUMENTUM PROCURATORES PROVINCIÆ DICANT, CONSECRANT. M. D. CC. XLVII.

Cela a été ainsi délibéré dans une de nos assemblées; et nous avons donné nos ordres à Paris pour faire frapper cette médaille. Il est fâcheux pour nous que nous ne puissions pas vous la présenter avant votre départ; nous comptons que dès qu'elle sera achevée, vous voudrez bien la recevoir comme une marque de la reconnaissance du Corps de la Provence, et du respectueux attachement avec lequel nous sommes,

MONSIEUR,

Vos très humbles et très obéissants serviteurs,

LE MARQUIS DE PIERREFEU, JULIEN, THOMASSIN, LA GARDE, MICHEL, POMIERS,

Consuls et Assesseurs d'Aix, Procureurs du pays.

RUE DE LA VERRERIE.

Les ordonnances de Charlemagne, de saint Louis, de Charles IV et de Charles V contre les jeux défendus font mention des dés et du trictrac et ne parlent point des cartes : c'est une preuve qu'elles n'ont été connues que postérieurement à ces ordonnances. Il paraît qu'elles furent inventées vers la fin du règne de Charles V, attendu qu'il en est fait mention dans la chronique du « petit Jehan de Saintré », lorsqu'il était page de ce prince. Un peintre qui demeurait dans cette rue de la Verrerie, nommé Jacquemin Gringonneur, en fut l'inventeur. On lit dans un compte de Charles Poupart, argentier [1] de Charles VI : « Donné cinquante-six sols parisis à Jacquemin Gringonneur, peintre, pour trois jeux de cartes à or et à diverses couleurs, de plusieurs devises, pour porter devers ledit seigneur roi, pour son ébattement [2]. »

On joue, dit M. de Crousaz, pour se débarrasser de la conversation des sots : il y a donc bien des sots ! Il y a aussi bien des excommuniés ! Le concile de Mayence, tenu en 813, sépare de la communion des fidèles les ecclésiastiques et les laïques qui joueront aux jeux de hasard.

L'avidité du gain nous a rendus plus polis que nos ancêtres : ils ne jouaient point sur leur parole ; et lorsqu'on n'avait point d'argent pour payer à la fin du jeu, on était obligé de donner des nantissements pour la somme qu'on devait. En 1368, « le duc de Bourgogne, dit le Laboureur, ayant perdu soixante-six francs à la paume contre le duc de Bourbon, messire Guillaume de Sion et messire Gui de la Trimouille, leur laissa, faute d'argent, sa ceinture ; laquelle il donna encore depuis en gage au comte d'Eu, pour quatre-vingts francs par lui perdus au même jeu. »

En 1676, on représenta sur le théâtre de l'hôtel de Guénégaud une comédie de Thomas Corneille en cinq actes, intitulée : *le Triomphe des dames*, qui n'a point été imprimée, et dont le *Ballet du jeu de piquet* était un des intermèdes. Les quatre valets parurent d'abord, avec leurs hallebardes, pour faire faire place ; ensuite les rois arrivèrent successivement, donnant la main aux

1. Surintendant des finances.
2. Pendant les intervalles de sa funeste maladie.

dames, dont la queue était portée par quatre esclaves :
le premier de ces esclaves représentait la paume ; le
second, le billard ; le troisième, les dés ; le quatrième,
le trictrac. Les rois, les dames et les valets, après avoir
formé, par leurs danses, des tierces et des quatorze ;
après s'être rangés, tous les noirs d'un côté et les rouges de l'autre, finirent par une contredanse, où toutes
les couleurs étaient mêlées confusément et sans suite.

Je crois que cet intermède n'était que l'esquisse d'un
grand ballet exécuté à la cour de Charles VII, et sur
lequel on eut l'idée du jeu de piquet, qui certainement
ne fut imaginé que vers la fin du règne de ce prince.
Combien de personnes jouent tous les jours à ce jeu
sans en connaître tout le profond mérite ! Une disser-
tation [1], que je crois du P. Daniel, prouve qu'il est sym-
bolique, allégorique, politique, historique, et qu'il renferme des maximes très importantes sur la guerre et
le gouvernement. *As* est un mot latin qui signifie une
pièce de monnaie, du bien, des richesses. Les as au
piquet ont la primauté, même sur les rois, pour marquer que l'argent est le nerf de la guerre, et que lorsqu'un roi n'en a pas, sa puissance est bien faible. Le
trèfle, herbe si commune dans les prairies, signifie
qu'un général ne doit jamais camper son armée en
des lieux où le fourrage peut lui manquer, et où il serait difficile d'en transporter. Les piques et les carreaux
désignent les magasins d'armes, qui doivent être toujours bien fournis ; les carreaux étaient des espèces
de flèches fortes et pesantes qu'on tirait avec l'arbalète, et qu'on nommait ainsi parce que le fer en était
carré. Les cœurs représentent le courage des chefs et
des soldats. David, Alexandre, César et Charlemagne
sont à la tête des quatre quadrilles ou couleurs du piquet pour signifier que, quelque braves que soient les
troupes, elles ont besoin de généraux aussi prudents
que courageux et expérimentés.

Quand on se trouve dans une position fâcheuse, dans

un camp désavantageux et dans l'impuissance de disputer la victoire, il faut tâcher que la perte que l'on va faire soit la plus petite qu'il soit possible : c'est ce qui se pratique au piquet. Si le fond de notre jeu est mauvais, si les as, les quintes et les quatorze sont contre nous, il faut se précautionner, en tâchant d'avoir le point pour prévenir le pic et le repic : il faut donner des gardes aux rois et aux dames pour éviter le capot.

Sur les cartes des quatre valets, on lit les noms d'Ogier, de Lancelot, deux preux du temps de Charlemagne ; de la Hire [1] et d'Hector [2], deux capitaines de distinction sous le règne de Charles VII. Le titre de varlet était anciennement honorable, et les plus grands seigneurs le portaient jusqu'à ce qu'ils eussent été faits chevaliers. Les quatre valets, au piquet, représentent donc la noblesse, comme les dix, les neuf, les huit et les sept désignent les soldats.

L'anagramme d'*Argine*, nom de la dame de trèfle, est *Regina* : c'était la reine, Marie d'Anjou, femme de Charles VII. La belle Rachel, dame de carreau, c'était Agnès Sorel. La Pucelle d'Orléans était représentée par la chaste et guerrière Pallas, dame de pique, et Isabeau de Bavière par Judith, dame de cœur : ce n'est pas la Judith de l'Ancien Testament, mais l'impératrice Judith, femme de Louis le Débonnaire, qui causa tant de troubles dans l'État, et dont la vie par conséquent avait beaucoup de rapport avec celle d'Isabeau de Bavière.

Il est aisé de reconnaître Charles VII sous le nom de David donné au roi de pique. David, après avoir été longtemps persécuté par Saül son beau-père, parvint

---

1. Pendant que les Anglais étaient les maîtres de Paris et de la moitié de la France, on prétend que la Hire, à qui Charles VII montrait les apprêts d'un ballet et demandait ce qu'il en pensait, lui répondit : « Ma foi, Sire, je pense qu'on ne saurait perdre plus galement un royaume. » On rapporte de ce même la Hire que, prêt à fondre sur l'ennemi, il se mettait à genoux, les mains jointes, et faisait cette prière : « Dieu, je te prie que tu fasses aujourd'hui pour la Hire autant que tu voudrais que la Hire fît pour toi s'il était Dieu et que tu fusses la Hire. » Il croyait avoir bien dévotement prié.

2. Hector de Galard.

à la couronne de Judée ; mais au milieu de ses prospérités il eut le chagrin de voir son fils Absalon se révolter contre lui : Charles VII, après avoir été déshérité par Charles VI son père, reconquit glorieusement son royaume ; mais les dernières années de sa vie furent troublées par l'esprit inquiet et le mauvais caractère de son fils (depuis Louis XI), qui osa lui faire la guerre, et qui fut même la cause de sa mort.

On voit qu'un jeu de cartes, à la faveur d'un commentaire, peut s'attirer autant de considération que bien des auteurs grecs et latins.

RUE DES VIEILLES-ÉTUVES.

L'usage des étuves était anciennement aussi commun en France, même parmi le peuple, qu'il l'est et l'a toujours été dans la Grèce et dans l'Asie : on y allait presque tous les jours. Saint Rigobert fit bâtir des bains pour les chanoines de son église, et leur fournissait le bois pour chauffer l'eau. Le pape Adrien Ier recommandait au clergé de chaque paroisse d'aller se baigner processionnellement tous les jeudis, en chantant des psaumes.

Il paraît que les personnes que l'on priait à dîner ou à souper étaient en même temps invitées à se baigner. « Le roi et la reine, dit la *Chronique de Louis XI*, firent de grandes chères dans plusieurs hôtels de leurs serviteurs et officiers de Paris ; entre autres le dixième de septembre 1467, la reine, accompagnée de Mme de Bourbon, de Mlle Bonne de Savoie[1], sa sœur, et de plusieurs autres dames, soupa en l'hôtel de maître Jean Dauvet[2], premier président en Parlement, où elles furent reçues et festoyées très noblement, et on y fit quatre beaux bains richement ornés, croyant que la

---

1. On n'appelait que mademoiselle la femme même d'un prince jusqu'à ce qu'il eût été fait chevalier.

2. On appelait un chevalier messire ou monseigneur. Le Parlement n'était originairement composé que de chevaliers, d'où lui est resté la qualification de *nosseigneurs de Parlement*. Quand les gens de loi commencèrent à y prendre séance, vers 1300, on ne les appelait que maîtres, fussent-ils présidents et même premiers présidents.

reine s'y baignerait ; ce qu'elle ne fit pas, se sentant un peu mal disposée, et aussi parce que le temps était dangereux ; et en l'un desdits bains se baignèrent Mme de Bourbon et Mlle de Savoie ; et dans l'autre bain, à côté, se baignèrent Mme de Monglat et Perrette de Châlon, bourgeoise de Paris... Le mois suivant, le roi soupa à l'hôtel du sire Denis Hesselin, son panetier, où il fit grande chère, et y trouva trois beaux bains richement tendus, pour y prendre son plaisir de baigner ; ce qu'il ne fit pas, parce qu'il était enrhumé et qu'aussi le temps était dangereux. »

La cérémonie du bain était une de celles qu'on observait le plus exactement à la réception d'un chevalier. « Quand écuyer viendra à la cour pour recevoir l'ordre de chevalerie, il sera très noblement reçu par les officiers de la cour... Deux écuyers d'honneur, sages et bien instruits en courtoisies et nourritures et au fait de la chevalerie, seront chargés de tout ce qui regardera ledit écuyer... Ils enverront chercher le barbier et accommoderont un bain avec de la toile en dedans et en dehors de la cuve ; et la barbe et les cheveux de l'écuyer seront faits et coupés en rond... Le roi commandera à son chambellan de mener dans la chambre de l'écuyer les plus gentils et les plus sages chevaliers qui seront présents, pour qu'ils lui enseignent l'ordre et le fait de la chevalerie ; et les ménétriers marcheront devant lesdits chevaliers, chantant, dansant et s'ébattant jusqu'à la porte de la chambre dudit écuyer ; et quand les écuyers d'honneur entendront les ménétriers, ils dépouilleront l'écuyer et le mettront tout nu dans le bain... Et le premier des chevaliers s'agenouillera par devant la cuve, en lui disant en secret : « Sire, à grand « honneur est pour vous ce bain. » Et puis lui enseignera ce fait de la chevalerie le mieux qu'il pourra ; ensuite il lui mettra de l'eau du bain sur l'épaule, et feront de même, l'un après l'autre, les autres chevaliers. »

Charles VI voulant faire chevaliers Louis et Charles d'Anjou, ces deux princes, dit la chronique, parurent d'abord comme de simples écuyers, n'étant vêtus que d'une longue tunique de drap gris brun sans aucun ornement. On les mena dans la chambre où leurs bains étaient préparés; ils s'y plongèrent; on leur donna ensuite l'habit de chevalier, de soie vermeille[1], fourré de menu vair[2], la robe traînante, avec le manteau fait en manière de chape. Après le souper, on les conduisit à l'église pour y passer la nuit en prières, selon la coutume. Le lendemain matin, le roi, revêtu du manteau royal, entra dans l'église, précédé de deux écuyers qui portaient deux épées nues, la garde en haut, et d'où pendaient deux paires d'éperons d'or. Après la messe, qui fut célébrée par l'évêque d'Auxerre, les deux jeunes princes se mirent à genoux devant le roi; il leur donna l'accolade et leur ceignit le baudrier de chevalerie; le sire de Chauvigni leur chaussa les éperons, et l'évêque leur donna sa bénédiction.

« Pendant le repas, dit une ancienne ordonnance, le nouveau chevalier ne mangera, ni ne boira, ni ne se remuera, ni ne regardera çà et là, non plus qu'une nouvelle mariée. »

Il y avait en Angleterre un ordre de chevaliers du Bain. Le nouveau chevalier, le jour de sa réception, dînait avec le roi. Lorsqu'on sortait de table, le chef de cuisine entrait et, lui montrant son grand couteau, le menaçait de lui couper ignominieusement les éperons s'il n'était pas fidèle au serment qu'il venait de faire.

RUE VIVIENNE.

En 1628, un jardinier, fouillant la terre pour déraciner un arbre dans l'endroit où se tient aujourd'hui la Bourse, y trouva neuf cuirasses qui avaient été faites pour des femmes; on n'en pouvait pas douter à la façon dont elles étaient relevées en bosse et arrondies sur l'un et l'autre côté de l'estomac. Quelles étaient ces héroïnes, et dans quel siècle vivaient-elles? C'est ce que je n'ai pu découvrir; j'ai seulement trouvé dans Mézeray, année 1147, à l'article de la croisade prêchée

1. Cramoisi.
2. Petit-gris.

par saint Bernard, que « plusieurs femmes ne se contentèrent pas de prendre la croix, mais qu'elles prirent aussi les armes pour la défendre, et composèrent des escadrons de leur sexe, rendant croyable tout ce qu'on a dit des prouesses des Amazones ».

Les Français, lorsqu'ils conquirent les Gaules, n'avaient pour toute arme défensive que le bouclier. « La supériorité du nombre peut les accabler, mais ne les étonne jamais, dit Sidonius Apollinaris ; le fier courage qui les animait est encore peint sur leur front, même après la mort... Leurs habits sont courts et leur serrent la taille, ajoute-t-il ; ils vont au combat la tête nue, et la vitesse avec laquelle ils fondent sur leur ennemi semble égaler celle du javelot qu'ils ont lancé. » Ce ne fut que sous le règne des fils de Clovis qu'ils s'accoutumèrent à porter le casque et la cuirasse, comme les Romains et les Gaulois qu'ils avaient subjugués. Les seigneurs de certains fiefs, sous la seconde race, et tous les chevaliers sous la troisième portaient un plastron de fer ; sur ce plastron, le *gobisson*[1] ; sur le gobisson, le *haubert*[2] ; et sur le haubert, la *cote d'armes*[3]. Je ne sais pas si ce harnois était plus pesant et plus incommode que l'armure complète de fer qui commença d'être en usage sous le règne de Philippe le Bel, et qui couvrait l'homme d'armes depuis la tête jusqu'aux pieds[4] ; mais je crois qu'en se rendant pres-

1. Le *gobisson* ou *gambesson*, espèce de pourpoint de taffetas rembourré de laine et piqué : il servait à rompre l'effort du coup de lance, qui, sans percer le haubert, aurait pu faire des contusions.

2. Le *haubert* ou la *jacques de mailles*, tunique faite de petits anneaux de fer, à laquelle on accrochait les chausses, qui étaient aussi faites de pareils anneaux, et qui couvraient la jambe. Le *heaulme* garantissait la tête, le visage et le chignon du cou. On appelait *visière du heaulme* une petite grille qu'on pouvait relever pendant le combat pour prendre l'air. Dans les tournois, les épées étaient larges de quatre doigts, afin qu'elles ne pussent pas passer à travers les trous de cette grille.

3. La *cotte d'armes* était du drap le plus fin, et quelquefois d'étoffe d'or ou d'argent ; on y mettait ses armoiries : elle était faite comme la soubreveste des mousquetaires.

4. En 1648, M. Desnoyers, secrétaire d'État, écrivit au maréchal de Châtillon : « Le roi désire que vous fassiez distribuer, par messieurs les intendants, à la cavalerie française, les armes qui sont à Montreuil, et que vous obligiez les cavaliers à les porter, sous peine d'être dégradés de noblesse ; c'est à vous, Monsieur, et à M. le maréchal de la Fosse,

que invulnérable par l'une et l'autre façon de s'armer, on s'exposait en même temps à une mort cruelle, par la difficulté de se relever lorsqu'on était renversé de cheval : il paraît qu'alors on se tuait moins qu'on ne s'assommait. « Nous avions, dit Philippe de Comines en parlant de la bataille de Fornoue, grande séquelle de valets [1] et de serviteurs, qui tous étaient à l'environ de ces hommes d'armes italiens, et en tuèrent la plupart; presque tous ces valets avaient haches à couper bois, dont ils rompaient les visières des armets et leur en donnaient de grands coups sur la tête; car ces hommes d'armes étaient bien malaisés à tuer, tant ils étaient fortement armés, et ne vis tuer nul où il n'y eût trois ou quatre hommes à l'environ. »

RUE DE L'UNIVERSITÉ.

Ainsi nommée parce qu'elle est bâtie sur un fonds appartenant à l'Université, et qu'on appelait le Pré-aux-Clercs.

Anciennement l'Université était très puissante dans l'État. Dès qu'il lui semblait qu'on donnait quelque atteinte à ses privilèges, elle fermait ses écoles. Les prédicateurs, devenant tout à coup enrhumés, cessaient de prêcher, et les médecins abandonnaient leurs malades. Le peuple se plaignait et criait; la cour était obligée de céder et de satisfaire l'Université.

L'Université de Paris a cela de commun avec les plus illustres familles, que son origine se perd dans l'obscurité du temps. Les premiers monuments qui parlent de son existence ne nous disent pas d'où elle la tient. Elle s'est flattée que Charlemagne était son père, non simplement comme père et restaurateur des lettres, mais comme vrai fondateur. Tout le monde le croyait avec elle, et nos rois supposent la chose incontestable dans plusieurs de leurs ordonnances.

à leur faire connaître combien il importe à l'État et à leur propre conservation de n'aller pas tous les jours combattre en pourpoint des ennemis armés depuis les pieds jusqu'à la tête. »

1. Fantassins qui accompagnaient l'homme d'armes.

Mais en accordant que l'Université, prise pour un corps ayant son chef, ses magistrats, ses lois, ses privilèges, ne va pas jusqu'à Charlemagne, on s'est réservé la consolation de l'y faire remonter, du moins comme école, par une succession constante de maîtres et de disciples dont la mémoire nous a été conservée, depuis Alcuin, chef de l'école du palais de ce prince, jusqu'à Guillaume de Champeaux, maître d'Abeilard.

Charlemagne fit venir un si grand nombre de savants étrangers pour illustrer son école, que cette multitude n'embarrassait pas seulement le palais, mais qu'elle semblait être à charge à tout le royaume, sans doute par les frais immenses qu'il en coûtait pour les voyages et les appointements. C'était une nouvelle Athènes, dit Alcuin, autant au-dessus de l'ancienne que la doctrine de Jésus-Christ est au-dessus de celle de Platon. Toutes les études se rapportaient à la religion, qui les sanctifiait : le but de la grammaire était de mieux lire l'Écriture sainte et de la transcrire plus correctement ; celui de la rhétorique et de la dialectique, d'entendre les Pères et de réfuter les hérésies ; celui de la musique, de pouvoir chanter dans les églises ; car alors on était musicien quand on savait le plain-chant. On y enseignait encore l'arithmétique, la géométrie et l'astronomie ; et toutes ces sciences composaient les arts libéraux, qu'on appelait *trivium*, carrefour à trois rues, parce que ces connaissances n'étaient que des moyens pour arriver à de plus sublimes.

Tel était l'esprit de Charlemagne, qui, par imitation de l'Évangile, donnait un air de jugement dernier à l'examen qu'il faisait lui-même des écoliers. Il mettait les bons à sa droite, et à sa gauche les paresseux, « qui, dit le moine de Saint-Gall, étaient tous les enfants des nobles ». Il disait aux premiers : « Puisque vous avez été fidèles à mes ordres, je vous donnerai les évêchés et les abbayes les plus considérables de mon royaume ; » et aux autres : « Si vous ne regagnez par le travail ce que vous a fait perdre votre négligence, jamais vous n'obtiendrez la moindre faveur. »

Ce prince ne souhaitait d'avoir dans ses États ni des Cicérons ni des Virgiles, mais bien des Jérômes et des Augustins.

Il est incertain si cette école avait alors une résidence fixe dans la capitale, ou si elle suivait la cour. On sait seulement qu'elle changea de nom, et que l'École palatine ou du palais fut appelée l'École de Paris; mais elle n'eut une forme réglée et constante que dans le douzième siècle; ce fut alors que commença sa grande célébrité. Les humanités y furent portées à une perfection qui passa les siècles précédents; la dialectique y fut cultivée; l'enseignement de la théologie s'y forma d'une façon stable, en prenant pour texte le livre de Pierre Lombard. On y enseigna le droit canon et le droit civil; la médecine, peu étudiée jusqu'alors, s'y établit, s'y anima; et cette école acquit un gouvernement, un chef, des lois, des priviléges, etc., c'est-à-dire qu'elle devint dès lors ce que nous appelons l'Université.

Parmi certains usages singuliers de ce corps célèbre, il y en a un dont peu d'auteurs ont fait mention, et qui regarde les étudiants nouveaux venus, autrement dit les *béjaunes*. Ils avaient à leur tête un intendant ou supérieur, qu'on appelait le chapelain, abbé des béjaunes. Il devait s'acquiter de deux fonctions le jour des Innocents. Le matin, il montait sur un âne et conduisait les béjaunes en procession par toute la ville; l'après-dîner, il les rassemblait tous dans un même lieu, et là, avec de grands seaux d'eau, il faisait sur eux une aspersion très abondante: c'était comme un baptême qui les faisait enfants de l'Université.

Dans ces temps éloignés, c'était moins par les règlements de nos rois que par des bulles des souverains pontifes que se formait et gouvernait l'Université de Paris : on est étonné de voir des papes entrer dans des détails à peine dignes d'occuper un lieutenant de police. Comme il n'y avait alors aucun collège pour les séculiers, les écoliers étaient obligés de se loger dans des maisons bourgeoises. Les propriétaires vou-

laient louer cher, et les écoliers être logés à bon marché. Il fut donc ordonné par une bulle de Grégoire IX
que le prix des loyers serait taxé; et le souverain
pontife nomma les commissaires qui devaient présider
à cette estimation. Il arrivait souvent qu'au premier
étage étaient des écoliers, et en bas des lieux de débauche; c'est ce qui occasionna la fondation des collèges, pour réunir sous un même toit et sous l'autorité
d'un maître commun les jeunes étudiants d'un même
pays ou d'un même ordre.

Les premiers collèges établis à Paris ont été fondés
pour des religieux. Un des plus anciens est celui des
Dominicains de la rue Saint-Jacques, dont l'établissement est dû à un membre de l'Université. Jean de
Saint-Quentin, savant et vertueux personnage, théologien et médecin en même temps, avait une maison qu
servait à loger les pèlerins et à laquelle, par cette
raison, on avait donné le nom de Saint-Jacques; il la
donna aux Dominicains, qui prirent de là celui de Jacobins. Non content d'en être le bienfaiteur, Saint-
Quentin voulut encore en porter l'habit. Un jour qu'il
prêchait sur la pauvreté évangélique, pour en donner
lui-même l'exemple, il descendit subitement de chaire,
alla se vêtir de la robe de Saint-Dominique, et revint
en ce nouvel appareil achever son sermon.

Les religieux de Saint-François s'établirent à Paris à
peu près vers le même temps; et ces deux ordres, sous
le nom de religieux mendiants, eurent des contesta-
tion très vives et très longues avec l'Université. Ils
avaient établi chez eux des chaires de théologie qui
furent remplies par Albert le Grand, saint Thomas
d'Aquin, saint Bonaventure et les plus grands hommes
de leur ordre. La réputation des maîtres attira un si
grand nombre d'auditeurs, que l'Université, s'alarmant
de ces succès, ne voulait ni leur permettre d'enseigner
ni les recevoir dans son corps. Le pape et le roi pro-
tégeaient les religieux. Saint Louis disait que, s'il pouvait se partager en deux, il donnerait une moitié à
chacun de ces deux ordres. Auprès d'un monarque

ainsi disposé, l'Université ne devait pas se promettre un grand avantage. Saint Thomas et saint Bonaventure reçurent l'honneur du doctorat, et l'Université fut contrainte d'admettre dans son corps, non seulement les deux ordres qu'elle voulait exclure, mais encore tous les religieux qui avaient des collèges fondés à Paris.

Philippe-Auguste donna un diplôme pour soustraire les écoliers de Paris à la juridiction séculière. Voici quelle en fut l'occasion. Dans une émeute arrivée entre les écoliers et les bourgeois, Thomas, prévôt de Paris, prit le parti des derniers; et s'étant mis à la tête de la populace armée, le combat devint sanglant. Les maîtres de l'Université portèrent leurs plaintes au roi, qui fit arrêter le prévôt et quelques-uns de ses complices. On les condamna à une prison perpétuelle, à moins que les écoliers n'intercédassent en leur faveur. L'Université demanda qu'ils fussent amenés dans ses écoles pour y recevoir le fouet, comme des écoliers punissables : les gens de collège ne connaissent point d'autre châtiment. Le roi rejeta cette demande ridicule et indécente, disant que c'était à lui seul qu'il appartenait de punir des criminels qui avaient blessé les lois du royaume.

Ce même monarque prit des précautions singulières pour la sûreté des écoliers. Il ordonna que tous les bourgeois de Paris feraient serment que, s'ils voyaient un écolier maltraité par un laïque, ils livreraient ce dernier à la justice royale. Il voulut aussi que, pour quelque forfait que ce pût être, il ne fût pas permis au juge laïque d'arrêter aucun étudiant, à moins que ce ne fût pour le remettre sur-le-champ entre les mains du juge ecclésiastique. Enfin il fut réglé que chaque prévôt de Paris, en entrant en charge, jurerait d'observer ces règlements dans une assemblée des écoles convoquée à cet effet. L'Université conserve encore ce diplôme, qui fut confirmé par les successeurs de Philippe-Auguste et n'a jamais été aboli.

Deux écoliers de l'Université, tous deux clercs, étaient coupables de meurtres et de vols sur les grands chemins. Le prévôt de Paris, Guillaume de Tignonville, les fit arrêter. L'Université les réclama, prétendant que cette affaire devait être portée devant la justice ecclésiastique. Le prévôt, sans s'embarrasser de ces oppositions, alla toujours en avant et fit pendre les deux criminels. L'Université fit cesser tous ses exercices, et pendant quatre mois il n'y eut dans Paris ni leçons ni sermons, pas même le jour de Pâques. Comme le conseil du roi ne se laissait pas ébranler, elle protesta qu'elle abandonnerait le royaume, et irait s'établir dans les pays étrangers, où l'on respecterait ses privilèges : cette menace fit impression. Le prévôt fut condamné à détacher du gibet les deux écoliers, après les avoir baisés sur la bouche. Il les fit mettre sur un chariot de drap noir, et marcha à sa suite, accompagné de ses sergents et archers, des curés de Paris et des religieux. Il conduisit ainsi les corps, premièrement au parvis de Notre-Dame, pour les présenter à l'évêque, et de là aux Mathurins, où le recteur de l'Université, les ayant reçus de ses mains, les fit inhumer honorablement. Le prévôt de Paris fut destitué de sa charge; mais ayant été nommé par le roi premier président de la Chambre des comptes, moyennant le pardon qu'il vint demander à l'Université assemblée, il obtint qu'elle ne s'opposerait point à son installation. On voit encore aujourd'hui, dans le cloître des Mathurins, l'épitaphe de ces écoliers assassins et voleurs, avec le récit abrégé de leur supplice et de la réparation qui en fut ordonnée.

Pendant plus de quatre siècles, les prévôts de Paris ont prêté le serment prescrit. Cette cérémonie ne leur était point agréable, et souvent il fallait les y contraindre. L'Université a paru oublier un droit qui lui est assez inutile, depuis que les prévôts de Paris n'ont plus que l'ombre de leur ancien pouvoir.

Le trait suivant peut faire voir combien son crédit était déchu sous le règne de Henri II. Dans une sédition excitée par des écoliers sur le Pré-aux-Clercs, le Parlement fit arrêter le plus coupable et le fit pendre. L'Université eut beau réclamer le diplôme de Philippe-

Auguste : le roi approuva la conduite du Parlement ; et, malgré un discours très éloquent du fameux Ramus, le prince menaça d'envoyer des troupes pour mettre l'Université à la raison. Elle eut ordre d'interrompre ses leçons et de fermer ses classes ; ce qu'elle fit sans oser murmurer. Autrefois, pour se faire rendre justice, c'était elle-même qui interrompait ses leçons et les prédications de ses théologiens ; ici, c'est par forme de punition que l'on impose silence à ses professeurs. Ce changement arrivé dans son pouvoir montre le caractère et l'esprit des différents siècles.

En 1315, un particulier du faubourg Saint-Germain s'avisa d'ensemencer une partie du Pré-aux-Clercs appartenant à l'Université. Le recteur fit assembler toutes les facultés pour délibérer sur cette entreprise. Il fut résolu que l'Université se ferait justice elle-même, en arrachant le blé semé sur son terrain. Cette grave délibération fut exécutée dès le moment même. Le recteur, à la tête de sa compagnie et des écoliers, se transporta sur le lieu, et le blé fut arraché.

Un prédicateur cordelier dit un jour dans un sermon : « Priez pour l'Université et pour le chancelier qui en est le chef. » L'Université prit feu et obligea le cordelier à se rétracter. Il fallut que dans un autre sermon le moine déclarât expressément qu'il s'était trompé, et que le chancelier n'était chef ni de l'Université ni d'aucune faculté.

Tout le monde sait que les écoliers de l'Université de Paris célèbrent entre eux une fête fort ancienne, qu'ils appellent Landit ; mais on ignore peut-être l'étymologie de ce mot et l'origine de cette fête. Le mot latin *indictum* signifiait, au douzième siècle, un jour et un lieu indiqués pour quelque assemblée du peuple. Ce mot a souffert deux altérations dans notre langue : l'*i* fut d'abord changé en *e*, ensuite en *a* : on a prononcé l'*indict*, l'*endict*, et ensuite *Landit*. Ce dernier mot signifie donc la même chose que le premier, c'est-à-dire un lieu où l'on s'assemblait par ordre ou avec la permission du prince. Lorsqu'on eut apporté en France

du bois de la vraie croix, l'évêque de Paris, pour satisfaire la piété des fidèles de son diocèse, qui souhaitaient voir cette précieuse relique, établit un *indict*
annuel dans la plaine de Saint-Denis, n'y ayant pas
d'emplacement assez vaste dans la ville pour contenir
tant de monde. Le clergé y allait en procession; l'évêque y prêchait et y donnait la bénédiction au peuple.
L'Université de Paris, ayant pris une certaine forme,
s'y rendit pareillement avec son recteur, de même que
le Parlement, lorsqu'il fut rendu sédentaire. L'endroit
était sec et aride, car il n'y avait ni ruisseau ni fontaine; on fut donc obligé d'y apporter des rafraîchis-
sements. Peu à peu il s'y forma une foire; elle fut
continuée pendant plusieurs jours et devint bientôt
fameuse. Comme le parchemin était encore la matière
dont on se servait le plus communément pour écrire,
il s'en faisait un débit considérable à cette foire. Le
recteur de l'Université allait lui-même acheter ce qu'il
lui en fallait pour lui et pour tous ses collèges; et il
n'était pas permis d'en vendre aux marchands de Paris
avant qu'il en eût fait sa provision. Cette procession
du recteur à la foire du Landit procura aux étudiants
quelques jours de vacances. Tous voulurent escorter
le chef de l'Université. Les régents et les écoliers se
trouvaient à cheval dans la place de Sainte-Geneviève;
de là ils marchaient en ordre jusqu'aux champs du
Landit. Cette longue cavalcade se terminait rarement
sans effusion de sang. Malgré la vigilance de leurs maîtres, ces jeunes gens, après avoir dîné, se querellaient
et en venaient aux mains. Outre ces petites guerres,
le Landit était encore sujet à d'autres inconvénients.
Plusieurs vagabonds, domestiques et gens sans aveu,
se joignaient au cortège de l'Université; les filles et
les femmes, en habit de garçon, s'y mêlaient aussi
et y causaient des désordres. Il fallut plusieurs arrêts
du Parlement pour y remédier; encore ne vint-on à
bout de les faire cesser entièrement que lorsqu'on eut
transféré cette foire célèbre du milieu de la plaine
dans la ville même de Saint-Denis. Le temps de la

Ligue qui survint et l'inutilité d'aller acheter des par-
chemins, depuis que le papier était devenu commun,
contribuèrent aussi beaucoup à l'abolissement du Landit. Le nom cependant en est resté, et l'on appelle
ainsi le congé que prend encore l'Université le lundi
après la Saint-Barnabé (11 juin).

Jusqu'au règne de Louis XV, les étudiants avaient
payé leurs professeurs. M. le duc d'Orléans, régent,
dont le génie embrassait toutes les parties du gouvernement, sentit les inconvénients d'une rétribution qui
énervait la discipline en affaiblissant l'autorité, et y
remédia.

L'Université de Paris étant autrefois la seule dans
le royaume, les écoliers y venaient en foule de toutes
les parties de la France, et même de l'Europe. Leurs
besoins continuels demandaient une correspondance
entre les provinces et la capitale ; et l'Université, pour
lier cette correspondance, établit des postes et des
messageries, dont elle ne tirait qu'un léger profit. Les
fonds ne suffisant pas pour payer les professeurs, la
première résolution qui fut prise fut de leur assigner,
sur le trésor royal, une pension de cent mille livres ;
mais M. Coffin, qui était alors recteur de l'Université,
représenta qu'elle ne pouvait ni renoncer à son ancien
droit sur les messageries ni accepter un revenu fixe,
de peur que, si, comme il était déjà arrivé, l'or et
l'argent devenaient plus communs, ayant toujours la
même somme, elle n'eût pas toujours la même valeur ;
qu'il serait plus équitable de lui donner une partie
certaine et déterminée de l'argent que les fermiers des
postes rendaient annuellement au roi ; que cette quo-
tité suivrait les temps dans une juste proportion, et
produirait toujours un revenu suffisant pour l'entretien des professeurs. On suivit ce projet comme le plus
raisonnable ; et il fut arrêté que l'Université aurait le
vingt-huitième effectif du prix du bail général des
postes et messageries de France. Le Parlement enre-
gistra les lettres patentes sur le réquisitoire de M. Joli
de Fleuri, procureur général, qui dit qu'il apportait à

la cour des lettres très glorieuses au jeune roi et très avantageuses au royaume.

M. Coffin fit dans cette occasion une infinité de remerciements, de harangues et de mandements français et latins. Il y en a au roi, à M. le duc d'Orléans, à M. d'Argenson, à M. Fagon, aux premiers présidents du Parlement, de la Chambre des comptes, de la Cour des aides, du Grand Conseil, à tous les chefs des autres tribunaux, à l'archevêque de Paris, à l'Université, au public. L'Université fit chanter le *Te Deum* à Saint-Roch. La procession était la plus nombreuse qu'on eût vue jusqu'alors ; et ce qui en releva singulièrement l'éclat, c'est que le roi lui-même, placé à une fenêtre du pavillon des Tuileries qui regarde le pont Royal, voulut être du nombre des spectateurs. Enfin, M. Rollin célébra l'établissement de l'instruction gratuite par un discours qu'il fit au nom de l'Université. La poésie se joignit à l'éloquence, et l'on fut inondé d'un déluge de vers sur ce grand événement.

RUE ZACHARIE.

Il n'y a pas longtemps qu'on voyait encore sur la porte de la maison qui fait le coin de cette rue et de la rue Saint-Séverin une pierre de deux pieds en carré, où l'on avait gravé différentes figures ; les principales étaient celles d'un homme renversé de cheval et d'un autre à qui une dame mettait sur la tête un chapeau de roses[1]. On lisait au haut ces mots : *Au vaillant Clary,* et au bas : *En dépit de l'envie.* C'était un monument que la sœur de Guillaume Fouquet, écuyer de la reine Isabeau de Bavière, osa faire mettre sur sa maison, à la gloire du sire de Clary, son parent, dans le temps que la cour, irritée du combat de ce brave homme contre Courtenay, le poursuivait et voulait le faire périr sur un échafaud.

Pierre de Courtenay, chevalier anglais et favori de son maître, était venu à Paris pour défier à la lance et

1. C'était le prix que « le servant recevait de sa très honorée dame, dont les blanches mains le posaient sur son chef ».

à l'épée Guy de la Trimouille, porte-oriflamme, uniquement parce que la Trimouille passait pour un des hommes de France des plus braves et des plus adroits. Lorsqu'ils eurent rompu plusieurs lances l'un contre l'autre en présence de toute la cour, le roi ne voulut pas permettre qu'ils se battissent à l'épée, puisqu'il n'y avait entre eux qu'une émulation de gloire et qu'aucun sujet de querelle ne leur avait mis les armes à la main. Courtenay, en s'en retournant, passa chez la comtesse de Saint-Pol, sœur du roi d'Angleterre; il y répéta plusieurs fois qu'aucun Français n'avait osé *s'éprouver* contre lui. « Le sire de Clary, dit la *Chronique de Saint-Denis*, crut qu'il était de son honneur de faire sa querelle de l'injure que ce bravache faisait à sa nation, et lui proposa, du consentement même de la comtesse, le champ clos pour le lendemain, et s'y porta si vaillamment, qu'il le mit hors de combat, tout chargé de coups. Il n'y a personne, ajoute la *Chronique*, qui n'estime cette action digne d'un parfait chevalier, et qui ne demeure d'accord qu'il châtia justement l'orgueil de cet Anglais; mais les jugements de la cour ne s'accordent pas toujours avec le mérite des personnes : il y a des intérêts particuliers qui en décident tout autrement que le public. Le duc de Bourgogne, qui enviait au sire de Clary la gloire qu'il avait enlevée à la Trimouille, son favori, changea l'espèce de l'affaire; il dit que c'était un crime impardonnable à un particulier d'avoir osé « prendre une journée[1] » sans permission du roi[2], et le fit poursuivre avec tant de rigueur que ce brave chevalier fut longtemps en peine; et je l'ai vu chercher sa sûreté tantôt de çà, tantôt de là, de crainte que ce qu'il n'avait entrepris que pour la gloire de l'État ne fût expié dans son sang comme s'il eût trahi sa patrie. »

Il est bien singulier que les hommes de ce temps-là, qui prenaient tant de précautions contre la mort en

1. Se battre.
2. Il était défendu de se battre sans la permission du roi ou des juges préposés pour connaître si l'on devait accorder le combat.

se revêtant de fer depuis la tête jusqu'aux pieds, coururent le monde pour chercher querelle et se battre sans sujet, comme la Trimouille et Courtenay.

Il paraît que la formule des cartels de l'ancienne chevalerie subsistait encore du temps de Henri IV. Le fameux comte d'Essex, qui commandait les troupes [1] que la reine Élisabeth avait envoyées à ce prince en 1591, écrivit à l'amiral André Villars-Brancas [2]: « Si vous voulez combattre vous-même à cheval ou à pied, je maintiendrai que la querelle du roi est plus juste que celle de la Ligue ; que je suis meilleur que vous. Que si vous refusez de vous battre seul, j'en mènerai vingt avec moi, le moindre desquels fera partie digne d'un colonel, ou soixante, le moindre étant capitaine. » L'amiral lui répondit : « A l'égard de la conclusion de votre lettre, par laquelle vous voulez maintenir que vous êtes meilleur que moi, je vous dirai que vous en avez menti, et mentirez toutes fois que vous voudrez le maintenir, aussi bien que vous mentirez lorsque vous voudrez dire que la querelle que je soutiens pour la défense de ma religion ne soit pas meilleure que celle de ceux qui s'efforcent de la détruire, » etc. Ce défi n'eut pas de suite.

Dans l'ancienne chevalerie, on faisait choix d'une « dame » à qui, comme à l'Être suprême, on rapportait tous ses sentiments, toutes ses pensées et toutes ses actions. Je suis étonné qu'aucun auteur n'ait remarqué l'origine de cette galante dévotion dans les mœurs des Germains, nos ancêtres. « Ils croient, dit Tacite, qu'il y a quelque chose de divin dans les femmes. »

ENVIRONS DE PARIS

ARCUEIL.

Les eaux d'Arcueil ne sont pas suffisantes pour une ville aussi grande que Paris. A leur défaut, on s'est

1. Trois mille Anglais.
2. Il commandait dans Rouen ; Henri IV assiégeait cette ville.

servi jusqu'à présent des eaux de la Seine, qu'on distribue dans les différents quartiers par les moyens des machines. On sent à combien d'accidents ces machines sont exposées, et combien il y a d'inconvénients à les employer. Je ménagerai la délicatesse de mes lecteurs en supprimant ce que la Seine reçoit de l'Hôtel-Dieu ; mais on peut dire, quand on tient un verre d'eau de la Seine, que c'est un extrait de tous les égouts de Paris.

ATIS.

Le village d'Atis ou d'Athies a été quelque temps le séjour de quelques personnes distinguées par leur science et par leur goût. On y voyait l'épitaphe d'une chienne qui fut gravée sur un monument dressé à sa mémoire, dans la maison du duc de Roquelaure :

> Ci-gît la célèbre Badine,
> Qui n'eut ni beauté ni bonté ;
> Mais dont l'esprit a démonté
> Le système de la machine.

AUTEUIL.

Qui pourrait s'imaginer que le vin d'Auteuil fût autrefois en si grande considération, qu'on en envoyait jusqu'en Danemark ? Les chanoines de Sainte-Geneviève le vendaient à des évêques ; ceux de Notre-Dame en gratifiaient leur église, afin que du revenu il fût fait, le jour de leur anniversaire, après leur mort, un repas à quatre services.

BAGNOLET.

M. Girardot, ancien mousquetaire du roi, n'avait qu'environ un arpent de jardin à Bagnolet pour des espaliers de pêchers. Il fit faire plusieurs murs et contremurs dans l'intérieur ; ce qui produisit de très bons fruits et en quantité. Cet usage s'est depuis étendu à Montreuil, dont ces sortes de concentrations ont pris le nom [1].

1. « Après le combat de Dettingue, en 1743, dit Voltaire dans son *Précis du siècle de Louis XIV*, un mousquetaire nommé Girardeau, blessé dangereusement, avait été porté dans la tente du duc de Cumberland.

· BOULOGNE.

Un célèbre cordelier, appelé frère Richard, prêchait autrefois avec tant de succès dans la petite église du village de Boulogne, qu'on allait en foule de Paris pour l'entendre. Un jour, entre autres, il fit un si beau sermon, que peu d'instants après le retour de ceux qui y avaient assisté on vit plus de deux cents feux allumés au milieu des rues de Paris, dans lesquels les hommes brûlaient les tables de jeu, les dés, les cornets, les cartes, les billards, et les femmes les instruments de leur parure.

BRÉTIGNY.

Quoique le territoire de Brétigny, auprès de Montlhéri, soit reconnu pour être peu propre à la vigne, il n'est cependant pas certain que ce soit le vin de ce lieu qui a donné occasion de parler de Brétigny comme d'un pays de mauvais vin. Cela est cependant passé

On manquait de chirurgiens, assez occupés ailleurs. On allait panser le prince, à qui une balle avait percé la jambe. « Commencez, dit le prince, « par cet officier français, il est plus blessé que moi ; il manquerait de « soins, et je n'en manquerai pas. »

Cet officier français, que Voltaire appelle Girardeau et dont le vrai nom était Girardot, guérit assez vite de ses blessures, et se retira du service dans une petite propriété qu'il possédait entre Montreuil et Bagnolet, près de Paris. Ce petit domaine, qui ne comptait que trois hectares, était toute sa fortune : c'était peu pour un ancien mousquetaire qui, dans sa jeunesse, avait mené grande et joyeuse vie. Mais Girardot était actif et ingénieux ; il divisa ses trois hectares de terre par des murs parallèles, surmontés de chaperons mobiles et éloignés les uns des autres de huit mètres ; puis au pied de ces murs il planta des pêchers et se fit jardinier. Il donna tous ses soins à ses pêchers, adoptant une taille nouvelle, allant chercher des nouvelles espèces à plusieurs lieues à la ronde ; il obtint bientôt les plus beaux fruits de Paris, et ses trois hectares ne tardèrent pas à lui rapporter, bon an mal an, de 30,000 à 40,000 francs. Chaque année, il allait à Versailles offrir au roi les premières et les plus remarquables pêches de son jardin ; et à une fête donnée par la ville de Paris on lui acheta plus de 3,000 pêches à un écu la pièce. Un aussi grand succès le mit fort à la mode, et on vint de toute part admirer ses pêches et manger ses fruits. On comptait quelquefois jusqu'à cinquante et soixante carrosses à sa porte.

Des résultats aussi brillants tentèrent l'émulation de ses voisins. Tous ceux qui étaient placés dans les mêmes conditions de sol et d'exposition divisèrent, à son exemple, leur terrain par des murs et y plantèrent des pêchers, et la fortune de Montreuil *aux pêches* ne tarda pas à être faite. (*Musée des Familles.*)

en proverbe. Peut-être le mépris du vin de Brétigny est-il venu de Bourgogne à Paris. Il y a en effet un village du même nom près de Dijon; et, comme il est dans la plaine, son vin est naturellement moins bon que celui des côtes voisines. Mais le proverbe ajoute que le vin de Brétigny fait danser les chèvres; et l'on assure qu'il, y a eu réellement à Brétigny, près de Montlhéri, un habitant nommé Chèvre dont la folie, quand il avait bu, était de faire danser sa femme et ses filles : il semble donc que c'est à ce dernier Brétigny qu'on doit appliquer ce proverbe. On ne peut au moins refuser de reconnaître ce village dans l'ancien noël qui commence par ces mots : « Les bourgeois de Chartres, » etc. Dans ce cantique, les habitants de Brétigny et de Saint-Yon sont représentés dans l'étable de Bethléem faisant leur offrande au Sauveur :

Vous eussiez vu venir tous ceux de Saint-Yon,
Et ceux de Brétigny apportant du poisson.
Les barbeaux et gardons, anguilles et carpettes
Étaient à bon marché,
Croyez,
A cette journée-là
La, la,
Et aussi les perchettes.

On voit par ce noël que les gens de Brétigny étaient communément des pêcheurs.

Une dame nommée Anne de Berthevin (dit la légende du pays), célèbre dans ce village et les environs, fut trouvée entière et sans corruption cent vingt-trois ans après sa mort. Elle vivait dans le seizième siècle et avait épousé Jean Bloffet, conseiller d'État, capitaine de cent hommes d'armes et chevalier des ordres du roi. La tradition porte qu'elle était fort pieuse, pansait elle-même les malades et faisait beaucoup de bien aux pauvres. Après sa mort, elle fut mise dans un cercueil de plomb et placée dans un caveau construit dans le chœur de l'église, à côté de son mari. En 1706, comme on fouillait dans cet endroit pour y faire une fosse, les ouvriers trouvèrent les deux cercueils de plomb, où étaient gravés leurs noms et les qualités de Bloffet et de son épouse. On remarqua que l'un de ces cercueils était beaucoup plus pesant que l'autre; c'était celui de la femme. La curiosité porta les assistants à les ouvrir; et ils ne virent dans le cercueil du mari qu'un peu de cendres humides. Dans celui de la dame de Berthevin, ils trouvèrent son corps sain et entier; sa chair était fraîche et vermeille comme si elle eût été vivante; on tira un de ses bras, qui était flexible; en un mot, elle ne paraissait qu'endormie. Le ruban qui liait ses cheveux conservait encore sa couleur. Son linceul était un peu roux; mais du reste il était propre et entier.

Le bruit d'un fait aussi extraordinaire s'étant répandu, il accourut une grande foule de peuple, tant du lieu que des environs. On avait tiré le cercueil hors du caveau pour exposer le corps dans l'église à visage découvert. Le curé, qui s'y était opposé inutilement, en informa le cardinal de Noailles, qui ordonna de le remettre dans le cercueil et de le renfermer dans un caveau. On avait gravé sur une pierre cette inscription :

Cy-gît Anne de Berthevin, dame vertueuse de ce lieu, décédée l'an 1587, et trouvée entière et sans corruption le 30 avril 1706. »

M. de Vintimille, archevêque de Paris, l'a fait ôter.

BRIE-COMTE-ROBERT.

Brie-Comte-Robert, anciennement Braye, a toujours été un lieu considérable; il était fermé de murs dès le douzième siècle. Il s'y faisait alors un grand commerce, et beaucoup de juifs s'y étaient établis. Ils obtinrent, l'an 1191, qu'on leur livrât un chrétien qu'ils accusaient de vol et d'homicide, et qui n'était coupable, dit le chroniqueur qui rapporte ce fait, que de ne pouvoir rendre une somme qu'ils lui avaient prêtée. Les juifs, ajoute-t-il, en haine du christianisme, dépouillèrent ce malheureux, lui lièrent les mains derrière le dos, le couronnèrent d'épines, le conduisirent dans toutes les rues en l'accablant de coups de fouet, l'attachèrent enfin à une croix le vendredi saint et lui percèrent le côté avec une lance. Le même auteur assure que Philippe-Auguste punit cet attentat en faisant brûler quatre-vingts juifs.

CORBEIL.

Sous le règne de Charles le Gros, les Normands se disposant à remonter la Seine au-dessus de Paris, on éleva quelques défenses sur cette rivière. On bâtit un château dans le lieu où la Juine se jette dans la Seine. Le roi y commit un comte pour y veiller, avec des troupes, à la sûreté des rivages et des villages adjacents. Telle est l'origine du comté de Corbeil. Un de ces comtes, nommé Bouchard, second du nom, était si superbe et si ambitieux, qu'il se mit dans la tête de devenir roi de France. Un jour il refusa de prendre son épée de la main de son écuyer; il voulut la recevoir de celle de sa femme, en lui disant : « Noble comtesse, donnez joyeusement cette épée à votre noble baron; il la recevra de votre main en qualité de comte, pour vous la rapporter aujourd'hui comme roi de France. » Il lui arriva tout le contraire de ce qu'il espérait; car le même jour il fut tué d'un coup de lance.

CRÉTEIL.

Les chanoines de Paris jouissaient autrefois de la seigneurie de Créteil. Il en reste une preuve bien authentique dans ce qui arriva à Louis VII. Ce prince, allant à Paris, fut surpris de la nuit et obligé de loger dans ce village. Il y soupa, et les habitants en firent la dépense. Dès le matin, les chanoines en eurent avis et se dirent les uns aux autres : « C'en est fait, les privilèges sont perdus; il faut que le roi rende la dépense ou que l'office cesse dans notre église. » Le roi vint à la cathédrale dès le même jour, suivant la coutume où il était d'y aller quelque temps qu'il fît. Il trouva la porte fermée, en demanda la raison; et on lui répondit : « Contre les coutumes et libertés sacrées de cette sainte église, avez soupé hier à Créteil, non à vos frais, mais à ceux des hommes de cette église; c'est pour cela que l'office a cessé ici et que la porte est fermée, les chanoines étant résolus de plutôt souffrir toutes sortes de tourments que de laisser de leur temps enfreindre leur liberté. » Le roi, frappé de ces paroles, répondit : « Ce qui est arrivé n'a point été fait de dessein prémédité. La nuit m'a retenu en ce lieu, et je n'ai pu arriver à Paris comme je me l'étais proposé. C'est sans force ni contrainte que les gens de Créteil ont fait de la dépense pour moi. Je suis fâché maintenant d'avoir accepté leurs offres. Que l'évêque Thibaud vienne avec le doyen Clément ; que tous les chanoines approchent, et surtout le chanoine qui est prévôt de ce village ; si je suis en tort, je veux donner satisfaction ; si je n'y suis pas, je veux m'en tenir à leur avis. »

Le roi resta en prière devant la porte, en attendant l'évêque et les chanoines. On ouvrit les portes ; il entra dans l'église, et donna pour caution du dédommagement la personne de l'évêque même. Le prélat remit en gage aux chanoines deux chandeliers d'argent ; et le roi, pour marquer par un acte extérieur qu'il voulait sincèrement payer la dépense qu'il avait causée, mit de sa propre main une baguette sur l'autel. Toutes les parties convinrent de la faire conserver soigneusement, parce qu'on avait écrit dessus qu'elle avait été offerte en mémoire de la conservation des libertés de l'église.

ABBAYE DE SAINT-DENIS.

Il se fait, tous les sept ans, une procession solennelle de Saint-Denis à Montmartre. Dom Doublet, dans son *Histoire chronologique pour la vérité de saint Denis l'Aréopagite,* fait naître cette procession septennaire au sixième siècle. « Le très chrétien roi Dagobert, dit-il, premier du nom, surnommé le Grand (très dévotieux et très affectionné envers saint Denis l'Aréopagite, apôtre de la France, et la sacrée montagne où il a répandu son sang et aussi ses glorieux compagnons saint Rustique et saint Éleuthère), obligea, en qualité de fondateur, à perpétuité, les religieux de la royale abbaye de Saint-Denis d'aller de sept en sept ans en procession à ladite montagne et de célébrer la messe en la chapelle et sur la terre enivrée de leur sang. » Ce qui s'est toujours conservé et pratiqué jusqu'à présent.

Le jour de cette procession n'est point fixé; son temps paraît seulement déterminé entre Pâques et la Pentecôte; on la fait communément au premier jour de mai; on l'a différée quelquefois à cause du mauvais temps ou pour d'autres raisons de bienséance. C'est donc à tort que le peuple croit les religieux indispensablement obligés d'aller ce jour-là à Montmartre, quelque temps qu'il fasse, et qu'on fait dire à une abbesse que, s'il pleut, ils ont sept ans pour se sécher.

Il arriva une chose singulière aux funérailles de Philippe-Auguste. Son corps ayant été porté à Saint-Denis avec toute la pompe qui convenait à un si grand prince, il s'éleva une dispute entre Guillaume de Joinville et le cardinal Conrad. Celui-ci prétendait officier comme légat du pape, celui-là comme archevêque de Reims. Pour terminer la querelle, on s'avisa d'un expédient qui satisfit également les deux prélats. Il fut décidé que tous deux diraient une messe dans le même temps, sur le même ton, à deux autels voisins, et que les évêques, le clergé et les moines leur répondraient comme à un seul officiant. Ce qui fut exécuté, au grand étonnement de toute l'assemblée, surprise d'une pareille nouveauté.

BERCY.

A côté du maître-autel de l'église de l'abbaye de Bercy, on lit sur le mur l'épitaphe d'un seigneur d'un canton de la Brie qui avait ordonné, par son testament, en 1371, qu'à ses funérailles assisteraient, dans l'église même, des cavaliers montés sur leurs chevaux, portant non seulement ses armoiries, mais encore les armes dont il s'était servi dans les batailles et les tournois.

ISSY.

C'est dans ce village, près de Vaugirard, que fut représenté le premier opéra français en 1659. Dix ans après, l'ambassadeur turc logea à Issy avant que de venir à Paris. Ce fut aussi dans ce même lieu que s'assemblèrent les quatre examinateurs des livres de M. de Fénelon, archevêque de Cambrai. Issy a été célébré par différents poètes : le premier est Daniel Périer. Entre plusieurs éloges qu'il donne à ce village, il vante surtout la bonté de son vin, qu'il préfère à celui de Rhodes et de Falerne.

LAGNY.

En 1415, le duc de Bourgogne (Jean), se flattant d'être admis à l'audience de Charles VI, vint loger à Lagny avec ses troupes, en attendant les ordres du roi. Il y resta si longtemps, que le peuple de Paris lui donna le sobriquet de Jean de Lagny.

Lorsqu'on passe par ce bourg, il ne faut s'aviser de demander aux habitants combien vaut l'orge ; ils se mettent en fureur et plongent le questionneur dans la fontaine qui est au milieu de la ville, sans respecter le rang, le sexe ni l'âge ; ils ne font point d'ailleurs d'autre mal. J'ai été témoin moi-même de cette vengeance populaire, exercée sur un jeune homme de Paris qui, ne sachant pas les conséquences de cette question, la fit de la meilleure foi du monde. Cet usage vient de ce que, Lagny s'étant révolté contre le roi, en 1544, le maréchal de Lorge, qui était dans le canton avec un corps de troupes, prit la ville et la saccagea. Comme on vend de l'orge à Lagny et que l'acheteur ne peut se dispenser de s'informer du prix, il faut avoir la main dans le sac lorsque l'on fait cette demande ; avec cette attention on évite le bain d'eau froide.

LE CHÂTEAU DE MADRID.

C'est une erreur de croire que le château de Madrid, bâti par François Ier dans le bois de Boulogne, a été construit sur le modèle de celui que ce prince occupait en Espagne ; il n'y a aucune ressemblance entre ces deux édifices. On peut encore mettre au rang des traditions populaires le stratagème dont ce monarque se servit pour braver, dans sa prison même, l'orgueil des grands d'Espagne. Ceux-ci, dit-on, prétendant que le roi de France devait s'incliner en les saluant, firent baisser la porte de sa chambre, pour s'attribuer l'inclination qu'il serait obligé de faire en sortant ; mais François Ier déconcerta leurs mesures, car, s'avançant à reculons, il leur présenta le derrière.

Charles-Quint avait fait assembler son conseil pour délibérer sur la manière dont il se conduirait à l'égard de son prisonnier. L'évêque d'Osma, son confesseur, ouvrit un avis qui, en élevant son maître au-dessus des conquérants de tous les siècles, lui aurait encore procuré des avantages plus solides que ceux auxquels il pouvait prétendre. Il proposa de rendre simplement et sans condition la liberté au roi de France, de statuer ensuite avec lui sur tous les objets qui avaient allumé la guerre, et de ne lui demander que son amitié. Ce langage était trop haut pour être entendu par les politiques ordinaires : le confesseur resta seul de son avis. Selon plusieurs historiens, l'empereur ne goûta point un conseil si magnanime et ne consulta que l'inimitié dont il était animé contre un monarque rival de sa gloire. On prétend qu'il se dispensa même de toutes sortes d'égards. Bien différent du généreux prince de Galles, qui les avait prodigués au roi Jean dans une semblable circonstance, il ne daigna ni écrire à François Ier ni le faire visiter de sa part. La nation espagnole n'épousa point les sentiments de son maître. Pénétrée d'admiration et d'estime pour un prince qui n'était tombé dans le malheur que par un excès de bravoure, elle s'empressa de lui former une cour nombreuse et de lui procurer des consolations qui ne dépendaient que d'elle. Les dames, charmées de la taille héroïque et de l'air noble et affable de l'illustre prisonnier, s'empressaient autour de lui, choisissaient les plus éloquentes pour le haranguer en leur nom, se partageaient en plusieurs bandes et se relevaient alternativement pour former, dans son appartement, des concerts et des danses auxquelles il ne manquait pas de se mêler. Les grands d'Espagne, offensés des précautions injurieuses qu'on prenait à son égard, demandèrent qu'il fût prisonnier sur sa parole. Quatre des plus riches et des plus qualifiés s'offrirent pour lui servir de caution.

MONTREUIL.

Le célèbre Sébastien le Nain se retira sur la paroisse de Montreuil, dans le lieu qu'on appelle Tillemont. Ce fut en cette solitude qu'il composa plusieurs ouvrages. Dans le cabinet où travaillait cet infatigable écrivain, on voyait l'empreinte de ses deux pieds, marquée sur les carreaux qui étaient sous son bureau.

NEUILLY.

Du temps de Henri IV, on passait encore à Neuilly la rivière dans un bac. Ce prince, revenant de Saint-Germain-en-Laye avec la reine et plusieurs seigneurs et dames de la cour, entra dans le bac sans sortir de son carrosse. Les deux derniers chevaux, tirant trop de côté, tombèrent dans l'eau et entraînèrent la voiture. On courut au secours, et l'on fut assez heureux pour sauver tout le monde. Mais, afin de prévenir dans la suite de pareils accidents, le roi fit construire un pont, qui depuis a été remplacé par un autre beaucoup plus solide. On croit qu'une fleur de lis placée sur la porte d'une maison sur le bord de la Seine, à Neuilly même, est une marque d'honneur que ce prince accorda au batelier qui contribua le plus à le tirer d'un si grand péril.

NOISY-LE-GRAND.

Noisy-le-Grand était du domaine particulier de nos rois de la première et de la seconde race ; ils y faisaient quelquefois leur demeure. Grégoire de Tours nous apprend que Chilpéric Ier, dont Frédégonde rendit le règne si sanguinaire, y logeait avec cette cruelle femme ; que le jeune Clovis ayant tenu des discours imprudents sur sa belle-mère, elle s'en plaignit au roi, qui le fit désarmer et couvrir de haillons ; qu'on l'amena dans cet état à Frédégonde, qui le fit assassiner, publiant qu'il s'était tué lui-même ; que ce malheureux prince fut enterré sous la gouttière d'une chapelle ; que la reine, craignant que son corps ne fût découvert, et qu'on ne lui fît des obsèques honorables, ordonna qu'on le déterrât et qu'on le jetât dans la Marne, ce qui fut exécuté ; que le cadavre s'arrêta dans les filets d'un pêcheur qui reconnut le prince à sa longue chevelure ; qu'il le porta sur ses épaules et l'inhuma sur le bord de la rivière ; que Gontran, successeur de Chilpéric, instruit du fait, fit transporter ce corps dans la basilique de Saint-Paul, aujourd'hui Saint-Germain des Prés.

LE MONT VALÉRIEN.

En 1661, le supérieur des prêtres établis sur le mont Valérien vendit aux Jacobins de Paris la maison et les biens de sa communauté. Lorsque les religieux se présentèrent pour en prendre possession, la montagne souffrit une espèce de siège. Les prêtres et les Jacobins formaient les deux armées ; les gens de Nanterre vinrent au secours des premiers; les religieux étaient secondés par les habitants du village de Gonesse, où ils ont une maison. On opposa la force à la force. Il y eut un boulanger de tué, d'autres paysans blessés ou faits prisonniers, et les Jacobins devinrent maîtres de la place. Cette guerre ecclésiastique fit tant d'éclat, que le roi ordonna au Parlement de prendre au plus tôt connaissance de cette affaire ; et, par un arrêt contradictoire intervenu en 1664, les logements et les biens furent restitués à leurs premiers possesseurs. Cette aventure fut célébrée dans plusieurs écrits, et surtout dans une pièce de deux mille vers de la composition de Jean Duval, prêtre et bachelier en théologie. Elle parut imprimée l'année de l'arrêt du Parlement, sous ce titre : *Le Calvaire profané par les Jacobins de la rue Saint-Honoré.*

VANVES.

François Ier, pour tourner en ridicule la longue liste

des titres que l'empereur Charles-Quint étalait dans ses lettres, ne se servait, en lui faisant réponse, que de la qualité de roi de France et de seigneur de Gonesse et de Vanves.

VERSAILLES.

Un jour que le Nôtre détaillait à Louis XIV toutes les beautés qui devaient enrichir les jardins de Versailles, ce prince, à chaque grande pièce dont le Nôtre lui marquait la position et décrivait les effets, l'interrompait en lui disant : « Le Nôtre, je vous donne vingt mille francs. » Cette magnifique approbation, plusieurs fois répétée, fàcha cet homme, dont la grande âme était aussi désintéressée que celle de son maître était généreuse. Il s'arrêta à la quatrième interruption et dit brusquement au roi : « Sire, Votre Majesté n'en saura pas davantage ; je la ruinerais. »

VILLE-D'AVRAY.

Au bout de ce village est une fontaine dont l'eau, s'étant trouvée la meilleure de tous les environs de Versailles, fut destinée pour la bouche du roi. Cette fontaine est enfermée ; mais elle coule par un petit tuyau pour la commodité des passants.

VINCENNES.

Joinville dit, en parlant de saint Louis, que, ce monarque étant à Vincennes, « après qu'il avait ouï messe en été, il allait esbattre au pied d'un chêne, et nous faisait asseoir tout emprès lui ; et tous ceux qui avaient affaire à lui venaient à lui parler, sans qu'aucun huissier ne leur donnât empèchement ».

BIBLIOTHÈQUE DU ROI.

On rapporte l'origine de cette bibliothèque à l'année 1364. A la mort de Charles V, dit le Sage, elle ne contenait encore que neuf cents volumes, et ne reçut que de faibles accroissements jusqu'au règne de François Ier, qui l'augmenta considérablement.

La bibliothèque du roi a occupé divers emplacements : elle fut d'abord établie à Fontainebleau. Henri IV la fit transporter à Paris, et on la plaça au collège de Clermont lorsque les Jésuites furent obligés d'abandonner le royaume. A leur retour, on la mit dans une grande maison appartenant aux Cordeliers, rue de la Harpe. Elle occupa ensuite une salle dans leur couvent. Colbert la fit transférer de là dans la rue Vivienne, et en 1721 le roi en ordonna le transport à l'hôtel de la Banque[1], où elle est actuellement. *Crescebat eundo.*

TABLEAUX DU ROI.

François Ier commença la collection des tableaux de la couronne, devenue immense dans les mains de Louis XIV. Ce dernier, à son avènement au trône, n'en avait tout au plus qu'une centaine ; à sa mort on en compta quinze cents. Louis XV a ajouté de nouvelles richesses à ce trésor, et les tableaux de Sa Majesté sont actuellement au nombre de dix-huit cents, presque tous des mains des plus habiles maîtres.

ACADÉMIE DES SCIENCES.

Le duc d'Orléans, régent, voulant donner à l'Académie royale des sciences un président perpétuel, jeta les yeux sur Fontenelle, qui convenait à cette place par son caractère encore plus que par son esprit. Cependant, lorsque ce prince lui parla de ce projet : « Monseigneur, répondit Fontenelle, ne m'ôtez pas la douceur de vivre avec mes égaux. »

SPECTACLES.

On a tant écrit, tant parlé contre les banquettes qui, sur nos théâtres, rétrécissaient la scène, incommodaient les acteurs et détruisaient l'illusion, qu'on s'est enfin déterminé à les supprimer. Tout Paris a vu avec

---

1. Non pas de la Banque de France, qui n'existait pas alors, mais dans les bâtiments qui avaient été le siège de la banque de Law, l'auteur et le directeur du fameux système financier dont la mise en pratique fut un des événements considérables de la Régence.

la plus grande satisfaction, en 1759, le premier de nos
théâtres, notre théâtre par excellence, tel qu'on le dé-
sirait depuis longtemps, c'est-à-dire délivré de cette
portion brillante et légère du public qui en faisait
l'ornement et l'embarras, de ces gens du bon ton, de
ces jeunes officiers, de ces magistrats oisifs, de ces
petits-maîtres charmants, qui savent tout sans rien apprendre, qui regardent tout sans rien voir, qui jugent
de tout sans rien écouter; de ces appréciateurs du mérite qu'ils méprisent, de ces protecteurs des talents qui
leur manquent, de ces amateurs de l'art qu'ils ignorent. La frivolité française ne contrastera plus ridicu-
lement avec la gravité romaine. Le marquis de *** ne
donnera plus de coups de coude à Caton; et le chevalier de *** sera placé dans l'éloignement où il convient
qu'il soit d'Achille, de Nérestan, de Châtillon, etc.

DEUXIÈME PARTIE

LES GAULOIS

PAUSANIAS, en parlant des Gaulois, dit que l'usage de les appeler ainsi ne s'était introduit que fort tard, et que leur ancien nom était celui de Celtes. La langue celtique a été la mère langue de l'Occident; et je crois qu'il est prouvé [1] qu'elle s'est conservée dans la Basse-Bretagne [2] et dans le pays de Galles, avec les changements et les altérations que le temps n'a pu manquer d'y apporter. *Gall* et *Kelt* signifiaient en celtique et signifient encore aujourd'hui en breton : vaillant, courageux. Polybe et Ammien Marcellin nous représentent les Gaulois d'une taille avantageuse, le regard farouche, vifs, emportés, hautains, d'ailleurs pleins de candeur et de franchise, et très affables envers les étrangers. César dit qu'ils étaient curieux à l'excès, qu'ils arrêtaient les voyageurs et s'attroupaient autour d'eux dans les places publiques pour leur demander des nouvelles. Ils aimaient la parure et portaient des bracelets, des colliers, des anneaux et des ceintures d'or. Leurs cheveux étaient naturellement blonds; mais pour les rendre d'une couleur qui leur semblait plus agréable, ils tâchaient de se les roussir avec une pommade [3] de suif de chèvre

1. Une preuve assez convaincante, c'est que les Bretons et les Gallois s'entendent, quoiqu'ils soient séparés et qu'ils n'aient eu aucune relation les uns avec les autres depuis bien des siècles.

2. Anciennement la Bretagne s'appelait l'Armorique; ce nom venait des mots bretons *ar mor*, la mer, et *ribl*, côte, c'est-à-dire côte de la mer. Les habitants de l'Ile-Britannique (l'Angleterre) se peignaient le corps de diverses couleurs comme font encore aujourd'hui les sauvages. Les Gaulois donnèrent à cette île le nom de Brithenès; *brith*, en breton, signifie peint de diverses couleurs, et *enès*, une île, c'est-à-dire l'île des hommes peints de diverses couleurs. Le nom de Pictes, *Picti*, que leur donnèrent les Romains, venait apparemment de cette signification.

3. Quelques auteurs prétendent que cette pommade les rougissait entièrement, et que ces peuples croyaient qu'une grande crinière couleur de sang, relevée sur la tête, leur donnait un air terrible lorsqu'ils marchaient au combat.

et de cendres de hêtre. Les vergobrets [1] les poudraient,
ainsi que leur barbe, avec de la limaille d'or, aux jours
de cérémonies. Les femmes entraient dans toutes les assemblées, et les hommes chargés d'y faire faire silence
avaient la permission de couper un morceau de l'habit
de quiconque faisait trop de bruit. Ils plongeaient leurs
enfants nouveau-nés dans l'eau froide pour les rendre plus robustes et les tremper à peu près comme le
fer. On condamnait un homme trop gras à une amende
qui augmentait ou diminuait chaque année propor-
tionnellement à sa taille. Lorsqu'une fille était en âge
d'être mariée, son père invitait à dîner les jeunes gens
du canton ; elle était la maîtresse de choisir celui qui
lui plaisait le plus. Quelquefois ils choisissaient deux
corbeaux pour juger les procès ; les parties mettaient
sur une même planche deux gâteaux de farine dé-
trempée avec de l'huile et du vin et les portaient au bord
d'un certain lac ; on voyait aussitôt arriver deux corbeaux qui en éparpillaient un et qui mangeaient l'autre en entier ; la partie dont le gâteau n'était qu'épar-
pillé gagnait sa cause. Un plaideur mécontent dirait
peut-être que c'est un emblème sous lequel les druides ont prophétisé la façon dont on rendrait un jour
la justice dans les Gaules. Les corbeaux sont voraces,
leur plumage est noir, et la partie qui gagne est souvent presque aussi ruinée que celle qui perd.

Ils avaient la plus grande vénération pour les chênes,
et surtout pour ceux que la cérémonie du gui avait
consacrés. C'était par cette cérémonie religieuse qu'ils
annonçaient la nouvelle année [2] : les druides, accompagnés des magistrats et du peuple, qui criait : « Au gui
l'an neuf [3] ! » allaient dans une forêt, y dressaient, avec
du gazon, autour du plus beau chêne, un autel trian-

1. Souverains magistrats.
2. Leur année commençait au solstice d'hiver, la sixième nuit de la
lune : ils appelaient cette nuit la *nuit mère*, comme produisant toutes
les autres. On comptait encore en France par nuits dans le douzième
siècle, et l'on disait : « Il y a quinze nuits, » comme on dit à présent :
« Il y a quinze jours. »
3. Le nouvel an.

gulaire, et gravaient sur le tronc et sur les deux plus grosses branches les noms des dieux qu'ils croyaient les plus puissants : *Theut, Esus, Taranis, Belenus.* Ensuite un druide, vêtu d'une tunique blanche, montait sur un arbre, y coupait le gui avec une serpe d'or, tandis que deux autres druides étaient au pied pour le recevoir dans un linge et prendre bien garde qu'il ne touchât à terre. Ils distribuaient l'eau où ils faisaient tremper ce nouveau gui, et persuadaient au peuple qu'elle était lustrale, très efficace contre les sortilèges, et qu'elle guérissait de plusieurs maladies.

Les Gaulois croyaient que Mithras présidait aux constellations ; ils l'adoraient comme le principe de la chaleur, de la fécondité et des bonnes et mauvaises influences. Les initiés à ses mystères étaient partagés en plusieurs confréries, dont chacune avait pour symbole une constellation, et les confrères célébraient leurs fêtes, faisaient leurs processions et leurs festins, déguisés en lion, en bélier, en ours, en chien, etc., c'est-à-dire sous les figures qu'on suppose à ces constellations ; ainsi nos mascarades et nos bals, dont voilà sans doute l'origine, étaient autrefois des cérémonies de religion.

LE PRINCIPAL COLLÈGE DES DRUIDES.

César dit positivement que ce collège était sur les confins du pays chartrain, *in finibus Carnutum.* Était-il dans la ville de Dreux, dont le nom venait sans doute, comme celui de druide, du mot *drus,* ou *deru,* qui signifiait en celtique et qui signifie encore aujourd'hui en breton un chêne, du chêne ? On appelait aussi les druides *senans,* c'est-à-dire prophètes, devins. Pomponius Méla, qui écrivait sous le règne de l'empereur Claude, rapporte que dans la petite île de *Sena,* aujourd'hui l'île de Sein, vis-à-vis de la côte de Quimper-Corentin, il y avait un collège de druidesses que les Gaulois appelaient *Senes;* qu'elles étaient au nombre de neuf; qu'elles ne se mariaient jamais; qu'elles rendaient des oracles, et qu'on croyait qu'elles avaient le pouvoir de retenir les vents et d'exciter des tempêtes. Les noms de *senans* et de *senes* étaient sans doute dérivés de *kener*, ou *caner*, qui signifie, en gallois et en breton, prophétiser, prédire.

OPINION DES GAULOIS SUR L'ÉTAT DES AMES APRÈS LE TRÉPAS.

Les druides, dit Diodore de Sicile, enseignaient que les âmes circulaient éternellement de ce monde-ci dans l'autre et de l'autre monde dans celui-ci; c'est-à-dire que ce qu'on appelle la mort était l'entrée de l'autre monde, et que ce qu'on appelle la vie en était la sortie pour revenir dans ce monde-ci; qu'après la mort, l'âme passait dans tel ou tel corps, et que l'inégalité des conditions et la mesure des plaisirs et des peines se réglaient dans l'autre monde sur le bien ou le mal qu'on avait fait dans celui-ci; qu'au bout d'un certain temps les âmes quittaient les corps où elles avaient été heureuses ou malheureuses dans l'autre monde, et revenaient en habiter de nouveaux dans ce monde-ci; qu'en combattant courageusement pour la patrie [1], en s'offrant pour victime dans une calamité publique, ou en se tuant pour racheter la vie de son prince [2], de son patron ou de quelque ami, on expiait tous les crimes qu'on avait pu commettre; et l'on était sûr d'aller jouir, parmi les héros, pendant plusieurs siècles, d'une vie agréable et glorieuse.

Les peuples du Nord croyaient que les héros allaient dans le palais d'Odin, leur dieu, et qu'ils avaient tous

1. Les druides, dit César, enseignent aux Gaulois que les âmes ne meurent point, mais qu'elles passent des uns aux autres après le trépas; et c'est dans cette doctrine, ajoute-t-il, que ces peuples puisent ce courage qui leur fait affronter la mort avec tant d'intrépidité : *non interire animas, sed ab aliis ad alios transire; atque hoc maxime ad virtutem excitari putant, metu mortis neglecto.* On les voit, frappés d'un coup mortel, vouloir encore s'élancer contre l'ennemi, tomber, rire et mourir.

2. Ils s'imaginaient qu'on pouvait apaiser la colère des dieux et racheter sa vie par celle d'un autre homme : ainsi, quand ils étaient malades et en danger de mourir, ils cherchaient quelqu'un qui voulût mourir pour eux; et ils en trouvaient moyennant de l'argent, parce que celui qui se tuait, indépendamment de l'argent qu'il laissait à sa famille, avait l'espérance d'une vie plus heureuse que celle qu'il quittait.

les jours le plaisir de s'armer, de se ranger en bataille et de se tailler en pièces; que quand l'heure du repas approchait, ils revenaient à cheval, tous sains et saufs, et se mettaient à table dans la salle d'Odin, où on leur servait un sanglier qui suffisait pour tous, quoique leur nombre fût presque innombrable; que tous les jours on leur servait le même sanglier, et que tous les jours il revenait dans son entier.

« Quel champ de gloire et de plaisirs s'ouvre devant mes yeux, s'écriait un guerrier percé de coups et tombant sur un tas de morts et de blessés! Je meurs; j'entends la voix d'Odin qui m'appelle; il m'ouvre les portes de son palais; j'en vois sortir de belles jeunes filles; elles viennent à moi et me présentent un breuvage délicieux dans le crâne sanglant de mes ennemis. »

Les Gaulois croyaient donc, comme je viens de le dire, à un autre monde où il y avait les mêmes rangs, les mêmes distinctions, les mêmes plaisirs, les mêmes peines et les mêmes afflictions que dans celui-ci, et où les mêmes corps se retrouvaient, apparemment comme ces ombres que les Grecs et les Romains se figuraient dans les Champs Élysées et dans le Tartare; mais ils ne croyaient pas, comme les Grecs et les Romains, que les peines des âmes après la mort fussent éternelles : elles n'étaient, selon eux, que plus ou moins longues, et consistaient à être placées dans tel ou tel corps. D'ailleurs ils disaient qu'il était de la piété envers ses parents ou ses amis, de leur envoyer dans l'autre monde, à tout hasard, ce qui pouvait leur être utile et agréable : ils brûlaient avec le mort ses armes, ses habits, les animaux, et même quelques-uns des esclaves qu'il avait paru le plus chérir ; ils lui écrivaient et jetaient leurs lettres dans le bûcher, pour lui être rendues.

La métempsycose de Pythagore paraît plus simple et plus naturelle. En vain on objecte que, pour qu'on puisse dire que l'âme est véritablement punie, il faudrait qu'elle se souvînt que, dans une autre vie antérieure, étant dans tel ou tel corps, elle a commis telles ou telles mauvaises actions : je réponds à cette objection qu'un pythagoricien qui se voit dans la misère se dit en lui-même que, puisqu'il souffre, il l'a sans doute mérité par la façon dont il s'est comporté dans la vie précédente, et qu'ainsi, selon Pythagore, l'objet de la Divinité est rempli, parce que son objet est d'éloigner les hommes du vice et de les exciter à la vertu, en leur présentant des peines et des récompenses.

SIÈGE DE PARIS PAR LABIÉNUS, UN DES LIEUTENANTS DE CÉSAR, L'AN DE ROME 701, 82 ANS AVANT JÉSUS-CHRIST.

Labiénus, ayant laissé à Sens, pour garder les bagages, les recrues nouvellement arrivées d'Italie, marcha avec quatre légions vers Lutèce, qui ne consistait alors que dans cette petite île que nous appelons la Cité. Il trouva les Parisiens campés derrière un marais que formaient les eaux de la rivière de Bièvre : c'est aujourd'hui le faubourg Saint-Marceau. Après avoir tenté inutilement de rendre ce marais praticable avec des claies et des fascines, il décampa de nuit et retourna vers Melun, qui ne put pas lui résister, la plupart des habitants étant venus au secours des Parisiens. Il se servit de cinquante grands bateaux qu'il y trouva pour faire passer ses troupes de l'autre côté de la Seine, et vint camper sur ce terrain que couvrent aujourd'hui tant de rues et de maisons, depuis l'église de Saint-Gervais jusqu'au Louvre. Les Parisiens, dans la crainte qu'il ne s'emparât de leur ville, y mirent le feu, coupèrent les ponts [1] et se campèrent de l'autre côté de la rivière, ayant leur droite au bas du mont Leucotitius [2] et leur gauche où est à présent le quai de Conti. Au bout de quelques jours, on apprit que le peuple d'Autun avait secoué le joug des Romains et que César avait levé le siège de Clermont en Auvergne; on ajoutait même que, faute de vivres, il se retirait dans la Gaule Narbonnaise. Labiénus ne songea plus qu'à

1. Le Petit-Pont et le pont au Change.
2. La place Maubert et Sainte-Geneviève.

se rapprocher de Sens, où il avait laissé tous les bagages de son armée; mais sa retraite était d'autant plus difficile, qu'il fallait passer la Seine à la vue des Parisiens, et qu'il avait derrière lui les peuples de Beauvais qui se préparaient à venir l'attaquer. Pour se retirer de cette fâcheuse position, il usa de stratagème. Il distribua aux chevaliers romains les cinquante bateaux qu'il avait amenés de Melun, avec ordre, dès qu'il serait nuit, de descendre la rivière dans le plus grand silence, et d'aller l'attendre à deux lieues du camp. Il laissa pour le garder cinq cohortes et en commanda cinq autres qui se mirent dans des barques et remontèrent vers Melun, affectant de faire beaucoup de bruit; ensuite, avec trois légions, il alla joindre les chevaliers romains à l'endroit qu'il leur avait marqué, c'est-à-dire vis-à-vis d'Auteuil. Quand les Parisiens s'aperçurent de tous ces mouvements, ils se persuadèrent que l'ennemi, troublé et consterné par les dernières nouvelles, se séparait en désordre, et ne cherchait qu'à fuir de tous côtés; ils se partagèrent donc en trois corps : l'un resta pour garder le camp, l'autre prit le chemin de Melun[1], et le troisième marcha vers Meudon et rencontra Labiénus, qui avait déjà fait passer la rivière à sa cavalerie et à son infanterie. Le combat fut des plus sanglants et dura tout le jour; enfin, la victoire se déclara pour les Romains. Paris resta sous leur domination jusqu'au règne de Clovis, c'est-à-dire environ cinq cent trente-trois ou trente-quatre ans.

LES FRANCS[2]

La plus commune opinion est que l'habitation primitive des Francs était entre le Véser et l'Elbe, au bord de l'Océan.

Claudien, en parlant de quelques avantages que Stilicon, général de l'empereur Honorius, avait remportés

1. La pénétration des commentateurs s'est prodigieusement exercée sur le mot *Metiosedum*; les uns disent que c'est Corbeil, les autres que c'est Meudon. Je crois que *Metiosedum* est une faute dans le texte, et qu'il doit y avoir *Melodunum*, Melun.

2. Du mot allemand *franch*, qui signifiait *libre*.

dans la Germanie, et en exagérant, comme font tous les poètes, dit que désormais le Belge pourra traverser l'Elbe et faire paître les troupeaux sur les montagnes des Francs.

> Pascat Belga pecus, mediumque ingressa per Albim,
> Gallica Francorum montes armenta pererrent.

Ainsi Claudien ne place pas les Francs entre le Véser et l'Elbe, mais au delà de l'Elbe, dans le Holstein. Il est certain que les armées romaines n'ont jamais passé ce fleuve ni subjugué les Francs.

« Les Francs, dit l'auteur des gestes de nos rois, élurent un roi chevelu[1], Pharamond, fils de Marcomir. »

« Les Francs, dit Grégoire de Tours, ayant passé le Rhin, créèrent, par cantons et par cités, des rois chevelus, de la famille la plus distinguée parmi eux. » Il raconte, dans un autre endroit, que le jeune Clovis, fils de Chilpéric, ayant été poignardé et jeté dans la Marne par l'ordre de Frédégonde, sa belle-mère, son corps s'arrêta dans les filets d'un pêcheur, qui ne put pas douter, « à sa longue chevelure », que ce ne fût le fils du roi.

Agathias, historien contemporain, rapporte que Clodomir, fils de Clovis, ayant été tué dans une bataille contre les Bourguignons, ils reconnurent ce prince parmi les morts « à sa longue chevelure ; car c'est un usage établi chez les rois des Francs, ajoute-t-il, de laisser croître leurs cheveux dès l'enfance et de ne les jamais couper ; ils les partagent également des deux côtés sur le haut du front, et les laissent flotter avec grâce sur les épaules... Cette sorte de chevelure est regardée comme une prérogative attachée à la famille royale. » Excepté ceux qui en étaient, aucun des Francs ne pouvait donc porter ses cheveux épars ; ils se les coupaient tout autour de la tête, en conservant ceux du sommet, sur lequel ils les nouaient

---

1. Par tout ce que je dirai dans cet article, on verra qu'on ne doit pas plutôt donner à Clodion le surnom de Chevelu qu'aux autres rois de la première race.

et les rattachaient, de façon que le bout de ce toupet ombrageait le front en forme d'aigrette; c'est ainsi que nous les représentent Sidonius Apollinaris, dans son *Panégyrique de Majorien,* et Martial, dans une épigramme à Domitien :

> Vous avez dompté des monstres dont la chevelure qui tombe du sommet de la tête revient sur le front, tandis que le derrière de leur tête est dénué de cheveux.

Et ailleurs :

> On y voit les Sicambres qui tordent et renouent leurs cheveux.

La nation subjuguée, c'est-à-dire les Gaulois ou Romains, portait les cheveux courts. Les serfs avaient la tête rase. Les ecclésiastiques, pour marquer davantage leur servitude spirituelle, se la rasaient entièrement et ne conservaient qu'un petit cercle de cheveux. On jurait sur ses cheveux comme on jure aujourd'hui sur son honneur : les couper à quelqu'un, c'était le dégrader, c'était le flétrir. On obligeait ceux qui avaient trempé dans une même conspiration de se les couper les uns aux autres. Frédégonde coupa les cheveux à une femme qu'aimait son beau-fils, et les fit attacher à la porte de l'appartement de ce prince : l'action parut horrible. En saluant quelqu'un, rien n'était plus poli que de s'arracher un cheveu et de le lui présenter. Clovis s'arracha un cheveu et le donna à saint Germier[1] pour lui marquer à quel point il l'honorait; aussitôt chaque courtisan s'en arracha un et le présenta à ce vertueux évêque, qui s'en retourna dans son diocèse enchanté des politesses de la cour.

On se tromperait si l'on croyait qu'en coupant les cheveux d'un prince du sang royal on l'obligeait de se faire prêtre ou moine. Il pouvait vivre dans le monde et même se marier; mais ni lui ni ses enfants n'étaient plus de la nation, la longue chevelure étant la marque distinctive entre les Francs et le peuple subjugué. Couper les cheveux à quelqu'un, c'était lui déclarer

---

[1]. C'était dire qu'on lui était aussi dévoué que son esclave : l'homme qui tombait dans l'esclavage coupait ses cheveux et les présentait à son maître.

qu'il devenait étranger, et par conséquent inhabile à succéder à la première dignité de l'État. Cette loi contre quiconque était censé n'être plus de la nation a toujours été constamment observée depuis le commencement de la monarchie jusqu'à présent. Hugues Capet l'allégua contre Charles, duc de la Basse-Lorraine, et contre ses enfants. Le duc d'Anjou (depuis Henri III) ne voulut point aller recevoir la couronne de Pologne qui lui était déférée, qu'il n'eût auparavant des lettres patentes de Charles IX qui le déclaraient toujours *régnicole*, quoique en pays étranger; et Philippe V, appelé au trône d'Espagne, en obtint de pareilles de Louis XIV, auxquelles il ne renonça que lorsqu'il fut paisible possesseur de ce trône, c'est-à-dire lorsque le régent (le duc d'Orléans) eut engagé l'empereur Charles VI à y renoncer.

« On reconnaît les Suèves d'avec les autres Germains, dit Tacite, à la façon dont ils tordent leurs cheveux et en font un nœud sur la tête. C'est aussi par là que, dans leur pays, on distingue l'homme libre d'avec l'esclave. Tous ceux qui portent leurs cheveux de la même manière dans le reste de la Germanie ne le font qu'à leur imitation, ou parce qu'ils ont quelque alliance avec eux, et même ce n'est que pendant leur enfance; au lieu que les Suèves continuent toute leur vie de relever par derrière et de nouer sur le haut de la tête leur chevelure hérissée. Les princes accommodent et ajustent leurs cheveux avec plus de soin. » Il me semble que ce passage de Tacite, avec ceux de Claudien, d'Agathias et de Grégoire de Tours que j'ai cités, prouvent que les Francs faisaient partie de la nation des Suèves et habitaient des deux côtés de l'Elbe, vers son embouchure. Or, les Suèves et les Francs étaient originairement des Gaulois, qui étaient venus terminer leurs courses dans cette contrée. Ainsi les Francs, en conquérant les Gaules sur les Romains, ne firent que rentrer dans la patrie de leurs ancêtres.

MOEURS ET USAGES SOUS LA PREMIÈRE RACE.

Les Français étaient tous libres, tous égaux : les honneurs et les dignités n'établissaient entre eux qu'une subordination momentanée ; ils avaient des chefs, des juges, et point de supérieurs.

C'était sur les Gaulois, sur la nation subjuguée, qu'on mettait des impôts et qu'on levait un tribut. L'indépendance de la personne et des biens du Français était entière. Il ne devait à l'État que de la fidélité, de l'attachement, du courage et son bras.

Les historiens nous le représentent impétueux, violent, toujours prêt à revendiquer ses droits à main armée ; mais d'ailleurs généreux, bienfaisant et d'une probité à laquelle il sacrifiait le bien même qu'il regardait comme le plus cher, la liberté. Quand il ne pouvait pas payer ses dettes, il allait à son créancier, lui présentait des ciseaux et devenait son serf, en se coupant ou en se laissant couper les cheveux. Il y a long-temps que la bienséance a fait renoncer à cette vieille et ridicule probité : conviendrait-il qu'on vit un duc auner du drap et balayer la boutique d'un marchand[1] ?

Il mangeait ordinairement dans sa cour, dont la porte était ouverte ; il invitait les passants, entre autres les étrangers, à venir se mettre à table. La chère n'était pas délicate ; c'étaient de grands quartiers de porc ou de bœuf rôti ; on buvait beaucoup ; on s'expliquait très librement sur la conduite de ceux qui gouvernaient ; mais il n'était pas permis de parler mal des femmes.

Tous les crimes, excepté la trahison envers la patrie, s'expiaient par des amendes. Celui qui ne se présentait pas pour venger la mort de son père[2] ou de son parent était exclu de sa part dans l'héritage. La façon de poursuivre juridiquement cette vengeance

---

1. Ceci ne doit s'entendre que comme une question ironique à l'adresse des gentilshommes, qui souvent alors étaient fort endettés.

2. Le duc Sandragésile ayant été tué par quelqu'un de ses ennemis, les grands du royaume citèrent ses enfants, qui négligeaient de venger sa mort, et les privèrent de sa succession.

consistait à citer le meurtrier devant le juge et à lui déclarer à haute voix que désormais on le suivrait, on l'attaquerait partout, qu'on emploierait contre lui le fer et le feu. Le juge et des amis communs tâchaient d'adoucir les esprits et de les porter à ce qu'on appelait une composition ; c'était une amende que le meurtrier consentait de payer : elle était de deux cents sols d'or pour le meurtre d'un Français, et de la moitié pour celui d'un « ingénu », c'est-à-dire d'un Gaulois ou d'un Romain libre.

On obligeait le voleur d'un chien de chasse à faire avec cet animal trois tours sur la place publique en lui baisant le derrière. Si l'on volait un épervier, on était condamné à une amende de huit écus d'or, ou à se laisser manger par cet oiseau cinq onces de chair sur la partie la plus charnue du corps.

Avant que la nation eût embrassé le christianisme, elle choisissait pour enterrer ses rois et ses généraux quelque camp fameux par une victoire. On élevait sur leurs sépultures, avec des pierres, du sable et du gazon, des espèces de monticules de la hauteur de trente ou quarante pieds. On voit encore plusieurs de ces tombes en France et dans le pays de Liège. Childéric, père de Clovis, fut enterré près de Tournay, au bord de l'Escaut, dans un endroit renfermé depuis dans l'enceinte de cette ville. On découvrit son tombeau en 1653 ; l'on y trouva, dans une bourse de cuir pourrie, plus de cent pièces d'or et environ deux cents pièces d'argent de différents empereurs ; des boucles, des agrafes, des filaments d'habits, la poignée et la bouterolle d'une épée, le tout d'or ; des tablettes avec leur stylet et des plaques d'or ; la figure, en or, d'une tête de bœuf[1] et plus de trois cents petites abeilles du même métal[2] ; les os, le mors, un fer et quelques

---

1. C'était, dit-on, l'idole qu'il adorait.
2. Elles s'étaient apparemment détachées de sa cotte d'armes où elles étaient semées. On a prétendu que des abeilles étaient le symbole des premiers rois français, et que, lorsqu'on imagina les armoiries sous la troisième race, on prit pour des fleurs de lis ces abeilles mal gravées sur les pierres des anciens tombeaux.

restes du harnais d'un cheval; un globe de cristal, une pique, une hache d'armes, un squelette d'homme en entier, et, à côté de la tête de ce squelette, une autre tête moins grosse, qui paraissait avoir été celle d'un jeune homme, et apparemment de l'écuyer, qu'on avait tué, suivant la coutume, pour accompagner et aller servir là-bas son maître; enfin, un anneau d'or avec ces mots latins autour, CHILDIRICI REGIS. Ce prince était représenté, dans le cachet de cet anneau, avec de longs cheveux flottants sur les épaules et un javelot à la main en guise de sceptre. On voit qu'on avait eu soin d'enterrer avec lui ses habits, ses armes, de l'argent, un cheval, un domestique, des tablettes pour écrire, en un mot tout ce qu'on croyait pouvoir lui être nécessaire dans l'autre monde. Aujourd'hui, quand la mort nous enlève nos rois, on continue pendant quarante jours de servir leur table, de faire l'essai de l'eau et du vin et de leur présenter chaque plat, comme s'ils étaient encore vivants.

La belle Autrigilde obtint, en mourant, du roi Gontran, son mari, qu'il ferait tuer et enterrer avec elle les deux médecins qui l'avaient soignée pendant sa maladie. Ce sont, je crois, les seuls qu'on ait inhumés dans les tombeaux des rois ; mais je ne doute pas que plusieurs autres n'aient mérité le même honneur.

La plus sordide avarice n'avait point encore engagé les ministres du Seigneur à paver son temple de cadavres[1]. Saint Grégoire le Grand, contemporain des petits-fils de Clovis, dans les permissions qu'il accordait pour bâtir des églises, ne manquait jamais de marquer expressément, « pourvu qu'on soit bien assuré qu'aucun corps n'a été inhumé dans cet endroit». Le concile de Nantes, en 656, en permettant d'enterrer dans le vestibule et aux environs des églises, défend toute inhumation dans l'intérieur et auprès des autels. Sous la première et la seconde race, on n'enterrait pas même dans l'enceinte de Paris. Gozlin, qui en était

1. C'est-à-dire à inhumer dans les églises les gens dont les familles pouvaient payer largement cet honneur.

évèque, y étant mort en 886, tandis que les Normands en faisaient le siège, « on l'enterra, dit le moine de Saint-Vaast, dans la ville, contre l'ancien usage, ou parce qu'il était impossible de l'inhumer dehors, ou parce qu'il voulait cacher sa mort aux assiégeants ». Les personnes riches avaient des tombeaux auprès des villes et des villages, et l'usage de les enterrer avec leurs habits, leurs armes, un épervier et quelques-unes des choses précieuses qui leur avaient appartenu, a subsisté pendant plusieurs siècles. On payait des hommes pour veiller à la garde de ces tombeaux.

A la fin de la première race, il y avait encore plus du tiers des Français plongés dans les ténèbres de l'idolâtrie. Ils croyaient qu'à force de méditation certaines filles druidesses avaient pénétré dans les secrets de la nature ; que, par le bien qu'elles avaient fait dans le monde, elles avaient mérité de ne point mourir ; qu'elles habitaient au fond des puits, au bord des torrents ou dans des cavernes ; qu'elles avaient le pouvoir d'accorder aux hommes le don de se métamorphoser[1] en loups et en toutes sortes d'animaux, et que leur haine ou leur amitié décidait du bonheur ou du malheur des familles. A certains jours de l'année et à la naissance de leurs enfants, ils avaient grande attention de dresser une table dans une chambre écartée et de la couvrir de mets et de bouteilles, avec trois couverts et de petits présents, afin d'engager les mères (c'est ainsi qu'ils appelaient ces puissances subalternes) à les honorer de leur visite et à leur être favorables : voilà l'origine de nos contes des fées.

Ils pensaient que, les dieux étant des êtres immenses, on ne devait pas leur bâtir des temples ; que leur divinité remplissait les forêts, et qu'elle y était empreinte sur l'écorce sillonnée et la mousse jaunâtre des vieux chênes. Ils n'approchaient qu'en tremblant du bois qu'ils avaient choisi pour célébrer leurs mystères. Le silence et l'obscurité qui y régnaient leur

1. Au commencement du onzième siècle, on appelait cette métamorphose *werwcols*.

inspiraient une crainte, une espèce d'horreur religieuse, qu'ils regardaient comme un effet de la présence du dieu qu'ils venaient adorer. Ils craignaient à chaque pas qu'il ne se présentât à eux. Pour lui marquer leur dépendance, ils n'entraient que liés dans ce bois; et, s'ils tombaient, il ne leur était pas permis de se relever; il fallait qu'ils marchassent à genoux ou qu'ils se roulassent jusqu'à ce qu'ils fussent hors de cette enceinte sacrée. On peut juger combien des hommes pénétrés d'une pareille vénération pour les endroits qu'ils croyaient habités par les dieux, étaient scandalisés en voyant les chrétiens entrer avec des armes dans les églises, s'y parler, se saluer, changer de place et d'attitude, comme dans un amphithéâtre. Je remarque que, si les ecclésiastiques de ce temps-là ne réprimaient pas ces indécences avec toute la sévérité convenable, ils avaient du moins l'attention de faire sentir le respect qu'on devait à leurs personnes. Un des décrets du concile de Mâcon portait que « tout laïque qui rencontrerait en chemin un prêtre ou un diacre lui présenterait le cou pour s'appuyer; que si le laïque et le prêtre étaient tous deux à cheval, le laïque descendrait et ne remonterait que lorsque l'ecclésiastique serait à une certaine distance : le tout sous peine d'être interdit pendant aussi longtemps qu'il plairait au métropolitain ».

Dans ce même concile de Mâcon, un évêque ayant soutenu qu'on ne pouvait ni qu'on ne devait qualifier les femmes de créatures humaines, la question fut agitée pendant plusieurs séances. On disputa vivement; les avis semblaient partagés ; mais enfin les partisans du beau sexe l'emportèrent. On décida, on prononça solennellement qu'il faisait partie du genre humain, et je crois que l'on doit se soumettre à cette décision, quoique ce concile ne soit pas œcuménique.

Les évêques étaient obligés de nourrir les pauvres, les prisonniers, et de racheter les captifs chrétiens, ce qui augmentait leur crédit et les richesses de quelques-uns. Quand on est chargé des charités, on a le droit d'en demander et de les recueillir.

Ils eurent beaucoup de part aux heureux succès des armes de Clovis, en engageant secrètement les villes à se révolter contre Gondebaud, roi des Bourguignons, et à se soumettre aux Français : Clovis était païen; mais Gondebaud était hérétique, arien.

Un homme, quoique marié, pouvait être promu au diaconat, à la prêtrise, et devenir évêque, en déclarant qu'à l'avenir il ne vivrait plus avec sa femme; son fils obtenait ordinairement la survivance de l'évêché. Il n'était pas permis d'épouser la « délaissée » d'un prêtre ou d'un diacre.

Le sixième canon du concile d'Orléans, tenu sous la fin du règne de Clovis, défendit à tout séculier de se présenter pour être d'Église sans une permission du roi ou du juge. Charlemagne, en renouvelant cette défense dans ses capitulaires, en explique le motif en ces termes : « De peur que le service du roi n'en souffre. »

Ce n'était pas la naissance ou la politique, c'était presque toujours la beauté qui faisait les reines. Les rois se permettaient d'ailleurs la pluralité des femmes. « Cher prince, dit un jour Ingonde à Clotaire Ier, son mari, j'ai une sœur que j'aime; elle s'appelle Aregonde et demeure à la campagne; j'espère que vous voudrez bien vous charger de son établissement et lui choisir un époux. » Clotaire alla voir cette Aregonde à sa maison des champs, la trouva jolie, l'épousa, et revint ensuite dire à Ingonde qu'il n'avait point imaginé de parti plus sortable pour sa sœur que lui-même, qu'il l'avait épousée, et que désormais elle l'aurait pour compagne.

Un prince était sauvé ou damné selon le bien ou le mal qu'il avait fait aux moines : ils avaient établi pour maxime qu' « il ne s'agissait, pour s'assurer une place en paradis, que de s'y faire un bon ami, et qu'on pouvait racheter les injustices les plus criantes, les crimes les plus énormes, par des donations en faveur des églises. L'auteur des *Gestes de Dagobert* rapporte que « ce prince, étant mort, fut condamné au jugement de Dieu; et qu'un saint ermite nommé Jean, qui demeurait sur les côtes de la mer d'Italie, vit son âme enchaînée dans une barque, et des diables qui la rouaient de coups en la conduisant vers la Sicile, où ils devaient la précipiter dans les gouffres du mont Etna; que saint Denis avait tout à coup paru dans un globe lumineux, précédé des éclairs et de la foudre, et qu'ayant mis en fuite ces malins esprits et arraché cette pauvre âme des griffes du plus acharné, il l'avait portée au ciel en triomphe ». Cette dernière aventure du roi Dagobert fut peinte derrière son tombeau, dans la magnifique église qu'il avait fait bâtir à son bienheureux protecteur.

Abdérame, lieutenant du calife de Damas, après avoir conquis l'Espagne, franchit les Pyrénées, s'avança jusqu'à Tours à la tête de quatre cent mille Sarrasins. Charles-Martel, par son activité, sa prudence et sa valeur, remporta la victoire la plus complète sur cette formidable armée, le 22 juillet 732; à peine, disent la plupart des historiens, en échappa-t-il vingt-cinq mille. Si ce vaillant homme n'avait pas arrêté cet impétueux torrent, on verrait peut-être aujourd'hui autant de turbans en France qu'en Asie; quelle obligation ne lui avons-nous donc point! Mais pour payer et retenir ses soldats, il s'était servi de l'or et de l'argent trouvés dans quelques monastères; il distribua même de riches abbayes à ceux de ses capitaines qui l'avaient le mieux secondé; il fut damné, et « damné en corps et en âme », pour rendre, à ce qu'on croyait dans ce siècle grossier, sa damnation plus honteuse. On lit dans la *Vie de saint Eucher*, qu' « étant en oraison, il fut ravi en esprit et mené par un ange en enfer; qu'il y vit Charles-Martel, et qu'il apprit de l'ange que les saints dont ce prince avait dépouillé les églises l'avaient condamné à brûler éternellement en corps et en âme. Saint Eucher, ajoute cet historien, écrivit cette révélation à Boniface, évêque de Mayence, et à Fulrad, archichapelain de Pépin le Bref, en les priant d'ouvrir le tombeau de Charles-Martel et de voir si son corps y était. Le tombeau fut ouvert; le fond en était tout brûlé, et on n'y trouva qu'un gros serpent qui en sortit avec une fumée puante ». Boniface eut l'attention d'écrire à Pépin le Bref et à Carloman toutes ces preuves et circonstances de la damnation de leur père. Louis de Germanie, en 858, s'étant emparé de quelques biens ecclésiastiques, les évêques de l'assemblée de Crécy lui rappelèrent dans une lettre toutes les particularités de cette terrible histoire, en ajoutant qu'ils les tenaient de vieillards dignes de foi, et qui en avaient été témoins oculaires.

Je finis cet article sur les mœurs et usages de la première race en disant que la conduite féroce, perfide et barbare de Clovis et de la plupart de ses fils et de ses petits-fils ne doit pas nous prévenir contre le caractère des Français de ce temps-là. Mon idée paraîtra peut-être singulière : je crois que dans un État composé, comme l'était alors la monarchie, d'une nation subjuguée et d'une autre absolument libre, il était presque impossible qu'il y eût de bons rois. Le Français jouissait de son indépendance, la goûtait et n'allait que rarement à la cour. Les rois n'avaient donc pour favoris que des affranchis, pour confidents que des esclaves, et pour conseil que des Gaulois qui cherchaient à s'élever et dont l'âme tremblante et flétrie, dévouée aux caprices de son idole, approuvait ses emportements et flattait toutes ses passions.

MOEURS, USAGES ET COUTUMES
SOUS LA SECONDE RACE.

Il paraît que les Français ne pensèrent, en attaquant les Gaules, qu'à sortir de leurs forêts pour jouir d'une vie plus douce dans des provinces fertiles, abondantes et cultivées. S'ils avaient eu pour objet de fonder un empire, ils n'auraient pas manqué de statuer, dans une de leurs assemblées du champ de mars, que la royauté serait indivisible, substituée à l'aîné, et que les cadets n'auraient que des apanages réversibles à la couronne au défaut de mâles. Les quatre fils de Clovis, en partageant entre eux ses conquêtes, formèrent quatre royaumes, et ce funeste partage, outre qu'il affaiblissait les forces générales de la nation en les divisant, ne manqua pas de devenir, entre ces princes et leurs successeurs, une source intarissable de prétentions respectives, de défiances, d'animosités et de guerres civiles, fomentées par la jalousie et l'ambition.

La même cause produisit, dans la seconde race, les mêmes malheurs. Les Français, maîtres de presque toute l'Europe sous le règne de Charlemagne, virent bientôt leur gloire et leur grandeur s'évanouir, par les partages qu'assigna Louis le Débonnaire à chacun de ses enfants. « La division de l'empire français entre trois frères égaux en puissance désunit, dit Mézeray, les peuples de la Gaule de ceux de la Germanie et de l'Italie, qui commençaient à se joindre en un corps de monarchie. » La France, épuisée de soldats par la guerre que faisaient ces princes, devint aisément en proie aux ravages des Normands.

Les papes devaient toute leur fortune temporelle à Charlemagne; mais souvent les prêtres crurent ne devoir de la reconnaissance qu'à Dieu; ils profitèrent des troubles pour tâcher de donner des fers aux empereurs. Ce fut au sein de la discorde qu'ils forgèrent ces foudres que la superstition et l'ignorance de ces temps-là rendirent si redoutables.

Sous la première race, on mettait dans la main du prince destiné pour régner la hache d'armes, ou l'*angon*[1], pour lui marquer qu'il allait commander à une nation guerrière; ensuite on l'élevait sur le pavois, c'est-à-dire que des soldats le portaient sur leurs boucliers autour du camp : telle était la façon noble et simple dont se faisait l'inauguration de nos premiers

1. Espèce de javelot dont un bout ressemblait à une fleur de lis : le fer du milieu était droit, pointu et tranchant : les deux autres qui y joignaient étaient recourbés en croissants. Il y a toute apparence que la figure que formait ce bout de l'angon fut mise d'abord, comme un ornement, au haut des sceptres et autour des couronnes ; que nos rois la choisirent ensuite pour leurs armoiries, et qu'on s'est trompé en croyant que c'était une fleur de lis.

rois. Jamais, ni ceux qui leur avaient présenté la hache ou l'angon, ni les soldats qui les avaient portés autour du camp, ne s'imaginèrent avoir acquis, par cette cérémonie, le droit de les détrôner. Saint Boniface[1], archevêque de Mayence et légat du saint-siège, persuada à Pépin le Bref (le premier roi qui ait été sacré) qu'en se faisant oindre, à l'exemple des rois d'Israël, d'une huile sanctifiée, il rendait sa personne plus auguste, sa puissance plus respectable, et que son élection, loin de passer pour usurpation, serait regardée comme un décret du Ciel. L'introduction de cette cérémonie, jusqu'alors inusitée, fut le germe de cet orgueilleux délire qui fit commettre aux ecclésiastiques tant d'attentats contre l'autorité temporelle. Comme les évêques, en imposant la couronne, semblaient la donner de la part de Dieu, ils prétendirent qu'ils pouvaient aussi l'ôter, juger et déposer leurs souverains. Ce ne furent plus d'humbles pasteurs, modestement assis dans les conciles sur des stalles de bois, un cierge à la main : c'étaient de nouvelles puissances, armées de la foudre, portées sur les orages et les tempêtes qu'elles excitaient dans l'État, et qui, se croyant le front dans les cieux, foulaient les sceptres d'un pied superbe, les rendaient ou les distribuaient à leur gré.

Les Français venus à la conquête des Gaules étaient une colonie des peuples qui habitaient entre le Véser et l'Elbe, et nos rois de la première race se faisaient gloire d'être du même sang que les princes qui gouvernaient les Saxons, la nation la plus puissante parmi ces peuples. Charlemagne entreprit de les subjuguer. Cette guerre dura plus de trente ans. Terrassés sous le char du vainqueur après les plus sanglantes batailles, ils semblaient, pendant quelque temps, avoir déposé leur fierté; mais bientôt, frémissant de rage à la vue

1. « En chaque occasion, dit Mézeray, il faisait en sorte que chaque chose eût rapport à la souveraineté du pape, à qui il s'était entièrement dévoué. »

Quelques auteurs ont écrit que ce même Boniface dénonça le prêtre Virgile, que le pape excommunia comme hérétique, parce qu'il soutenait qu'il y avait des antipodes.

de leurs fers, ils tentaient de nouveau. le sort des combats. Charlemagne se laissa persuader qu'il ne pourrait jamais les façonner à son joug qu'en les forçant d'embrasser le christianisme; il déclara que « tout Saxon qui ne voudrait pas se faire baptiser et qui mangerait désormais de la viande en carême serait puni de mort ». Ainsi ce fut le glaive à la main que l'on commença de leur annoncer un Dieu de paix; c'était dans des lieux fumants encore du sang de leurs compatriotes qu'on les obligeait de recevoir le baptême. Leur opiniâtreté dans le paganisme et leurs révoltes continuelles méritaient, disent quelques historiens, tous les maux et cruels traitements qu'ils éprouvèrent. Ces historiens croient-ils donc qu'il est aisé de changer de religion? Est-ce par la force et la violence que Dieu veut qu'on étende son culte? Peut-on donner le nom de rebelle au brave Vitikind, qui défendait sa liberté et son pays? Les Saxons, que l'on ne doit pas confondre avec d'autres peuples plus proches du Rhin, qui s'étaient soumis à Charles-Martel et à Pépin le Bref, les Saxons, dis-je, nés libres, étaient-ils des révoltés? étaient-ils des criminels, parce qu'ils rougissaient de la servitude que leur présentait une puissance étrangère?

Plusieurs familles de cette nation malheureuse se réfugièrent dans le Danemark et la Norvège; elles y portèrent, elles y répandirent là haine et l'horreur pour la religion chrétienne et pour le nom français. On prétend que Charlemagne, des fenêtres d'un château proche de la mer, voyant une flotte de ces Normands[1] qui se préparaient à faire une descente sur nos côtes, dit, les larmes aux yeux : « S'ils osent menacer mes États tandis que je vis encore, que ne feront-ils point après ma mort! » Pressentiment fatal

1. Leurs bâtiments n'étaient construits que de branches de saule et d'osier, qu'ils couvraient de peaux de bœufs. Norman, homme du Nord, ou *Morman*, homme de mer : *mor* signifiait en celtique, et signifie encore aujourd'hui en breton, *mer*, et *man*, homme. Sidonius Apollinaris, qui écrivait du temps de Mérovée et Childéric, dit que les naufrages auxquels on est exposé en tentant quelque entreprise paraissent des incon-

qui ne fut que trop confirmé, lorsque les divisions et les guerres civiles qui déchirèrent la France sous les règnes de son fils et de ses petits-fils facilitèrent à ces implacables ennemis les moyens de pénétrer de tous côtés dans le royaume. Ils le ravagèrent à diverses reprises, pendant près de quatre-vingts ans. L'incendie d'une province les annonçait dans une autre. Les campagnes ne furent plus cultivées; les paysans se tenaient cachés au milieu des forêts, dans des trous qu'ils faisaient sous terre. Jamais dévastation ne fut plus terrible. Il semblait que l'arbitre des destinées des peuples et des rois eût dit du haut de son trône : « Les Saxons, à qui la France fit une guerre injuste et barbare, la couvriront des mêmes plaies qu'elle avait faites à leur patrie; je rejetterai, j'éteindrai la race de Charlemagne; sa grandeur et son éclat auront passé comme l'ombre, et je conduirai les descendants de Vitikind dans l'héritage des princes de leur sang. »

Ce généreux défenseur des restes de la Germanie, après avoir éprouvé, pendant seize ou dix-sept ans, que tous les efforts de son courage n'avaient servi qu'à combler les maux des peuples qu'il commandait, s'était déterminé à faire hommage à Charlemagne. Les conversations qu'il eut en même temps avec quelques évêques éclairèrent son esprit; il reçut depuis le baptême et vécut si chrétiennement, qu'on le mit après sa mort au nombre des saints : il fut tué, en 807, par Gérol, duc de Souabe. La postérité de Charlemagne s'éteignit en Allemagne et en Italie à la troisième génération; et de ses descendants qui régnèrent sur la France, aucun ne mourut de mort naturelle. Je suis étonné que cette remarque ait échappé à tous les historiens.

Le chagrin et l'inanition termineront les jours du déplorable Louis le Débonnaire, dans une petite île du Rhin.

---

vénients aux Saxons, mais non des obstacles ; qu'on croirait qu'ils ont vu la mer à sec, tant la connaissance qu'ils ont de tous ses bancs et de tous ses écueils est exacte et précise; qu'une tempête horrible augmente leur espérance, et qu'ils se félicitent, en luttant contre les ondes en fureur, de ce que le Ciel leur accorde un temps si propre à rassurer contre la crainte d'une descente les pays qu'ils veulent surprendre et saccager. »

Charles le Chauve mourut dans une chaumière au pied du mont Cenis, empoisonné par le juif Sédécias, son médecin. Les enfants qu'il eut de sa seconde femme moururent en bas âge : il avait eu de la première Louis, Charles, Lothaire, Carloman et Judith; il fit crever les yeux à Carloman; Louis, dit le Bègue, lui succéda et fut aussi empoisonné; Charles, roi d'Aquitaine, revenant un soir de la chasse dans la forêt de Guise, près de Compiègne, voulut faire peur à un seigneur nommé Albuin, qui lui donna, ne le reconnaissant pas, de si furieux coups sur la tête, qu'il ne put jamais en guérir. Judith se fit enlever par le Forestier de Flandres.

Louis III, successeur de Louis le Bègue, poursuivant la fille de Germond, bourgeois de Tours, qui se sauvait dans une maison, se cassa les reins, emporté par son cheval, ou voulant le faire passer sous la porte, qui était trop basse.

Carloman II, son frère, blessé par mégarde à la chasse, dans la forêt de Baizieux, par un de ses gens nommé Bertold, mourut le septième jour; il eut la générosité de dire qu'il avait été blessé par un sanglier, dans la crainte qu'on ne punît, après sa mort, ce domestique maladroit.

Charles le Gros avait recueilli la succession de Charlemagne; il fit un traité si honteux avec les Normands, et sa puérile dévotion le rendit d'ailleurs si méprisable, qu'on le déposa : ce monarque, qui commandait quelques jours auparavant à tant de millions d'hommes, fut abandonné au point qu'il ne lui resta pas un seul valet pour le servir : « Il envoya demander du pain, disent les historiens, à l'archevêque de Mayence. » Arnould, son neveu, qui s'était fait élire à sa place, lui assigna, pour sa subsistance, le village de Nidenguen, où il fut étranglé secrètement au bout de quelques mois.

Charles le Simple, trahi par Herbert, comte de Vermandois, finit ses jours dans la douleur et le désespoir, en prison à Péronne.

Louis IV dit d'Outremer, poursuivant un loup sur le chemin de Reims, tomba de cheval et mourut de cette chute.

Lothaire et son fils Louis V, les deux derniers rois de cette race, furent empoisonnés par leurs femmes, princesses avec lesquelles ils vivaient fort mal.

Charles, duc de la Basse-Lorraine, frère de Lothaire et le seul qui restait du sang de Charlemagne, mourut en prison dans la grosse tour d'Orléans en 993 : il laissa trois fils (Othon [1], Louis et Charles), qui moururent jeunes et sans enfants; ses deux filles (Hermengarde et Gerberge) furent mariées, la première avec Albert, comte de Namur, et la seconde avec Lambert, comte de Hainault.

Charlemagne se faisait honneur d'être Franc d'origine; il affectait d'être toujours vêtu à la française, c'est-à-dire avec un habit court et qui lui serrait la taille. Il était indigné quand il rencontrait des Français vêtus d'habits longs comme les Gaulois : « Voilà nos Francs, s'écriait-il, voilà nos hommes libres, qui prennent l'habit du peuple qu'ils ont soumis; quelle honte ! quel mauvais augure ! »

Il scellait les traités qu'il faisait avec le pommeau de son épée, où il y avait apparemment un cachet : « Je les ferai tenir, disait-il, avec la pointe. »

Dans un écrit où il se rend compte à lui-même des choses qu'il voulait proposer au Parlement de 811, on peut voir la différence des ecclésiastiques de ce temps-là avec ceux de ce temps-ci. « Je demanderai, dit-il, aux ecclésiastiques ce que signifient ces paroles de l'apôtre : « Nul de ceux qui se destinent au service de « Dieu ne doit se mêler des affaires du siècle. » Je veux qu'ils m'expliquent ce qu'ils entendent quand ils disent qu'ils ont quitté le siècle, et si l'on ne doit les

---

1. Othon mourut en 1006, après avoir régné environ treize ans sur la Basse-Lorraine : ses frères étaient morts avant lui, puisque ses sœurs prétendirent à ce duché et firent la guerre à Godefroy d'Ardenne, à qui l'empereur l'avait donné, au défaut de mâles : elles obtinrent par accommodement des terres dans le voisinage, et une somme considérable, payable en différents termes.

distinguer des séculiers que parce qu'ils ne sont pas
mariés. Je veux savoir s'ils croient que celui-là a véritablement quitté le siècle qui ne songe qu'à augmenter
ses biens par toutes sortes de voies ; qui ne s'étudie
qu'à persuader aux simples que la béatitude éternelle
dépend du bien que l'on fait à son Église ; qui se sert
du nom sacré de Dieu, ou de celui de quelque saint,
pour engager un testateur imbécile à frustrer ses héritiers légitimes et les exposer par là à devenir coupables de tous les crimes que la pauvreté fait commettre. »

Pascal III, qui avait canonisé Charlemagne, n'étant
pas regardé comme légitime souverain pontife, Alexandre III revisa cette canonisation et la confirma[1].

J'ai dit que Charles le Chauve fit crever les yeux à
son fils Carloman : Louis le Débonnaire avait fait subir
le même supplice à son neveu, le jeune Bernard, roi
d'Italie. Les mutilations devinrent si fréquentes que
les vassaux, dans leur serment de fidélité, juraient
qu' « ils défendraient la personne de leur seigneur, et
ne consentiraient point qu'on l'estropie d'aucune partie de son corps ». Les abbés, au lieu d'imposer des
peines canoniques à leurs moines, leur faisaient couper
une oreille, un bras, une jambe.

En 793, il y eut une grande famine. On avait trouvé
tous les épis de blé vides, et l'on avait entendu en
l'air plusieurs voix de démons qui avaient déclaré qu'ils
avaient dévoré la moisson parce qu'on ne payait pas
les dîmes aux ecclésiastiques. Il fut ordonné qu'on les
payerait à l'avenir. Il est singulier que les diables s'in-
téressassent si vivement à notre clergé.

La langue latine était la langue vulgaire sous la
première race, c'est-à-dire la langue que tout le monde
parlait. On croit qu'elle commença de n'être plus vulgaire au commencement du règne de Louis le Débonnaire. Il est certain qu'au concile d'Arles, en 851, sous

---

1. D'autres auteurs prétendent que cette canonisation est traditionnelle
plus qu'effective. Toujours est-il que le nom du célèbre empereur figure
au calendrier et amène un jour de fête pour nos écoliers.

le règne de Charles le Chauve, il fut ordonné aux ecclésiastiques, « de faire leurs instructions et homélies en langue romance, afin que chacun pût les entendre ». La langue romance était un mélange des langue celtique et latine corrompues, et dans lequel il s'introduisit encore plusieurs termes et expressions tudesques lorsque les Francs se furent établis dans les Gaules. Le tudesque était la langue des Francs, et un celtique corrompu, le celtique ayant été anciennement la mère langue de tout l'Occident. La langue romance est devenue la langue française.

Le seigneur mettait un morceau de gazon dans la main de celui à qui il donnait l'investiture d'une terre, et qui devenait son vassal. Au Parlement ou assemblée générale de la nation du mois de mai 922, la plupart des grands du royaume, mécontents de Charles le Simple, déclarèrent qu'ils ne le voulaient plus pour seigneur, « et signifièrent qu'ils renonçaient à la foi et hommage envers lui, en rompant et jetant à terre des brins de paille qu'ils tenaient dans leurs mains ».

Il paraît qu'il y avait dans ces temps-là un moyen d'acquérir de la réputation et de faire même quelquefois fortune en un instant. Les femmes accusées de crime étaient reçues à se justifier par la preuve du duel, c'est-à-dire en présentant aux juges un champion de condition noble, qui offrait de forcer en champ clos l'accusateur à se dédire. Le vaincu, mort ou vif, était traîné sur la claie et pendu par les pieds : la femme était justifiée ou punie. Sous le règne de Louis le Bègue, la comtesse de Gâtinais fut accusée d'avoir empoisonné son mari. Les indices contre elle étaient si forts, et Gontran, son accusateur, cousin germain de ce mari, passait pour un guerrier si redoutable, qu'elle se voyait abandonnée de tous ses parents et de tous ses amis. Ingelger, âgé de dix-sept à dix-huit ans, fils de Torquat, gentilhomme breton, se présenta pour soutenir qu'elle était innocente : les juges ordonnèrent le combat ; il tua Gontran. La comtesse, de l'avis et du consentement de ses barons et vassaux, le fit son héritier. L'archevêque de Tours lui donna en mariage la belle Adelinde, sa nièce, avec les châteaux d'Amboise, de Buzançay et de Châtillon; il fut la tige des comtes d'Anjou, qui montèrent sur le trône d'Angleterre.

Les possesseurs des châteaux qu'on avait bâtis de tous côtés pour arrêter les courses des Normands devinrent dans la suite un fléau presque aussi funeste que l'avaient été ces pirates. Du haut de leurs forteresses ils fondaient sur tout ce qui paraissait dans la plaine, rançonnaient les voyageurs, pillaient les marchands : on eût dit que le brigandage était devenu un droit de seigneur. « D'un autre côté, dit Mézeray, la vraie vaillance et la courtoisie n'étaient pas si étouffées qu'il ne se trouvât des gentilshommes assez généreux pour faire des lois et statuts, par lesquels ils s'obligeaient à courir les provinces pour attaquer et détruire ces petits tyranneaux; c'est sur cela, ajoute-t-il, que les romanciers ont forgé leurs chevaliers errants et tant de monstres et de géants. »

GIBET.

Mot corrompu de celui de *gebel*, qui signifie en langue arabe une montagne. Anciennement, en France, les exécutions se faisaient sur des lieux élevés, afin que l'exemple fût vu de plus loin. Tacite dit que les Germains pendaient à un arbre les traîtres et les déserteurs, et qu'ils étouffaient dans un bourbier, sous une claie, les poltrons et les fainéants. L'esprit de la loi, dans la différence de ces supplices, était de rendre visible la punition du crime et d'ensevelir l'infamie dans un éternel oubli.

Étienne Pasquier remarque que les fourches patibulaires de Montfaucon « ont porté malheur à tous ceux qui s'en sont mêlés »; qu'Enguerrand de Marigni, qui les fit bâtir, les étrenna; que Pierre Remi, surintendant des finances sous Charles le Bel, les ayant fait réparer, y fut aussi pendu; « et de notre temps, ajoute-t-il, Jean Mounier, lieutenant civil de Paris, y ayant fait mettre la main pour les refaire, s'il n'y finit pas ses jours, comme les deux autres, il y fit amende honorable. » La remarque de Pasquier est bonne, en ce qu'elle fait voir qu'il a été un temps qu'en France on faisait justice des grands comme des petits voleurs.

LE GUET.

Il paraît que sous la première race de nos rois le guet n'était pas en bonne réputation. Une ordonnance de Clotaire II, année 593, porte que, « lorsqu'un vol sera fait de nuit, ceux qui seront de garde dans le quartier en répondront, s'ils n'arrêtent pas le voleur ; que si le voleur, en fuyant devant ces premiers, est vu dans un autre quartier, et que les gardes de ce second quartier, en étant aussitôt avertis, négligent de l'arrêter, la perte causée par le vol tombera sur eux, et qu'ils seront en outre condamnés en cinq sols d'amende ; et ainsi de quartier en quartier ».

BARRIÈRES DEVANT LES MAISONS ROYALES ET DEVANT QUELQUES HOTELS.

Les princes du sang avaient une entière juridiction sur leurs domestiques. Les grands officiers de la couronne l'avaient de même sur tous ceux qui étaient dans leur dépendance par leurs charges, emplois ou métiers. S'il arrivait quelque tumulte parmi le peuple, et s'il avait quelque plainte subite à porter, il s'assemblait devant la maison ou du gouverneur, ou du grand aumônier, ou du connétable, ou du grand chambellan, ou du grand écuyer, ou du chancelier, ou d'un prince du sang, en un mot devant la maison de celui qui avait le droit de juger et de punir les personnes de qui on avait à se plaindre. Ce prince, ou ce grand officier, descendait à sa porte, où il avait une barrière pour n'être pas assailli par le peuple, et sur laquelle il s'appuyait pour entendre les griefs. Voilà l'origine des barrières qu'on voit devant différents hôtels. Le cardinal de Rohan, comme grand aumônier, en avait une devant son hôtel, rue du Temple ; il n'y en a point devant l'hôtel de Soubise. Il y en a une devant l'hôtel d'Armagnac, parce que le grand écuyer y loge ; il n'y en a point devant les hôtels des autres princes de la maison de Lorraine. Il y en a une devant l'hôtel du duc de Bouillon, comme grand chambellan ; il n'y en a point devant l'hôtel d'Évreux ni devant l'hôtel d'Auvergne. Le doyen des maréchaux de France a droit de barrière, comme représentant le connétable. On tolère, assez mal à propos, que les barrières restent devant les hôtels où il y en avait, quoique la personne qui y demeure dans la suite n'en ait pas le droit ; il est vrai qu'elle ne peut pas les faire raccommoder, et qu'elle est obligée de les laisser pourrir.

COUVENTS DES RELIGIEUX MENDIANTS.

« Mettez-vous en état, dit saint Paul, de n'avoir besoin de personne, et travaillez de vos propres mains, ainsi que nous l'avons ordonné. »

« Nous n'avons mangé gratuitement le pain de personne, dit le même apôtre ; mais nous avons travaillé de nos mains jour et nuit, avec peine et fatigues, pour n'être à charge à aucun de vous... Nous vous avons déclaré que celui qui ne veut point travailler ne doit point manger. »

Albert, patriarche de Jérusalem, dans la règle qu'il donna aux Carmes, vers l'an 1209, leur ordonna particulièrement la retraite, le silence et le travail continuel.

« Je travaillais de mes mains, dit saint François dans son testament ; je veux continuer de travailler ; et je veux fermement que tous les frères s'appliquent à quelque travail honnête, et que ceux qui ne savent pas travailler l'apprennent. »

« Nous voulons bâtir, dit saint Bonaventure ; nous ne nous contentons plus des pauvres et simples logements que notre règle nous prescrit... Nous sommes à charge à tout le monde ; et nous le serons encore plus à l'avenir, si nous continuons. »

On peut dire que les contes de féerie, où, d'un coup

de baguette, on élève un palais, sont réalisés par la vertu de la besace.

Louis XIV, jugeant que les dépenses que ces religieux mendiants faisaient en bâtiments, soit pour la décoration de leurs monastères soit pour en augmenter les revenus, étaient contraires à la sainteté de leurs règles et à la police de l'État, leur défendit, par sa déclaration du 5 septembre 1684, sous peine de privation de leurs privilèges, d'entreprendre aucun bâtiment dont la dépense excédât la somme de quinze mille livres, sans en avoir obtenu la permission par lettres patentes signées de sa main, contresignées par un des secrétaires d'État, scellées du grand sceau et enregistrées au Parlement avec les formalités accoutumées. Et à l'égard des bâtiments dont la dépense serait au-dessus de trois mille livres et au-dessous de quinze mille livres, il leur fut défendu de les entreprendre sans en avoir eu auparavant la permission par un arrêt du Parlement.

MOEURS, USAGES ET COUTUMES JUSQU'AU RÈGNE DE LOUIS XI.

Les Français qui achevèrent la conquête des Gaules n'étaient pas en assez grand nombre pour posséder toutes les terres : ils n'en prirent que le tiers, qui fut divisé en terres saliques, en bénéfices militaires et en domaines du roi. Les terres saliques étaient celles qui échurent en partage à chaque Français et qui, par conséquent, étaient héréditaires. On donna le nom de bénéfices militaires à des terres que l'on ne partagea point, qui demeurèrent à l'État et que les rois devaient distribuer pour récompenses viagères à ceux qui en méritaient par leurs actions ou par l'ancienneté de leurs services. On appela domaines du roi les parts considérables qu'eut le chef dans le partage général. Ces domaines, dispersés dans le royaume, montaient à plus de cent soixante et composaient le principal revenu de nos rois de la première et de la seconde race. Ce n'étaient point des maisons de plaisance avec de vastes jardins embellis par l'art : c'étaient de bonnes métairies, ordinairement au milieu des forêts. On y tenait des haras; on y nourrissait des bœufs, des vaches, des moutons, de la volaille. Le roi voyageait toute l'année de l'une à l'autre. On peut dire qu'il vivait sur ses terres, et l'on vendait à son profit les provisions qu'il n'avait pas consommées. Charlemagne, dans un de ses capitulaires, ordonne de vendre les poulets des basses-cours de ses domaines et les légumes de ses jardins. Tel financier à qui il en coûte aujourd'hui au moins mille écus par an pour les potagers de sa maison de campagne se trouverait offensé si on disait qu'il envoie au marché le surplus de ce qu'il lui faut de légumes pour sa table et celle de ses gens.

Les Français, pour avoir des hommes qui cultivassent les terres dont ils s'emparèrent, ne furent point obligés de réduire en servitude une partie des vaincus. Chez les Romains et depuis, sous la première, la seconde et la troisième race, jusqu'à l'affranchissement des fiefs, ce qu'on appelait une terre ou métairie n'était pas seulement une certaine quantité d'arpents et quelques bâtiments ; c'était encore les bestiaux et les esclaves qui la mettaient en valeur.

Les ducs, les comtes, les vicaires et les centeniers ou *thungins* administraient les finances, rendaient la justice dans les provinces, y convoquaient ceux qui devaient faire la campagne[1], les assemblaient et les conduisaient au rendez-vous général. Il y avait aussi des terres attachées à ces grandes et petites magistratures. Les juges étaient tous militaires : la loi salique leur ordonnait de passer leur bouclier à leur bras quand ils prononçaient un jugement.

Vers la fin du règne de Charles le Chauve, les comtes et les ducs, profitant des troubles du royaume, commencèrent à convertir leurs titres et leurs commissions, qui n'étaient au plus qu'à vie, en dignités héréditaires

---

1. Si l'on n'arrivait pas à l'armée au jour marqué, on était condamné à faire abstinence de vin et de viande pendant autant de temps qu'on avait manqué à son service.

dans leurs familles : ils se firent seigneurs propriétaires des provinces et des villages dont l'administration ne leur avait été confiée que pour un temps. Leur exemple fut bientôt imité par la plupart de ceux qui se trouvèrent revêtus de magistratures moins considérables ou de bénéfices militaires ; et le besoin qu'ils crurent avoir les uns des autres pour se soutenir dans leurs usurpations fut l'origine, à ce que croient la plupart des légistes, des fiefs [1] et arrière-fiefs, c'est-à-dire de cette convention par laquelle celui qui ne s'était approprié qu'un bourg ou une ville faisait serment à celui qui s'était emparé de toute une province de le reconnaître pour son seigneur et de défendre sa personne et ses biens, à condition que, de son côté, il le protégerait, le défendrait et ne lui dénierait jamais justice.

Il s'en fallait beaucoup que les deux derniers rois de la seconde race fussent les plus riches seigneurs de leur royaume : il ne leur restait pour tout domaine que les villes de Laon, de Soissons et de Compiègne. Par l'avènement de Hugues Capet au trône, la couronne fut enrichie du comté de Paris et du duché de France [2], dont ses ancêtres s'étaient rendus seigneurs propriétaires. Il confirma les grands et les petits vassaux dans la possession et hérédité de leurs fiefs, c'est-à-dire qu'il leur laissa les villes, terres, charges et provinces qu'ils avaient usurpées. Les grands vassaux étaient le duc de Bourgogne, le duc de Normandie, le comte de Flandre, le comte de Champagne, le duc d'Aquitaine et de Gascogne, le comte de Toulouse et le comte de Barcelone [3]. Ces provinces, changées en fiefs, sont re-

1. Le mot *fief* dérive du mot latin *fœdus* (alliance), parce que le seigneur et le vassal se liaient l'un à l'autre par l'acte d'inféodation.

2. Robert le Fort fut tué dans un combat contre les Normands, en 867, dans le village de Brisserte, en Anjou. Charles le Chauve lui avait donné, en 863, le duché de France. Ce duché ou gouvernement, outre des territoires considérables en Picardie et en Champagne, comprenait la ville et comté de Paris, l'Orléanais, le pays chartrain, le Perche, le comté de Blois, la Touraine et une partie de l'Anjou et du Maine ; ainsi les comtes et les seigneurs particuliers de ces différents pays relevaient du duché de France.

3. On voit dans les chartes recueillies par M. de Marca que, depuis

devenues provinces, étant réversibles à la couronne par félonie ou au défaut d'héritiers.

Chacun de ces grands vassaux avait tous les droits de la souveraineté dans son fief; et lorsqu'il était attaqué ou lésé, ses vassaux liges [1] étaient obligés de le suivre à la guerre, même contre le roi [2]. S'il était vaincu, et si les pairs et les autres grands du royaume assemblés en Parlement jugeaient qu'il y avait félonie de sa part, c'est-à-dire qu'il n'avait pas eu de raisons légitimes pour prendre les armes, le roi était le maître de confisquer son fief; mais on ne pouvait le condamner à mort. L'usage d'acquérir la noblesse par une charge ou à prix d'argent ne s'étant pas encore introduit, le sang de tout noble semblait si sacré qu'on ne pouvait le répandre que pour crime de trahison. Les premières lettres d'anoblissement sont de l'année 1271, sous le règne de Philippe le Hardi, fils de saint Louis.

On distinguait entre guerre du roi et guerre de l'État; et par conséquent les forces du roi et celles de l'État étaient bien différentes. On appelait guerres du roi celles qu'il avait avec les grands ou petits vassaux et pour lesquelles il ne pouvait convoquer que les hommes de ses terres et les vassaux liges de ses seigneuries. Il en coûta trois années de guerre à Louis le Gros pour soumettre Bouchard de Montmorenci [3] et deux ou trois autres seigneurs à dix ou douze lieues de Paris; au lieu que ce même prince se vit à la tête de plus de deux cent mille hommes lorsqu'il fut question de marcher contre l'empereur Henri V, qui s'avançait

Charles le Chauve jusqu'à la seizième année du règne de Philippe Auguste, les comtes de Barcelone continuèrent de dater les actes par les années du règne de nos rois : preuve qu'ils les reconnaissaient pour leurs souverains.

1. Les seigneurs, en cédant de leurs terres, ou de celles qu'ils avaient usurpées, firent des conventions plus ou moins onéreuses pour ceux à qui ils les cédèrent. Le vassal lige était obligé de servir le seigneur en personne envers et contre tous; au lieu que le vassal libre pouvait mettre un homme à sa place, et n'était astreint à secourir le seigneur qu'en certains cas.

2. Le roi veut bien encore aujourd'hui permettre qu'on plaide contre lui : c'était la façon de plaider de ce temps-là.

3. Mathieu, son fils, épousa la veuve de Louis le Gros.

vers Reims, et qui s'enfuit avec tant d'épouvante et de précipitation qu'il ne s'arrêta qu'après avoir repassé la Moselle et le Rhin. Le roi d'Angleterre, qui était en même temps duc de Normandie, avait suscité cette irruption des Allemands. Louis le Gros tâcha d'engager les seigneurs et les barons à le suivre pour conquérir la Normandie ; mais chacun s'excusa et s'en retourna avec le contingent qu'il avait amené. « Nous sommes venus, disaient-ils, pour défendre la patrie commune menacée par une puissance étrangère ; mais nous ne sommes pas obligés de concourir à dépouiller le duc de Normandie, vassal de la couronne, et par conséquent un des membres de la monarchie. Leur politique ordinaire était de souhaiter que l'État fût puissant, mais que le roi ne le fût pas assez pour les abaisser et les humilier.

« C'est un beau spectacle, dit M. de Montesquieu, que celui des lois féodales. Un chêne[1] antique s'élève ; l'œil en voit de loin les feuillages : il en approche, il en voit la tige ; mais il n'en aperçoit pas les racines : il faut percer la terre pour les trouver. » Pour moi, je dirais : « Le gouvernement féodal dégénère presque toujours en anarchie. » Un chêne antique (la royauté) s'affaiblit : ses grosses branches (les grands vassaux) lui enlèvent la sève et la substance : c'était un beau spectacle que celui de l'état de la nation depuis Clovis jusqu'au règne de Charles le Chauve. Un Français n'était vassal que de la patrie : il ne reconnaissait aucune puissance entre le trône et lui ; ses chefs n'étaient que ses égaux ; et lorsqu'il marchait sous eux, ce n'était jamais qu'à la voix de son roi. Depuis Charles le Chauve jusqu'au règne de Louis XI, ce fut un triste spectacle que la France divisée sous plusieurs petits souverains qui s'unissaient

1. M. de Montesquieu prétend que les *bénéfices militaires* se donnaient à condition d'être toujours prêt à marcher en guerre ; que par conséquent c'étaient des fiefs, et qu'ainsi l'origine des fiefs est aussi ancienne que la monarchie. Il se trompe, puisqu'il n'est pas douteux que tout Français, dès qu'il avait atteint un certain âge, était obligé de servir ; et qu'il n'était donc pas naturel que l'on gratifiât quelqu'un à condition qu'il remplirait un devoir indispensable prescrit par la règle générale.

sans cesse contre l'autorité royale et qui souvent s'alliaient avec l'Anglais.

L'esprit d'indépendance était général. Chacun s'arrogeait le droit de guerre. Une ville s'armait contre une ville, une paroisse contre une paroisse, une abbaye contre une abbaye, une famille contre une famille. Les parents au delà du quatrième degré n'étaient pas obligés de prendre parti, mais ils le pouvaient comme amis et comme alliés. On tâchait, de temps en temps, d'apporter quelques remèdes à ces désordres : on avait défendu de commettre aucun acte d'hostilité aux temps de l'avent, de Noël, du carême, de Pâques et de la Pentecôte, comme aussi d'attendre son ennemi auprès des églises, de l'attaquer en allant à la messe, et depuis le jeudi au soir jusqu'au point du jour du lundi. Philippe le Bel, en 1311, voulut abolir entièrement ces guerres particulières. La noblesse, pour soutenir ce qu'elle regardait comme un de ses privilèges, se révolta; et Louis le Hutin, son successeur, fut obligé, en 1315, de les permettre, « quand on serait en paix avec les puissances étrangères ». On lit dans le cahier des remontrances de la province de Picardie, article VI : « Demandent les nobles qu'ils puissent user des armes quand il leur plaira comme par le passé, et qu'ils puissent guerroyer et contregagner. » — « Accordé par le roi le droit des armes et de guerre, comme il en a été usé du temps passé. » — Article XXV : « Le roi accorde aussi le duel et gage de bataille, en cas de crime qui ne pourra être prouvé par témoins. » Louis le Jeune, en 1168, avait ordonné que pour une dette qui n'excéderait pas cinq sols, le duel ne pourrait avoir lieu. Philippe le Bel le défendit en toute matière civile.

Les Français n'estimèrent longtemps que l'art de la guerre; mais, cette espèce de férocité militaire s'étant adoucie, ils mêlèrent la politesse à la valeur. Le goût des sciences ne suivit pas de si près; et pendant plusieurs siècles, on ne vit chez eux d'autre architecture que la gothique, d'autre peinture que celle des vitres des églises et des palais, d'autre sculpture qu'une conusion de figures innombrables, placées sans goût et sans choix sur les portails des édifices. Sous les règnes de Philippe-Auguste et de saint Louis, ces trois arts se perfectionnèrent ; c'est-à-dire qu'on vit des vitres mieux coloriées, des colonnes travaillées avec un peu plus d'élégance et des légions de magots moins difformes.

La fameuse loi salique, attribuée à Pharamond, renferme soixante et onze articles. C'est un recueil de règlements sur toutes sortes de matières. Elle donne des règles de police pour les mœurs, le gouvernement, l'ordre de la procédure ; elle prescrit des peines pour le larcin, les incendies, les maléfices, etc. C'est donc une erreur de croire que cette loi ne regarde que la succession à la couronne ou à certains fiefs particuliers : elle n'offre même qu'un seul article qui ait rapport aux successions.

Les premières assemblées générales de la nation étaient appelées champs de mars ; on les nomma ensuite champs de mai, parce que le mois de mars et celui de mai furent, l'un après l'autre, destinés à la tenue de ces diètes. Elles avaient plusieurs objets différents. Telles étaient la revue des troupes, les délibérations sur la guerre ou la paix, la réformation des abus du gouvernement, de la justice et des finances. Le roi présidait à ces assemblées, auxquelles assistaient les évêques et les grands officiers de la couronne. Les règlements qu'on y faisait devenaient des lois de l'État. C'était là encore que les rois recevaient le présent volontaire que lui faisaient les grands du royaume. Il consistait en argent, en meubles ou en chevaux, et se nommait don gratuit. Ce nom est demeuré aux subsides que le clergé fournit pour les besoins de l'État.

Anciennement, en France, tous les crimes, excepté celui d'État, se rachetaient à prix d'argent. La vie d'un évêque était estimée neuf cents sols d'or ; celle d'un prêtre, six cents ; celle d'un laïque, à proportion de sa qualité, mais quelque chose de moins que celle d'un prêtre. Il n'était pas alors permis de serrer la main à une femme libre sans son consentement : quiconque s'y hasardait était condamné à quinze sols d'or; au double s'il lui prenait le bras, au quadruple s'il lui touchait le sein.

Les communes, qui n'étaient d'abord que des villages et des bourgs dont les habitants avaient été affranchis, devinrent, pour la plupart, des cités puissantes et formèrent insensiblement dans le royaume un troisième ordre de citoyens qui fut nommé tiers état et acquit, dans les diètes de la nation, une autorité égale à celle du clergé et de la noblesse.

Rien de plus commun, à la fin de la première race, que de faire entrer les bénéfices dans le commerce. Ils devinrent héréditaires; et l'on a vu, dans certains inventaires, vendre les églises, les autels, les cloîtres, les ornements, les calices, etc. Une fille avait pour dot, en mariage, une cure, et il lui était permis d'en affermer la dîme et le casuel.

Sous cette même race, le chancelier de France se nommait grand référendaire. Cette charge n'était alors que la cinquième ou la sixième de l'État. A peine, en 1224, voulait-on lui accorder voix délibérative dans l'assemblée des pairs; et durant longtemps il n'eut place au Parlement qu'après les princes et les évêques. C'est aujourd'hui le chef de la justice, le président né de tous les conseils, le premier officier de la couronne; c'est le seul homme du royaume qui ne rende jamais de visite, le seul qui ne porte jamais le deuil.

On attribue communément à Hugues Capet, le premier des rois de la troisième race, l'institution de la pairie : c'est une erreur qui n'a aucun fondement dans notre histoire. Le terme de pair est aussi ancien que la monarchie : il vient du mot latin *par*, qui signifie égal ou confrère. On donnait ce titre aux gentilshommes qui possédaient des fiefs héréditaires et qui relevaient immédiatement d'une même seigneurie : non qu'ils fussent égaux à leur seigneur féodal, mais parce qu'ils étaient pairs entre eux, tenant leurs fiefs de la même personne, de la même manière et avec les mêmes obligations. Tous les pairs ne jouissaient pas d'une égale considération : ceux qui rendaient un hommage immédiat à la couronne étaient d'un rang bien supérieur à ceux qui n'en étaient que les arrière-vassaux. Ces derniers n'avaient point séance parmi les seigneurs du royaume ; les autres, au contraire, étaient les juges nés de toutes les questions qui intéressaient l'État. Ils composaient ce qu'on appelait la cour de France, la cour du roi, ou, par excellence, la cour des pairs.

C'est à la piété du roi Robert qu'il faut attribuer l'usage où sont nos rois de laver les pieds à douze pauvres le jeudi saint, et de les servir à table aidés des princes et des seigneurs de la cour. Robert donna le premier cet exemple d'humilité. Jamais prince ne porta plus loin la compassion pour les malheureux. Il leur permettait de le voler. Un d'eux, ayant coupé la moitié d'une frange d'or, voulait encore emporter l'autre. « Retirez-vous, lui dit le roi avec bonté ; il doit vous suffire de ce que vous avez ; ce qui reste pourra servir au besoin de vos camarades. »

Sous le règne de Louis VII, on nommait prince du royaume l'héritier présomptif de la couronne. Les filles de France avaient le nom de reine au lieu de celui de Madame, qui ne leur fut donné que du temps de Philippe-Auguste ; et voici à quelle occasion se fit ce changement. Philippe, ayant répudié la reine Ingelburge, épousa la princesse Agnès, fille du duc de Méranie et de Brême. Le pape, n'approuvant point ce divorce, jeta un interdit sur toutes les terres de la monarchie française. La suite de cette affaire fut que le roi reprit sa première femme, et que la princesse de Méranie, devenue femme illégitime, ne survécut point à la disgrâce. Elle laissa un fils et une fille qui furent déclarés légitimes ; mais la fille ne porta jamais que le nom de Madame Marie. Sa naissance équivoque changea l'étiquette ; et depuis ce temps-là les filles de nos rois et de leurs fils aînés furent appelées simplement Mesdames. Le nom de reine qu'elles portaient auparavant ne se perdait pas même lorsqu'elles se mariaient avec des seigneurs particuliers : témoin Adélaïde, fille de

Robert, qui, quoique femme de Baudoin, comte de Flandre, était appelée la comtesse-reine.

Jusqu'au règne de Philippe-Auguste, les rois de France n'avaient employé leur domaine qu'à soutenir la majesté du trône. L'État avait soin de fournir aux frais de la guerre, et dans cette conjoncture les seigneurs et les peuples se joignaient au roi pour venger les injures faites à la monarchie. Mais par là même le vassal devenait, en quelque sorte, juge des motifs qui déterminaient le souverain à prendre les armes. Philippe, pour secouer cette espèce de dépendance, imagina de soudoyer des troupes qui fussent entièrement dévouées à ses ordres, et fut le premier de nos rois qui entretint des armées sur pied même en temps de paix.

Philippe-Auguste, étant à Pontoise, reçut avis qu'à la sollicitation du roi Richard d'Angleterre[1] le Vieux de la Montagne avait envoyé deux de ses sujets en France pour l'assassiner. Ce bruit n'était pas fondé; mais Philippe, dans la prévention où il était contre Richard, ne laissa pas d'y ajouter foi; et à cette occasion il institua des sergents d'armes, qu'on peut regarder comme la première des gardes de nos rois de la troisième race. C'étaient des gentilshommes armés de massues d'airain, d'arcs et de carquois garnis de flèches. Ils ne devaient point quitter le prince ni laisser approcher de sa personne aucun inconnu. Leur office était à vie. On les employa dans la suite à porter les ordres du souverain lorsqu'il citait quelqu'un à sa cour. Ils n'avaient d'autre juge que le roi ou le connétable.

On parle, sous le règne du même prince, d'une espèce de soldats appelés ribauds. C'étaient des déterminés, qu'on mettait à la tête des assauts, et dont on se servait dans toutes les actions de hardiesse et de vigueur. La vie déréglée qu'ils menaient a rendu dans la suite leur nom infâme en France. Les ribauds avaient un chef qui portait le titre de roi, suivant l'u-

---

1. Richard, dit Cœur de lion. Sur le Vieux de la Montagne, voir les récits de Marco-Polo, publiés dans la même collection que le présent volume.

sage établi alors de donner cette auguste qualité à ceux qui avaient sur d'autres quelque espèce de commandement. Ce prétendu monarque connaissait de tous les jeux de dés, de hasard et autres, qui se jouaient pendant les voyages de la cour. Le nom de cet officier fut supprimé sous le règne de Charles VII, mais l'office demeura ; et ce qu'on appelait le roi des ribauds fut nommé grand prévôt de l'hôtel, charge qui subsiste encore actuellement.

Autrefois le titre d'homme de lettres s'acquérait à peu de frais ; il suffisait de savoir lire et chanter au lutrin. Foulques le Bon, comte d'Anjou, était du nombre de ces savants. Il écrivit à Louis d'Outremer, qui plaisantait sur son érudition : « Sachez qu'un prince non lettré est un âne couronné. »

C'était une chose assez commune autrefois de voir les veuves de nos rois se remarier avec des seigneurs particuliers. Après la mort de Louis le Gros, sa femme, Adélaïde de Savoie, épousa Mathieu de Montmorenci. Cette alliance, qui paraîtrait aujourd'hui singulière, ne l'était point alors. Le roi son mari l'avait toujours aimée avec beaucoup de tendresse ; il fit pour elle ce qu'aucun de ses prédécesseurs n'avait encore fait : il voulut que les chartes et autres monuments de cette nature fussent également datés des années de son règne et de celles du couronnement de la princesse. C'est à la reine Adélaïde que le monastère des religieuses de Montmartre est redevable de sa fondation.

Saint Thomas d'Aquin vivait du temps de saint Louis, qui l'admettait souvent à manger avec lui. Ce fut dans une de ces occasions que Thomas, naturellement distrait, et toujours occupé, s'écria, sans songer où il était et frappant sur la table : « Voilà qui est concluant contre l'hérésie de Manès. »

Ce même saint, entrant un jour dans la chambre d'Innocent VI, tandis qu'on y comptait de l'argent : « Vous voyez, lui dit le pontife, que l'Église n'est plus dans le siècle où elle disait : « Je n'ai ni or ni argent. » — Il est vrai, saint-père, répondit Thomas ; mais aussi elle ne peut plus dire au paralytique : « Lève-toi et marche. » Cette réponse n'était point une distraction.

C'est sous le règne de Philippe III, dit le Hardi, fils et successeur de Louis IX, que furent accordées les premières lettres de noblesse. On n'avait pas cru jusqu'alors qu'un prince pût faire un noble d'un roturier. Ces lettres d'anoblissement exigent deux conditions : une finance qui indemnise le roi des subsides dont la lignée du nouveau noble est affranchie, et une aumône pour le peuple qui va être surchargé par cette exemption.

Tous nos rois, depuis saint Louis jusqu'à Jean et à Charles V, apportèrent la plus grande attention à tenir chacun dans son état, et, en réservant la cavalerie et les pleines armes à la noblesse, n'admirent les roturiers, même les plus distingués, qu'au service de l'infanterie. Charles VII, en réformant la gendarmerie, n'y conserva que l'élite de la meilleure et de la plus brave noblesse. Sous Louis XII, tous les gens d'armes étaient gentilshommes, et beaucoup d'entre eux grands seigneurs. La confusion ne se mit dans les armées qu'après la mort de Henri II.

On promulgua, sous Philippe le Bel, une loi somptuaire qui fixait les dépenses de la table et des habits. Elle réglait le souper à deux mets et un entremets. On ne servait que trois plats sur la table de nos rois, et leur meilleur vin était celui d'Orléans. Louis le Jeune en faisait des largesses, comme l'impératrice-reine de son vin de Tokay. Henri Ier en avait toujours à la guerre et lui attribuait la vertu d'exciter aux grands exploits.

Il fallait être duc, comte ou baron, et avoir six mille livres de terre pour donner à sa femme quatre robes par an. « Nulle demoiselle, si elle n'est châtelaine ou dame de deux mille livres de terre, n'en aura qu'une. » Le prix qu'on permettait de mettre aux étoffes était depuis dix sols jusqu'à vingt, l'aune de Paris; et les dames de la première qualité avaient seules le droit de la payer jusqu'à trente sols. Enfin, pour mettre de la différence dans les états, il était ordonné que nulle bourgeoise n'aurait de char et ne serait conduite le soir avec un flambeau.

Les rois d'Angleterre observaient la même étiquette dans leurs repas que les rois de France. On raconte que des moines de Wincester vinrent se jeter aux pieds de Henri II, fondant en larmes, pour lui demander justice de leur abbé, qui ne leur donnait que dix plats, au lieu de treize qu'on avait coutume de leur servir. « On ne m'en sert que trois, répondit le monarque indigné ; et vous... vous osez !... »

Louis X publia un édit par lequel il déclara qu'étant roi des Francs, il désire qu'il n'y ait plus d'esclaves dans son royaume. Il accordait, en conséquence, l'affranchissement à tous ses sujets. Ce fut, toutefois, en exigeant de chacun d'eux une certaine somme. Quelques-uns préférèrent l'argent à la liberté ; mais comme le monarque préférait lui-même leur argent à leur servitude, on les contraignit de devenir libres.

Il me semble qu'on ferait une histoire fort curieuse des différentes révolutions dans la façon de penser des hommes sur les choses les plus simples et les plus naturelles. Les lois de Moïse, selon tous les rabbins, retranchaient de la congrégation d'Israël ceux qui ne se mariaient pas à un certain âge. Les lois romaines ne les recevaient ni à tester ni à rendre témoignage. « Avez-vous une femme ? » C'était la première question que faisait le censeur lorsqu'on se présentait pour prêter serment. Les gladiateurs, les athlètes, les musiciens, les danseurs et les teinturiers en pourpre et autres couleurs vives, parce qu'ordinairement ils n'avaient point de femme, étaient regardés avec une espèce d'horreur par les théologiens du paganisme : « C'est avoir trahi la nature que de sortir de ce monde sans y laisser des enfants, leur disaient-ils. Vous êtes des impies que les démons attendent pour leur faire souffrir les peines les plus cruelles au fond des enfers. » Les lois de Lycurgue n'étaient pas moins rigoureuses contre ceux qui s'obstinaient à garder le célibat ; elles les excluaient des emplois civils et militaires ; ils

étaient même exposés tous les ans à une petite cérémonie assez désagréable. Les femmes de Lacédémone
allaient les prendre chez eux le premier jour du prin-
temps, les conduisaient au temple de Junon en les
accablant de plaisanteries, et leur donnaient le fouet
au pied de la statue de la déesse.

L'évêque de Laon prononça, en 1120, l'excommunication contre les chenilles et les mulots, qui faisaient
beaucoup de tort à la récolte. Croirait-on que, sous le
règne de François I{{er}}, on donnait encore un avocat à
ces insectes et qu'on plaidait contradictoirement leur
cause et celle des fermiers? J'en pourrais citer plusieurs exemples; je ne rapporterai que cette sentence
de Jean Milon, official de Troyes en Champagne, du
9 juillet 1516 : « Parties ouïes, faisant droit, sur la requête des habitants de Villenoce, admonestons les chenilles de se retirer dans six jours, et à faute de ce faire
les déclarons maudites et excommuniées. »

Les excommunications ont été en usage chez presque
tous les peuples. Les Atlantes, incommodés par l'excessive chaleur du soleil, payaient un prêtre pour l'excom-
munier tous les matins. Être chassé de la synagogue
était la plus grande peine chez les Juifs. César, en parlant des Gaulois, dit que les druides jugeaient tous les
procès; qu'ils interdisaient les sacrifices à quiconque
refusait de se soumettre à leurs sentences; que ceux
qui avaient été interdits étaient réputés impies et scélérats; qu'ils n'étaient plus reçus à plaider ni à témoigner en justice, et que tout le monde les fuyait, dans
la crainte que leur abord et leur entretien ne portassent
malheur. On lit dans Plutarque que la prêtresse
Théano, pressée par le sénat d'Athènes de prononcer
des malédictions contre Alcibiade, qu'on accusait
d'avoir mutilé la nuit, en sortant d'une débauche, des
statues de Mercure, s'excusa en disant qu' « elle était
ministre des dieux pour prier et bénir, et non pour
détester et maudire. » Philippe-Auguste ayant voulu
répudier Ingelburge pour épouser Agnès de Méranie
le pape mit le royaume en interdit; les églises furent

fermées pendant près de huit mois ; on ne disait plus ni messe ni vêpres ; on ne mariait point ; on ne disait aucun office pour les morts, etc.

Un homme en « pénitence publique » était suspendu de toutes fonctions civiles, militaires et matrimoniales ; il ne devait ni se faire faire les cheveux, ni se faire faire la barbe, ni aller au bain, ni même changer de linge : cela faisait, à la longue, un vilain pénitent. Le bon roi Robert encourut les censures de l'Église pour avoir épousé sa cousine ; il ne resta que deux domestiques auprès de lui : ils faisaient passer par le feu tout ce qu'il avait touché.

Si l'on avait quelques intérêts civils à démêler avec des ecclésiastiques, si on les appelait devant le juge séculier, ils excommuniaient aussitôt et leur partie et le juge séculier qui osait les citer à leur tribunal. Ils prêchaient en même temps qu'il était permis de piller les biens d'un excommunié, jusqu'à ce qu'il fût absous ; et cette absolution ne se donnait pas à bon marché. Ces attentats contre la société étaient d'autant plus criants que le clergé prétendait que l'autorité royale devait tenir la main à l'exécution de ses censures, tandis qu'il ne voulait pas que le roi fît examiner si elles avaient été justement et légitimement prononcées. Joinville rapporte que « les prélats de France représentèrent à saint Louis qu'il laissait perdre la chrétienté. « Eh ! comment cela, dit ce grand roi ? — Parce « que personne, répondirent-ils, ne se soucie plus « d'être absous des excommunications ; ainsi comman- « dez, Sire, à vos juges de contraindre tout homme « qui sera excommunié à se faire absoudre dans l'an « et jour. — Volontiers, répliqua saint Louis, pourvu « que les juges trouvent l'excommunication juste. » Les évêques prétendirent qu'il n'appartenait pas aux laïques de connaître de la justice ou de l'injustice de leurs censures. Saint Louis leur déclara qu'il ne l'ordonnerait jamais autrement, parce qu'il croirait en cela faire lui-même une grande injustice. »

LES SERFS.

On pourra juger de l'état des serfs en France par cette charte :

Qu'il soit notoire à tous ceux qui ces présentes verront, que nous Guillaume, évêque indigne de Paris, consentons qu'Odeline, fille de Radulphe Gaudin, du village de Cérès [1], femme serve de notre église, épouse Bertrand, fils du défunt Hugon, du village de Verrières, homme serf de Saint-Germain des Prés, à condition que les enfants qui naîtront dudit mariage seront partagés entre nous et ladite abbaye ; et que si ladite Odeline vient à mourir sans enfants, tous ses biens mobiliers et immobiliers nous reviendront ; de même que tous les biens mobiliers dudit Bertrand retourneront à ladite abbaye, s'il meurt sans enfants. Donné l'an douze cent quarante-deux. »

Comme, parmi les enfants, il y en a de mieux constitués, de mieux faits, ou qui ont plus d'esprit les uns que les autres, les seigneurs les tiraient au sort. S'il n'y avait qu'un enfant, il était à la mère, et par conséquent à son seigneur; s'il y en avait trois, elle en avait deux; et s'il y en avait cinq, elle en avait trois, etc. « Ces serfs, ces hommes de corps, ces gens de *poeste* [2] (c'est ainsi qu'on les appelait) composaient les deux tiers et demi du royaume; ils ne pouvaient disposer d'eux, se marier hors de la terre de leur seigneur, ni en sortir sans sa permission ; il était le maître de les donner, de les vendre, de les échanger et de les revendiquer partout, même s'ils s'étaient avisés de se faire d'Église. L'abbé de Saint-Denis, en 858, fut pris par les Normands : on donna pour sa rançon six cent quatre-vingt-cinq livres d'or, trois mille deux cent cinquante livres d'argent, des chevaux, des bœufs, « et plusieurs serfs de son abbaye, avec leurs femmes et leurs enfants ». Un pauvre gentilhomme se présenta un jour avec deux filles qu'il avait devant Henri, surnommé le Large, comte de Champagne, et le pria de vouloir bien lui donner de quoi les marier. Artaud, intendant de ce prince, devenu riche, arrogant et dur comme tout

1. Wyssous, *Villa Cereris*, village où il y avait anciennement un temple de Cérès ; ce village est à trois lieues de Paris, du côté d'Antony.
2. *Gentes de corpore et potestatis.*

intendant, repoussa ce gentilhomme, en lui disant que son maître avait tant donné qu'il n'avait plus rien à donner : « Tu as menti, vilain, dit le comte ; je ne l'ai pas encore donné, tu es à moi. Prenez-le, ajouta-t-il en s'adressant au gentilhomme ; je vous le donne, et je vous le garantirai. » Le gentilhomme empoigna son Artaud, l'emmena, et ne le lâcha point qu'il ne lui eût payé cinq cents livres pour le mariage de ses deux filles.

Les serfs d'une même terre, obligés de se marier entre eux, doivent être plus portés à se soulager dans leurs maladies et pendant les infirmités de la vieillesse. Ne pouvant point sortir de cette terre, on ne voyait presque pas alors en France de vagabonds ni de fainéants ; d'ailleurs, ils étaient excités au travail par le désir d'augmenter leur pécule [1], et par l'espérance de pouvoir un jour s'affranchir. Les hommes libres, les affranchis et les serfs qui demeuraient dans les villes cultivaient les arts, les sciences, faisaient le commerce ou travaillaient aux manufactures.

Louis le Gros est le premier de nos rois qui commença d'affranchir les serfs dans les villes et gros bourgs de son domaine, c'est-à-dire qu'ils cessèrent d'être attachés aux lieux où ils étaient nés, et qu'il leur fut permis de s'établir à l'avenir où bon leur semblerait. Peu à peu la plupart des seigneurs, pour se mettre en équipage pendant la fureur des croisades, ou ruinés par ces guerres d'outre-mer, affranchirent aussi leurs sujets moyennant de grosses sommes qu'ils en tirèrent. La liberté, si l'on en croit quelques historiens, ne servit qu'à dégoûter du travail et qu'à rendre insolents, vagabonds, fainéants et pillards la plupart de ces nouveaux affranchis.

Ce fut dans ces temps-là que les quatre ordres mendiants (les Dominicains, les Cordeliers, les Carmes et les Augustins) commencèrent à se former et à s'établir.

1. Le pécule est le bien que celui qui est en puissance d'un autre a acquis par son industrie, son travail et son épargne, et dont il lui est permis de disposer.

LES MARIAGES.

Le désir de se marier et d'avoir une famille semblait apparemment moins honnête que celui de tuer un homme. On a vu (dans la première partie de ces *Essais*) que dans les maisons des évêques, des abbés, dans les cloîtres des chapitres de Notre-Dame, de Saint-Merry et autres, il y avait une cour destinée aux duels; ils les permettaient même entre cousins germains, tandis qu'ils anathématisaient et cassaient les mariages entre parents, non seulement au quatrième, mais même au septième degré. Les évêques, abbés et autres seigneurs ecclésiastiques affranchissaient le champion qui s'était battu trois fois pour eux avec succès, c'est-à-dire qui avait tué ou assommé trois hommes ; tandis que, dans leurs sermons, ils tâchaient de noter d'infamie ceux et celles qui se mariaient en troisièmes noces. Un prêtre, au mariage de son frère, ayant porté sur sa manche de petites livrées ou rubans de noces, fut interdit pour six mois par son évêque; tandis qu'au duel de Jarnac et de la Châtaigneraie on distinguait les parents et amis de l'un et de l'autre, laïques et ecclésiastiques, à leurs cocardes et rubans de couleurs différentes : les couleurs de Jarnac étaient blanc et noir; celles de la Châtaigneraie gris et bleu.

La défense de se marier entre parents jusqu'au septième degré devait être extrêmement embarrassante, s'il est vrai que par la règle des multiplications redoublées on trouve que trente-deux mille personnes ont contribué à la naissance d'une seule, en remontant seulement au quinzième degré sa généalogie.

Louis XIV, persuadé que la force et les avantages d'une monarchie consistent dans la multitude des sujets, assigna, en 1666, deux mille francs de pension, des deniers publics, aux nobles qui auraient douze enfants qui ne se seraient point faits religieux ou religieuses ; et à l'égard des roturiers qui auraient le même nombre d'enfants, qui ne se seraient point aussi faits religieux ou religieuses, il ordonna qu'ils jouiraient de l'exemption de toutes tailles, impôts et logements de gens de guerre. Une ordonnance si sage n'a point été exécutée.

LES ANOBLISSEMENTS.

Les guerres civiles entre les fils de Louis le Débonnaire furent très sanglantes. On prétend qu'à la seule bataille de Fontenai, en 841, il y eut près de cent mille Français tués et qu'il y périt plus des deux tiers de la noblesse de Champagne ; que Charles le Chauve, pour réparer en quelque sorte cette perte, accorda aux filles nobles de cette province qui épouseraient des roturiers le privilège d'anoblir leurs maris. « Ceux-là sont tenus nobles, dit l'ancienne *Coutume de Champagne et de Brie*, qui sont issus de père ou de mère noble. » Cette noblesse, que la mère transférait à ses descendants dans cette province, ne commença d'être attaquée qu'en 1566. Le procureur du roi en la cour des aides de Paris prétendit que cette coutume avait été tolérée par nécessité et pour remplir le pays de noblesse ; que, la cause étant cessée, l'effet devait aussi cesser.

Je ne connais point de titre d'anoblissement plus flatteur et plus beau que celui que produisirent à la réformation [1] les descendants d'Anne Musnier. Trois hommes, dans une allée du jardin du comte de Champagne, en attendant son lever, s'entretenaient du complot qu'ils avaient fait de l'assassiner. Anne Musnier, cachée derrière un arbre, avait entendu une partie de leur conversation ; voyant qu'ils sortaient, emportée par l'horreur d'un attentat contre son prince, ou craignant de n'avoir pas le temps d'avertir, elle cria de l'autre bout de l'allée en leur faisant signe qu'elle voulait leur parler. Un d'eux s'avança ; elle le fit tomber à ses pieds d'un coup de couteau de cuisine, se défendit contre les deux autres et reçut plusieurs blessures. Il vint du monde ; on trouva sur ces deux scé-

1. C'est-à-dire lorsqu'on fit une vérification de la régularité des titres de noblesse.

lérats des indices de leur conspiration ; ils l'avouèrent dans les tortures et furent écartelés. Anne Musnier, Gérard de Langres, son mari, et leurs descendants furent anoblis.

LES ARMOIRIES.

Tous les peuples ont eu des symboles, figures ou enseignes nationales ; les Athéniens, une chouette ; les Thraces, une Mort ; les Celtes, une épée ; les Romains, une aigle ; les Carthaginois, une tête de cheval ; les Saxons, un coursier bondissant ; les premiers Français, un lion ; les Goths, une ourse. Chez les Romains, chaque légion avait son symbole particulier : la *Foudroyante*, la *Dragonaire*, ainsi nommées parce que les soldats de l'une avaient un foudre sur leurs boucliers, et les soldats de l'autre un dragon.

Les druides du collège d'Autun, apparemment à cause de la vertu qu'ils attribuaient à l'œuf de serpent, avaient pour armoiries, dans leur bannière : d'azur à la couchée de serpent d'argent, surmontée d'un gui de chêne, garni de ses glands de sinople. Le chef des druides avait des clefs pour symbole.

Les Germains, dit Tacite, portaient à la guerre des drapeaux et des figures qui étaient en dépôt pendant la paix dans les bois sacrés. Nos rois allaient prendre de même la chape de saint Martin sur son tombeau et l'oriflamme dans l'église de Saint-Denis, et les reportaient lorsque la guerre était finie.

« Que nos intendants, dit Charles le Chauve dans ses capitulaires, aient soin que chaque évêque, chaque abbé et chaque abbesse fassent marcher leurs vassaux avec tout l'équipage de guerre et avec leur porte-enseigne. » Sous le règne de Louis le Gros, il fut ordonné que les villes et gros bourgs lèveraient des troupes de bourgeois pour les faire marcher à l'armée par paroisses, les curés à leur tête, avec la bannière de leurs églises.

Outre la chape de saint Martin et la bannière de Saint-Denis, il y avait encore l'étendard royal ; mais les figures, emblèmes ou devises de cet étendard n'étaient point fixes; chaque roi les changeait, en imaginait de nouvelles et souvent trèsdifférentes de celles de son prédécesseur. « Que voit-on, dit le Gendre, sur les sceaux de nos anciens rois? Leurs portraits, des portes d'église, des croix, des têtes de saints. » Il est certain que ni en pierre, ni en métal, ni sur les médailles, ni sur les sceaux, on ne trouve aucun vestige véritable de fleurs de lis avant Louis le Jeune; c'est sous son règne, vers 1147, que l'écu de France commença d'en être semé, et que les armoiries que prirent les princes, barons et gentilshommes pour la seconde croisade commencètent aussi à devenirs fixes, héréditaires, et des marques et distinctions particulières à leurs familles.

Tous les historiens rapportent qu'en 1085 Robert, fils aîné de Guillaume le Conquérant, s'étant révolté contre son père, lui porta, dans un combat, un si furieux coup de lance, qu'il le désarçonna; qu'à certains mots que proféra Guillaume en tombant, Robert, l'ayant reconnu, se jeta à terre, lui demanda pardon les larmes aux yeux et l'aida à se relever. Ce fait prouve qu'alors les armoiries n'étaient point encore fixes et héréditaires; car dès qu'elles commencèrent à être regardées comme telles, on affecta de les mettre et de les rendre très apparentes sur la cotte d'armes et sur le bouclier, surtout les rois et les princes, afin que l'on vît qu'ils voulaient être reconnus et qu'ils ne craignaient pas, dans une bataille, d'attirer à l'endroit où ils seraient tous les efforts de l'ennemi. La cotte d'armes de nos rois était bleue, semée de fleurs de lis d'or; ils portaient une écharpe blanche : de temps immémorial, le blanc a été la couleur désignative de notre nation, comme le rouge paraît l'avoir toujours été de la nation anglaise.

C'est sous Charles V que les fleurs de lis, qui étaient sans nombre dans l'écu de France, commencèrent à être réduites à trois, « en l'honneur, dit un historien, de la sainte Trinité ».

LES LIVRÉES.

Les armoiries, devenues fixes et héréditaires, introduisirent en même temps les livrées ; et de même que chacun s'était fait des armoiries à sa fantaisie, chacun composa et arrangea ses livrées comme il voulut. J'ai dit qu'on mettait ses armoiries sur sa cotte d'armes et sur son bouclier ; on portait d'ailleurs une écharpe dont la couleur aidait à faire connaître de quelle province on était. Les comtes de Flandre avaient pour couleur le vert foncé ; les comtes d'Anjou, le vert naissant ; les ducs de Bourgogne, le rouge ; les comtes de Blois et de Champagne, l'aurore et le bleu ; les ducs de Lorraine, le jaune ; les ducs de Bretagne, le noir et le blanc : ainsi les vassaux de ces différents princes avaient des écharpes différentes, et ceux de ces vassaux qui leur étaient alliés, ou qui possédaient auprès d'eux quelque charge considérable, affectaient de joindre aux couleurs de leurs livrées particulières une petite bande ou petit galon plus ou moins large de la livrée de leur seigneur. Voilà pourquoi l'on remarque communément du vert foncé dans les livrées de la noblesse de Flandre et de la moitié de la Picardie ; du vert naissant dans les livrées de la noblesse d'Anjou ; du rouge dans les livrées de la noblesse de Bourgogne ; de l'aurore et bleu dans les livrées de la noblesse du Blésois et de la Champagne ; du jaune dans les livrées de la noblesse de Lorraine et du duché de Bar ; du noir dans les livrées de la noblesse de Bretagne. La noblesse des environs de Paris, qui relevait immédiatement du roi, a communément du bleu dans ses livrées, parce que le bleu était la couleur de nos rois. On demandera sans doute pourquoi il y a aussi du blanc et du rouge dans la livrée royale : parce que le blanc, comme je l'ai dit, était, de temps immémorial, la couleur générale et désignative de la nation ; à l'égard du rouge, parce que nos rois, lorsqu'ils tenaient cour plénière, étaient vêtus d'une grande soutane rouge, sous un long manteau bleu semé de fleurs de lis d'or.

On n'était pas obligé d'avoir ses livrées dans un tournoi ; on était le maître d'y paraître avec des livrées de caprice, et qu'ordinairement on composait sur les couleurs de sa dame.

Il arrivait souvent que des nobles et des bourgeois, par dévotion à un saint, se faisaient serfs de son église, n'allaient plus que vêtus d'un petit pourpoint de la couleur de sa bannière et portaient au poignet ou à la jambe un anneau de fer. Il y a toute apparence que, par une profane imitation de cet usage, quelque tendre chevalier, pour marquer sa servitude amoureuse, imagina autour des bras ces bracelets ou cercles[1] de galons de couleur qu'on voit à plusieurs livrées.

Le roi, deux fois par an, distribuait des manteaux rouges fourrés d'hermine et de menu vair[2] aux chevaliers qu'il retenait auprès de sa personne pour administrer la justice et l'aider de leurs conseils dans les affaires d'État : on appelait ces manteaux *robes de livrées*. Jean Vignerot, ayant reçu plusieurs blessures à la bataille de Courtrai, en 1302, et ayant été longtemps foulé aux pieds des chevaux, languit pendant quatre ans. « Quoique ce chevalier ne pût ni s'armer, ni monter à cheval, ni juger de procès, Philippe le Bel voulut qu'il continuât d'avoir part à la distribution des robes de livrées. »

DE QUELQUES MODES ET HABILLEMENTS.

Il périt plus de quatre cent mille Français aux croisades ; mais nous en rapportâmes des modes, entre autres celle de se vêtir de longs habits. Dans le douzième, le treizième, le quatorzième et le quinzième siècle, on portait une soutane qui descendait jusqu'au bout des pieds. Les nobles imaginèrent qu'en y faisant faire une longue queue ils auraient le prétexte d'avoir un homme

1. Ces bracelets ou cercles de galons viennent peut-être aussi de ce que les chevaliers se mettaient quelquefois des chaînes autour du bras et faisaient vœu de ne les point ôter jusqu'à ce qu'ils se fussent signalés dans quelque entreprise.
2. Le menu vair était composé de deux peaux, l'une blanche et l'autre grise.

pour la porter, et que l'avilissement de cet homme donnerait du relief et un air de distinction au maître.

Il n'y avait que les chevaliers qui eussent le droit de porter sur la soutane un manteau ou une casaque, dont les manches, très larges et très amples, se rattachaient par devant sur le pli du bras, et pendaient par derrière jusqu'aux genoux. Ces casaques étaient des plus belles étoffes et doublées d'hermine, de martre, de petit-gris ou de menu vair. Un prince même et sa femme ne pouvaient pas porter de l'or sur leurs habits jusqu'à ce qu'il eût été fait chevalier.

Pendant plus de trois siècles, on eut l'extérieur de citoyens tranquilles et de bons compatriotes : on ne portait point d'épée ; une longue bourse, pendante à la ceinture, était une marque de noblesse. Aujourd'hui, avec ce fer que chacun porte à son côté, nos villes offrent l'aspect d'une nation inquiète.

On se couvrait la tête d'un chaperon, espèce de capuchon avec un bourrelet au haut et une queue pendante par derrière ; il était ordinairement de la même étoffe que le manteau ou la soutane, et fourré des mêmes peaux. Il est devenu l'épitoge des présidents à mortier, l'aumusse des chanoines et la chausse qu'on voit aux avocats, conseillers, docteurs et présidents de l'Université. Ainsi les présidents à mortier portent aujourd'hui leur ancien bonnet autour du cou ; les chanoines le portent sur le bras, et les avocats, conseillers et docteurs, l'ont sur l'épaule.

Sous Charles V, on porta des habits *blasonnés*, c'est-à-dire qu'on les chamarrait de toutes les pièces armoriales de son écu.

Sous Charles VI, on imagina l'habit *mi-parti*, semblable à celui des bedeaux. Un journal de ce temps-là rapporte que « le 17 octobre 1409, le sire Jean de Montagu [1] fut conduit du petit Châtelet aux Halles,

---

1. Il était grand maître de la maison du roi, et surintendant des finances. D'un caractère hautain, il irrita les principaux personnages du royaume, qui l'accusèrent de plusieurs crimes. Il fut arrêté comme coupable de félonie pendant la maladie de Charles VI, et eut la tête tranchée aux Halles. Le P. Dubreuil dit que son corps fut porté à Mont-

haut assis dans une charrette, vêtu de sa livrée, à savoir : d'une houppelande mi-partie de rouge et de blanc, le chaperon de même, une chausse rouge et l'autre blanche, des éperons dorés, les mains liées, deux trompettes devant lui ; et qu'après qu'on lui eut coupé la tête, son corps fut porté au gibet de Paris et y fut pendu au plus haut, en chemise, avec ses chausses et ses éperons dorés.

Sous le règne de François Ier, on ne se contenta pas de quitter l'habit ample et long ; on donna dans l'extrémité la plus opposée. Des tapisseries de ce temps-là représentent ce prince et ses courtisans vêtus comme des pantalons [1], c'est-à-dire d'un pourpoint à petites basques et d'un caleçon tout d'une pièce avec le bas. Cet habit serrait si bien le corps et s'y moulait de façon qu'il en était indécent. Les gens graves prirent le large haut-de-chausses à la suisse ; les jeunes gens imaginèrent les *trousses,* espèce de haut-de-chausses court et relevé qui ne descendait qu'à la moitié des cuisses et que l'on couvrait d'une demi-jupe ; de sorte que sous les règnes de Henri II, de François II, de Charles IX, de Henri III et de Henri IV, excepté le petit manteau, que n'ont pas nos coureurs, on était vêtu précisément comme ils le sont aujourd'hui ; d'autant plus que l'on portait de petites toques sur le retroussis desquelles on faisait broder ses armoiries. A l'armée, on enfonçait ces toques dans la tête ; à la cour et à la ville, on les mettait sur l'oreille droite ; l'oreille gauche, à laquelle on attachait une perle en poire, restait découverte.

Les femmes, sous le règne de Charles VI, étaient coiffées d'un haut bonnet en pain de sucre ; elles attachaient au haut de ce bonnet un voile qui pendait plus ou moins bas, selon la qualité de la personne : le voile d'une bourgeoise ne descendait que jusqu'aux

---

faucon dans un sac rempli d'épices, que fournirent les Célestins, pour le conserver jusqu'à ce qu'il leur fût permis de l'enterrer.

1. *Pantalon,* personnage de la comédie italienne dont le nom fut donné à la partie de vêtement qu'indique ici notre auteur.

épaules; celui de la femme d'un chevalier tombait jusqu'à terre.

Sous le règne de François Iᵉʳ et de Henri II, elles avaient de petits chapeaux avec une plume. Depuis Henri II jusqu'à la fin du règne de Henri IV, elles portèrent de petits bonnets avec une aigrette.

Sous François II, les hommes trouvèrent qu'un gros ventre donnait un air de majesté, et les femmes imaginèrent aussitôt qu'il en était de même d'une grosseur opposée. On eut pour cela des postiches : cette ridicule mode dura trois ou quatre ans. Ce qu'il y eut encore de singulier, c'est que lorsqu'elle commença, les femmes parurent ne se plus soucier de leur visage et commencèrent à le cacher; elles prirent un loup[1] et n'allèrent plus que masquées dans les rues, aux promenades, en visite, et même à l'église. Au masque succédèrent les mouches; on prétend qu'elles en mettaient en si grande quantité, qu'on avait de la peine à les reconnaître. A l'égard du rouge, je dirai que les généraux en mettaient le jour qu'ils entraient en triomphe à Rome, et qu'une jolie femme peut croire que chaque jour est un jour de triomphe pour elle.

LA BARBE.

Ordinairement le Français, jusqu'à l'âge de quarante ans, ne portait que des moustaches, à moins qu'il ne fût revêtu de quelque charge ou dignité; alors il laissait croître sa barbe et la portait arrondie et longue de cinq ou six doigts.

Alaric, roi des Visigots, craignant d'être attaqué par Clovis et cherchant à l'amuser par de belles espérances, lui fit demander une entrevue pour lui toucher la barbe, c'est-à-dire pour l'adopter. On prenait par la barbe ou la moustache celui qu'on adoptait.

J'ai dit qu'il n'était permis qu'aux princes de la famille royale de porter leurs cheveux dans toute leur longueur, épars et flottants sur les épaules; je crois qu'il n'était aussi permis qu'à eux de laisser croître

1. Espèce de masque.

entièrement leur barbe et de la porter aussi longue qu'elle pouvait l'être. Éginard, secrétaire de Charlemagne, en parlant des derniers rois de la première race, dit qu'ils venaient aux assemblées du champ de mars dans un chariot traîné par des bœufs, et qu'ils s'asseyaient sur le trône avec de longs cheveux épars et une longue barbe qui leur pendait jusqu'à la poitrine, pour marque de la royauté.

Robert, que Charles le Simple, à qui il voulait enlever la couronne, tua de sa propre main, « avait passé, au commencement de la bataille, sa grande barbe blanche par-dessous la visière de son casque, pour se faire reconnaître des siens ». Voilà une preuve qu'on portait une longue barbe sous la seconde race, et cet usage continua sous les premiers rois de la troisième. Hugues, comte de Châlons, ayant été vaincu par Richard, duc de Normandie, alla se jeter à ses pieds avec une selle de cheval sur le dos, pour marquer qu'il se soumettait entièrement à lui. Avec sa grande barbe, dit la Chronique, il avait plutôt l'air d'une chèvre que d'un cheval.

Vers la fin du onzième siècle, Guillaume, archevêque de Rouen, déclara la guerre aux longues chevelures ; plusieurs évêques se joignirent à lui et statuèrent en concile, l'an 1096, « que ceux qui porteraient de longs cheveux seraient exclus de l'Église pendant leur vie, et qu'on ne prierait point pour eux après leur mort ». Les esprits s'échauffèrent pour ou contre cette censure ; elle causa pendant plusieurs années beaucoup de troubles, de scandales, et même des disputes si vives, que l'un et l'autre parti put se vanter d'avoir eu des martyrs.

Vers 1146, sur les représentations du célèbre Pierre Lombard, qui fut depuis évêque de Paris, Louis VII jugea que sa conscience était intéressée à donner, au sujet des longues chevelures, l'exemple de la soumission aux mandements des évêques ; non seulement il se fit raccourcir les cheveux, mais même il se fit raser la barbe. Léonore d'Aquitaine, qu'il avait épousée,

princesse vive, légère, badine, le railla sur ses cheveux
courts et son menton rasé; il lui répondit dévotement
qu'il ne fallait point plaisanter sur de pareilles matières. Une femme qui commence à trouver son mari
ridicule ne tarde guère à oublier ses devoirs, pour peu
qu'elle y ait quelques dispositions. Léonore n'y manqua pas. Louis VII s'en aperçut et se repentit de l'avoir
menée en Syrie. Au retour de la croisade, il lui fit des
reproches très piquants; elle y répondit avec beaucoup de hauteur, et finit par lui proposer le divorce,
ajoutant qu'elle en avait un moyen, « en ce qu'on l'a-
vait trompée; qu'elle avait cru se marier à un prince,
et qu'elle n'avait épousé qu'un moine ». Malheureusement ils s'aigrirent de plus en plus et firent casser
leur mariage. Elle épousa, six semaines après, Henri,
duc de Normandie, comte d'Anjou, qui devint dans la
suite roi d'Angleterre, et à qui elle porta en dot le
Poitou et la Guyenne. De là vinrent ces guerres qui
ravagèrent la France pendant trois cents ans : il périt
plus de trois millions de Français parce qu'un archevêque s'était fâché contre les longues chevelures; parce
qu'un roi avait raccourci la sienne et s'était fait raser
la barbe, et parce que sa femme l'avait trouvé ridicule
avec des cheveux courts et un menton rasé.

François Ier, le jour de la fête des Rois 1521, ayant
été blessé à la tête d'un tison qu'on avait jeté d'une
fenêtre par mégarde, fut obligé de se faire couper les
cheveux. Craignant d'avoir l'air d'un moine avec le
chaperon de ce temps-là, la tête rase et sans barbe, il
imagina de porter un chapeau et de laisser croître sa
barbe. La longue barbe revint donc à la mode, et continua d'y être sous Henri II, François II, Charles IX et
Henri III.

En 1530, François Olivier, qui fut depuis chancelier,
ne put être reçu au Parlement maître des requêtes qu'à
condition de faire couper sa longue barbe, « s'il voulait
assister au plaidoyer ». Pierre Lescot, en 1556, ayant
été pourvu d'un canonicat à Notre-Dame, le chapitre
insista longtemps contre sa longue barbe, et consentit

enfin qu'il fût reçu, sans l'obliger à la couper, « quoique ce fût déroger aux statuts de l'Église ». Ces deux exemples prouvent qu'excepté les ecclésiastiques et les magistrats, tout le monde en France portait une longue barbe. « Ce devait être, dit l'abbé de Saint-Réal, une assez plaisante chose de voir toute la galante et guerrière jeunesse de la cour de François 1er, chacun avec la plus grande barbe qu'il pouvait avoir, tandis que messieurs de la grand'chambre étaient rasés, comme les courtisans le furent sous Henri III. » L'abbé de Saint-Réal se trompe. Les ducs de Joyeuse, d'Épernon, Quélus, Saint-Maigrin et autres courtisans ou favoris de Henri III n'étaient point rasés : il est très certain qu'ils portaient la barbe longue, comme sous le règne de François 1er et de Henri II.

Sous Henri IV, on diminua la barbe ; on ne la portait que de la longueur de trois doigts sous le menton, en éventail, arrondie et accompagnée de deux moustaches longues et raides, en forme de barbe de chat. Ensuite on ne retint que ces deux moustaches, avec un petit toupet de poil au milieu et tout le long de la lèvre inférieure. Le maréchal de Bassompierre disait que tout le changement qu'il avait trouvé dans le monde, après douze ans de prison, était que les hommes n'avaient plus de barbe, et les cheveux plus de queue. La royale [1] devint et fut assez longtemps la moustache à la mode sous le règne de Louis XIV.

Dans le temps des barbes « à l'éventail », on les faisait tenir en cet état avec des cires préparées, qui donnaient au poil une bonne odeur et la couleur qu'on voulait. On accommodait sa barbe le soir ; et pour qu'elle ne se dérangeât point la nuit, on l'enfermait dans une bigotelle [2], espèce de bourse faite exprès.

Les Françaises ont négligé la parure pendant plusieurs siècles. Leur coiffure était simple : presque point de frisure, nulle dentelle, du linge uni, mais extrême-

1. Touffe de barbe au menton.
2. On avait appelé bigotelle la bourse que les dévotes pendaient à leur ceinture pour faire leurs aumônes.

ment fin. Leurs robes étaient fort serrées et couvraient tout à fait la gorge. L'habillement des veuves était assez semblable à celui de nos religieuses. Ce ne fut que sous le règne de Charles VI que les femmes commencèrent à se découvrir les épaules, et du temps de Charles VII elles prirent des pendants d'oreilles, des colliers et des bracelets.

Ce sont des hommes condamnés par état à porter des habits de bure qui nous ont procuré les plus riches étoffes. Deux moines, venant des Indes, apportèrent à Constantinople des œufs de vers à soie, avec l'instruction pour les faire éclore, les élever, les nourrir, en tirer la soie, la filer, la mettre en œuvre. On établit bientôt des manufactures, et les Italiens, attirés en France par Catherine de Médicis, y introduisirent les plus belles étoffes.

Je crois avoir déjà dit que les cheveux étaient autrefois en si grande vénération parmi nous, que lorsqu'un débiteur était hors d'état de payer ses dettes, il allait trouver son créancier, lui présentait des ciseaux, et devenait son serf en se coupant ou se laissant couper les cheveux.

Au milieu du seizième siècle, les évêques ne devaient point laisser croître leur barbe, et au contraire elle était un ornement essentiel à ceux qui étaient revêtus du caractère d'ambassadeur. Antoine Caraccioli, fils du maréchal de France de ce nom, avait été nommé évêque de Troyes. Comme Henri II lui destinait une ambassade, ce prélat ne se fit point raser lorsqu'il alla prendre possession de son évêché, et, dans la crainte que sa barbe ne fût un obstacle à sa réception, le roi écrivit la lettre suivante au chapitre de Troyes :

De par le roi : chers et bien-aimés : parce que nous doutons que vous soyez pour faire difficulté de recevoir en votre église notre aimé et féal cousin Antoine de Caraccioli, votre évêque, sans ce que premièrement il ait fait sa barbe ; à cette cause, nous avons bien voulu vous écrire la présente, pour vous prier que vous ne vouliez arrêter à cela, mais l'en tenir, en faveur de nous, pour exempt, d'autant que nous avons délibéré l'envoyer de brief en quelque endroit hors du royaume pour affaires qui nous importent où ne voudrions qu'il allât sans sadite barbe, nous assurant que vous le ferez ainsi, nous ne vous ferons plus longue lettre, si ce n'est pour vous aviser que ferez, en ce faisant, chose qui nous sera très agréable.

Guillaume Duprat, nommé à l'évêché de Clermont, se retira fort à la hâte de cette ville, parce que son chapitre voulait lui faire ôter, malgré lui, sa longue barbe ; mais la mode ne tarda pas à changer ; car nous voyons les portraits des prélats de la fin du seizième siècle et du commencement du dix-septième ornés de barbes très longues et très épaisses : témoin celui du cardinal du Perron, celui de l'archevêque de de Rouen, nommé Bella-Barba, et celui de l'archevêque de Bourges, contre lequel les ligueurs décochèrent ce trait satirique :

S'il tremble, et s'il s'accroche au poil de son menton,
Il tient cela de Cicéron.

On voit avec surprise, et souvent avec pitié, toutes les querelles, tous les livres, tous les décrets de nos ancêtres sur les prétendus abus des cheveux, tantôt longs et tantôt courts, des cheveux artificiels, des mentons rasés ; et le ridicule de ces disputes dispose le lecteur à une sage tolérance, vertu d'une excellente pratique lorsqu'il n'est pas question des points essentiels au bien de la société.

FÊTES ET DIVERTISSEMENTS.

C'était aux assemblées qu'on appelait cours plénières qu'éclatait la magnificence de nos rois. Ces assemblées, où toute la noblesse était invitée, se tenaient deux fois par an[1], à Pâques, et à la Toussaint ou à Noël. Pendant sept ou huit jours qu'elles duraient, le

1. Nos rois tenaient encore cour plénière à leur couronnement, à leur mariage, aux baptêmes de leurs enfants et lorsqu'ils les faisaient chevaliers. Ces fêtes ne manquaient pas d'attirer grand nombre de charlatans, de bateleurs, de danseurs de corde, de plaisantins, de jongleurs et de pantomimes. Les plaisantins faisaient des contes ; on appelait jongleurs des joueurs de vielle qui faisaient danser des singes, des chiens et des ours. On prétend que les pantomimes excellaient dans leur art et que, par leurs gestes, leurs attitudes et leurs postures, ils exprimaient un trait d'histoire aussi clairement et aussi pathétiquement que s'ils l'avaient récité.

roi, revêtu de tout l'appareil de la majesté, mangeait en public, la couronne sur la tête : il ne la quittait qu'en se couchant. Les pairs laïques et ecclésiastiques étaient à sa table. Le connétable et autres grands officiers (à cheval) recevaient et servaient les plats. « Au dîner du sacre de Charles VI, dit Froissart, les ducs de Brabant, d'Anjou, de Berri, de Bourgogne et de Bourbon, oncles de ce prince, s'assirent à table, bien loin de lui, et l'archevêque de Reims et autres prélats à sa droite. Les sires de Conti, de Clisson, de la Trimouille, l'amiral de la mer et autres servaient, sur hauts destriers, tout couverts et parés de drap d'or. » Chaque service était apporté au son des flûtes et des hautbois. A l'entremets, vingt hérauts d'armes s'avançaient, chacun une coupe à la main remplie de pièces d'or et d'argent, qu'ils jetaient au peuple en criant à haute voix : « Largesse du grand monarque ! »

Le jour de la Pentecôte 1317, Philippe le Bel fit ses trois fils chevaliers, avec toutes les cérémonies de l'ancienne chevalerie. Le roi et la reine d'Angleterre, qu'il avait invités, passèrent la mer exprès et se trouvèrent à cette fête avec un grand nombre de leurs barons. Elle dura huit jours et fut des plus superbes et des plus agréables, par la magnificence des habits, la somptuosité des festins et la variété des divertissements. « Les princes et les seigneurs changeaient d'habits jusqu'à trois fois dans un seul jour. Les Parisiens représentaient divers spectacles : tantôt la gloire des bienheureux, tantôt les peines des damnés ; ensuite diverses sortes d'animaux, et ce dernier spectacle fut appelé la *Procession du renard.* »

On trouve une esquisse des mœurs du douzième siècle dans les difficultés qu'éprouva alors un évêque de Paris, lorsqu'il entreprit d'abolir une cérémonie aussi impie que ridicule, appelée la *Fête des fous,* qui se célébrait aux environs de Noël, et une autre appelée la *Fête des ânes.* Un seul trait suffira pour juger de ces extravagances. Le prêtre qui célébrait la messe, au lieu de la finir par *Ite, missa est,* chantait trois fois, en contrefaisant la voix de l'âne : *Hihan, hihan, hihan;* et le peuple répondait aussi trois fois sur le même ton. Malgré les excommunications lancées par l'évêque contre ces fêtes indécentes, on les célébra encore plus de deux cents ans après lui.

Croirait-on que, dans plusieurs cathédrales, on faisait la *Procession de l'âne?* Les sous-diacres et les enfants de chœur, après avoir décoré le dos d'un âne d'une grande chape, allaient le recevoir à la porte de l'église en chantant une antienne ridicule et dont un des versets disait que « la vertu asinine avait enrichi le clergé ».

Pour revenir aux fêtes de la cour, on appelait « entremets [1] » des décorations qu'on faisait rouler dans la salle du festin et qui représentaient des villes, des châteaux et des jardins, avec des fontaines d'où coulaient toutes sortes de liqueurs. Au dîner donné par notre roi Charles V à l'empereur Charles IV, en 1378, on « s'achemina », après la messe, par la galerie des Merciers dans la grand'salle du palais, où les tables étaient dressées. Le roi se plaça entre l'empereur et le roi des Romains. Il y avait trois grands buffets : le premier de vaisselle d'or, le second de vaisselle de vermeil, et le troisième de vaisselle d'argent. Sur la fin du dîner commença le spectacle ou entremets. On vit paraître un vaisseau avec ses mâts, voiles et cordages : ses pavillons étaient aux armes de la ville de Jérusalem : sur le tillac, on distinguait Godefroi de Bouillon, accompagné de plusieurs chevaliers armés de toutes pièces. Le vaisseau s'avança au milieu de la salle, sans qu'on vît la machine qui le faisait mouvoir. Un moment après parut la ville de Jérusalem, avec ses tours couvertes de Sarrasins. Le vaisseau s'en approcha ; les chrétiens mirent pied à terre et montèrent à l'assaut : les assiégés firent une belle défense ; plusieurs échelles furent renversées ; mais enfin la ville fut prise. Ensuite

1. Entremets : ainsi nommés parce qu'on les avait imaginés pour amuser les convives dans l'intervalle des services d'un grand festin. On s'est servi longtemps dans nos pièces de théâtre du mot *entremets* au lieu de celui d'intermède.

on apporta, suivant l'ancien usage, le vin et les épices ou confitures.

Charles IX étant allé dîner chez un gentilhomme auprès de Carcassonne, le plafond s'ouvrit à la fin du repas : on vit descendre une grosse nue, qui creva avec un bruit pareil à celui du tonnerre, laissant tomber une grêle de dragées suivie d'une petite rosée de senteur.

Les habitants des villes où le roi passait tâchaient, comme aujourd'hui, de faire briller leur esprit et leur joie par des devises, des emblèmes et des figures allégoriques. A l'entrée de Louis XI dans Tournai, en 1463, « de dessus la porte descendit, par machine, une fille, la plus belle de la ville, laquelle, en saluant le roi, ouvrit sa robe devant sa poitrine, où il y avait un cœur bien fait; lequel cœur se fendit, et en sortit une grande fleur de lis d'or qu'elle présenta au roi de la part de la ville, en lui disant : « Sire, notre ville oncques ne « fut prise et ne tourna contre les rois de France, « ayant, comme moi, tous ceux de cette ville une fleur « de lis dans le cœur. »

Pendant les sept ou huit jours que duraient les cours plénières, il y avait joutes, tournois, et un bal après le souper. Louis XII tint cour plénière à Milan, en 1501 ; les bals y furent magnifiques, et l'on y vit danser les cardinaux de Narbonne et de Saint-Séverin. Le cardinal Pallavicin rapporte qu'en 1562 les Pères assemblés au concile de Trente délibérèrent de donner un bal à Philippe II, roi d'Espagne; que toutes les dames de la ville y furent invitées; que le cardinal de Mantoue ouvrit le bal, et que Philippe II et tous les Pères du concile y dansèrent.

Nos rois se plaisaient à faire battre des bêtes féroces les unes contre les autres. Le moine de Saint-Gall rapporte que, dans la cour de l'abbaye de Ferrières, au combat d'un lion contre un taureau, Pépin le Bref, qui savait que quelques seigneurs faisaient tous les jours des railleries sur sa petite taille, leur demanda : « Qui de vous se sent assez de courage pour aller tuer ou séparer ces terribles animaux? » Voyant qu'aucun ne s'offrait et que la seule proposition les faisait même frémir : « Eh bien ! ajouta-t-il, c'est donc moi qui y vais. » Il descend de sa place, tire son sabre, tue le lion et abat, d'un autre coup, la tête du taureau ; et regardant ensuite fièrement les railleurs : « Apprenez, leur dit-il, que la taille n'ajoute rien au courage ; et que je saurai terrasser les orgueilleux qui oseront me mépriser, comme le petit David terrassa le géant Goliath. » Il paraît que l'on ne doutait pas de la vérité de ce fait lorsqu'on bâtit le portail de Notre-Dame. On y voit la statue du roi Pépin, l'épée à la main, sur un lion.

François Ier, étant à Amboise, imagina, parmi les divertissements qu'il voulait donner aux dames, de faire prendre, en vie, un des plus énormes sangliers de la forêt. Cet animal, qu'on avait apporté dans la cour du château, devenu furieux par les petits dards et les bouchons de paille qu'on lui jetait des fenêtres, monta le grand escalier et enfonça la porte de l'appartement où étaient les dames. François Ier défendit à qui que ce fût d'approcher, attendit la bête, lui enfonça son coutelas dans la tête entre les yeux ; et lorsqu'elle tomba, la retourna sur l'autre côté à force de poignet : ce prince n'avait alors que vingt et un ans.

AUTRES USAGES.

Le nom de Marie était autrefois en si grande vénération, qu'en certains pays il était défendu aux femmes de le porter. Alphonse IV, roi de Castille, sur le point d'épouser une jeune Maure, déclara qu'il ne la prendrait qu'à condition qu'on ne lui donnerait point au baptême le nom de Marie. Parmi les articles de mariage stipulés entre Marie de Nevers et Uladislas, roi de Pologne, il y en avait un qui portait que la princesse changerait son nom en celui d'Aloyse. On lit encore que Casimir Ier, roi de Pologne, qui épousa Marie, fille du duc de Russie, exigea la même chose de celle qu'il prenait pour femme.

L'usage des bancs dans les églises n'étant pas encore introduit, les personnes infirmes ou âgées y faisaient apporter leurs sièges. Dans certaines fêtes d'hiver, on couvrait toute l'église de paille, afin que le peuple qui s'asseyait où s'agenouillait sur la terre n'en ressentît point d'incommodité. Dans les grandes fêtes d'été, on jonchait toute l'église de fleurs et de feuillages. A la Pentecôte, lorsqu'on chantait l'hymne *Veni Creator*, un pigeon blanc descendait du haut des voûtes; on lâchait en même temps des oiseaux qui voltigeaient çà et là dans l'église; on y joignait des étoupes enflammées. C'est encore la mode en Flandre de faire descendre une colombe dans l'église le jour de la Pentecôte. A l'égard des oiseaux, cet usage n'est pas entièrement aboli; il se pratique dans plusieurs provinces, et même à Paris. J'ai vu, il y a quelques années, à la messe de minuit, aux Cordeliers, une grande quantité d'oiseaux répandus dans la nef.

De toute ancienneté, ce qui s'était perdu dans l'enclos de l'église se portait à l'œuvre. Si les effets n'étaient pas réclamés, on les gardait jusqu'au vendredi saint. Alors on les exposait sur une table placée à l'entrée de la principale porte, et on les rendait à ceux qui venaient les reconnaître. Ce qui n'était point revendiqué était, après l'office, vendu au plus offrant pour le profit de l'église. Cet usage, qui prouve la candeur et la bonne foi de nos ancêtres, a duré jusqu'au dernier siècle.

Il n'y avait point d'honoraires fixes pour les prédicateurs; on ne leur donnait que ce qu'on recevait des quêtes faites dans l'église. Un jacobin n'eut, en 1472, que quarante-quatre sols pour avoir prêché tout un carême.

Une reine de France, que l'on croit être Catherine de Médicis, fit vœu que, si elle terminait heureusement une entreprise, elle enverrait à Jérusalem un pèlerin qui en ferait le chemin à pied, en avançant de trois pas et en reculant d'un pas à chaque troisième. Il fut question de trouver un homme assez vigoureux pour entreprendre le voyage et assez patient pour reculer d'un pas sur trois. Un bourgeois de Verberie, bourg de

Picardie, se présenta et promit d'accomplir scrupuleusement le vœu. Il remplit ses engagements avec une exactitude dont la reine fut assurée par des perquisitions. Ce bourgeois, qui était marchand de profession, reçut en récompense une somme d'argent et fut anobli.

Parmi différents arrêts du Parlement de Paris, il en est un de l'année 1622, qui juge que la qualité de gentilhomme ne dispense pas celui qui fait cession de ses biens de porter le bonnet vert des débiteurs insolvables.

L'usage du bonnet vert, en France, s'introduisit d'abord dans le Parlement de Rouen, de Toulouse et de Bordeaux; et dans le cas où l'on trouvait des cessionnaires sans avoir ce bonnet sur la tête, il était permis à leurs créanciers de les constituer prisonniers. La peine du bonnet leur était imposée moins pour les noter d'infamie que pour ne pas contracter avec eux et pour obvier aux banqueroutes.

FOUS.

Dans les archives de la ville de Troyes en Champagne, on conserve une lettre de Charles V par laquelle il mande « aux maire et échevins, que son fol est mort, et qu'ils aient à lui en envoyer un autre suivant la coutume ». Nos rois avaient des fous en titre d'office; et ce qu'il y a de très singulier, c'est qu'ils leur faisaient élever des mausolées. On voit, dans les registres de la Chambre des comptes, que ce même Charles V, ce prince si sage, fit élever un tombeau à un de ses fous dans l'église de Saint-Germain-l'Auxerrois, et qu'il en fit élever un pareil à Thévenin, un autre de ses fous, dans l'église de Saint-Maurice de Senlis. « Il consiste, dit Sauval, dans une tombe de pierre de liais, longue de huit pieds et demi sur quatre et demi de large. Au milieu est couchée, sur le côté, une figure en habit long, dont les pieds sont d'albâtre de rapport, ainsi que le visage. Pour coiffure, elle a une calotte terminée d'une houppe : on voit sur ses épaules un froc fait en capuchon, deux bourses sur son estomac et une marotte à sa main. Tout autour de ce tombeau sont taillées, avec une délicatesse et une patience incroyables, quantité de petites figures dans des niches. On y lit cette épitaphe :

Ci-gît Thevenin de Saint-Légier, fol du roi, notre sire, qui trépassa le onzième juillet, l'an de grâce 1374. Priez Dieu pour l'âme de li.

FUNÉRAILLES.

Avant que de parler des funérailles, je dirai quelque chose sur les baptêmes. Les enfants et les personnes âgées qu'on baptisait avaient des vêtements blancs et les portaient pendant huit jours. « La reine Clotilde, dit Grégoire de Tours, devint mère d'un garçon, qui fut nommé Ingomer; il ne vécut que quelques jours, et portait encore, lorsqu'il mourut, les vêtements blancs qu'il avait reçus au baptême. » L'église était tapissée de blanc.

Le moine de Saint-Gall rapporte que Louis le Débonnaire et, à son exemple, les seigneurs de sa cour faisaient de riches présents aux Normands qui demandaient à recevoir le baptême; qu'une année, aux fêtes de Pâques, ces pirates vinrent en si grand nombre, qu'il ne se trouva pas assez d'habits blancs pour leur en donner à tous, comme c'était la coutume de ce temps-là; qu'on en fit faire à la hâte; et qu'un seigneur normand, ayant regardé l'habit qu'on lui apportait, le jeta en jurant et en disant que c'était la vingtième fois qu'il était venu se faire baptiser, et que jamais on ne lui avait présenté un si vilain habit.

On garde, dans la chapelle de Vincennes, les fonts baptismaux qui servent aux baptêmes des enfants de France : c'est une cuve de cuivre rouge, faite comme un grand bassin à l'antique, et toute couverte de plaques d'argent à personnages entaillés si artistement, qu'on n'y voit le cuivre que par filets. « Cette cuve fut fabriquée, dit Godefroi, en 807. » Il se trompe : elle fut faite pour le baptême de Philippe-Auguste, né le 12 août 1160.

Au baptême de Louis XIV, Louis XIII accorda la permission de revenir dans le royaume à tous ceux qu'on avait poursuivis en justice pour quelque action qui, au fond, n'était pas déshonorante ; mais ils ne pouvaient faire entériner leurs lettres de grâce ou de rémission « qu'après avoir préalablement servi pendant trois mois consécutifs, à leurs dépens, dans quelque régiment ». Il y en eut cent qui composèrent une compagnie, et qui se firent hacher en pièces à l'attaque d'un ouvrage au siège de Brisach.

Parlons des funérailles. Grégoire de Tours rapporte qu'Alaric, roi des Visigoths, écrivit à Clovis : « Si mon frère le voulait, nous aurions une entrevue. » L'usage entre les souverains de se traiter de frère est donc très ancien ; mais ils ne portaient le deuil les uns des autres que lorsqu'ils étaient proches parents.

Frédégonde ordonna qu'on observât les mêmes cérémonies aux funérailles de Clodebert, son fils aîné, qu'à celles des rois : tous les seigneurs et toutes les dames y assistèrent en habits de deuil, les cheveux épars et « poudrés de cendres ».

Les tombeaux des rois de la première race, depuis Clovis, ne consistaient que dans une grande pierre profondément creusée et couverte d'une autre en forme de voûte. On ne voyait sur ces pierres ni figures ni épitaphes : c'était en dedans qu'on prodiguait la magnificence[1].

En 1046 on découvrit, dans l'abbaye de Saint-Germain des Prés, le tombeau de Childéric II ; et l'on y trouva un baudrier, des épées, le morceau d'un diadème tissu d'or, une agrafe d'or pesant environ huit onces, un vase de cristal rempli d'un parfum qui exhalait encore quelque odeur, des poignards et plusieurs pièces d'argent carrées, et sur lesquelles était em-

---

1. L'article 2 du chapitre XIX des lois saliques interdit le feu et l'eau à celui qui aura déterré un corps pour le dépouiller ; il n'était pas permis, même à sa femme, de l'assister et de vivre avec lui jusqu'à ce qu'il eût fait aux parents du mort telle satisfaction qu'ils souhaitaient ; d'ailleurs on mettait des esclaves ou l'on payait des personnes pour veiller à la garde de ces tombeaux et des cimetières publics.

preinte la figure du serpent Amphisbene [1], apparemment pour signifier que ce prince avait été tué en trahison. Un seigneur français qu'il avait fait traiter indignement le poignarda, la reine sa femme et leur fils, dans la forêt de Livry.

Il paraît que l'on ne commença de mettre des épitaphes sur les tombeaux de nos rois que sous la seconde race. Éginard rapporte celle qu'on mit dans l'église de Notre-Dame d'Aix-la-Chapelle, au-dessus de l'endroit où Charlemagne fut inhumé : elle est bien simple :

Ci-gît le corps de Charles, grand et orthodoxe empereur. Il étendit glorieusement l'empire des Français, et régna heureusement pendant quarante-sept ans. Il mourut septuagénaire [2], le 28 janvier 814.

On descendit son corps dans un caveau après l'avoir embaumé; on l'assit sur un trône d'or : c'est, je crois, le seul homme qu'on ait inhumé assis [3]. Il était vêtu de ses habits impériaux par-dessus un cilice; on lui avait ceint sa Joyeuse (c'était le nom de son épée). Il semblait regarder le ciel, et sa tête était ornée d'une chaîne d'or en forme de diadème. Il avait un globe d'or dans une main; l'autre main était posée sur le livre des Évangiles, qu'on avait mis sur ses genoux. Son sceptre d'or et son bouclier étaient pendus devant lui à la muraille. On ferma et l'on scella le caveau, après l'avoir rempli de parfums, d'aromates et de beaucoup de richesses. Anciennement un homme était donc magnifiquement vêtu dans un tombeau très simple : aujourd'hui on n'a qu'un linceul dans un tombeau dont l'extérieur est superbe.

« Charlemagne, disent les *Grandes Chroniques*, fit ouvrir et embaumer de baume, de myrrhe et d'aloès le corps de Roland, tué à Roncevaux en 778. Les obsèques et services des morts furent chantés par ministres de sainte Église, avec grand luminaire... Fut porté

1. Ce serpent est le symbole de la trahison. On prétend qu'il a une seconde tête au lieu de la queue.
2. Il avait soixante-douze ans.
3. Les voyageurs parlent de certains peuples de l'Amérique qui enterrent leurs morts dans cette posture.

le corps sur deux mules jusqu'à la cité de Blaye, en bière dorée, couverte de riches draps de soie, et fut ensépulturé moult honorablement, et fut mise son épée Durandal à sa tête et son olifant[1] à ses pieds, en l'honneur de Notre-Seigneur et en signe de sa haute prouesse. »

Le corps du fils de saint Louis, mort à l'âge de seize ans, fut d'abord porté à Saint-Denis, et de là à l'abbaye de Royaumont, où il fut enterré. Les plus grands seigneurs du royaume portèrent alternativement le cercueil sur leurs épaules, et Henri III, roi d'Angleterre, qui était alors à Paris, le porta lui-même pendant assez longtemps comme feudataire de la couronne.

A la porte de l'église de Notre-Dame, le roi Philippe III prit sur ses épaules les ossements de saint Louis son père, et les porta jusqu'à Saint-Denis, accompagné d'archevêques, évêques et abbés, « la mitre en tête et la crosse au poing ». On planta une croix à chaque endroit où il s'était reposé : il y en eut sept; quelques-unes ont été déplacées; la première était auprès de la communauté de Saint-Chaumont : ce sont des espèces de pyramides de pierre, avec les statues des trois rois surmontées d'un crucifix.

Charles Benoise, secrétaire de Henri III, est le seul qui ait donné des marques de reconnaissance à la mort du roi son maître. Il lui fit ériger un mausolée dans l'église de Saint-Cloud, où il fonda un service qui se célèbre tous les ans le 1er août. Henri, ayant trouvé dans son cabinet le portefeuille de Benoise, l'ouvrit, et y vit un morceau de papier, sur lequel Charles Benoise, pour essayer sa plume, avait écrit ces mots : « Trésorier de mon épargne... » Le roi continua d'écrire de sa main : « Vous payerez au sieur Benoise, secrétaire de mon cabinet, la somme de cent mille écus, » et signa l'ordonnance.

Philippe le Bel, fils et successeur de Philippe III, rendit le Parlement sédentaire. Il paraît que, dès lors,

---

1. Petit cor dont sonnaient les paladins et chevaliers errants pour appeler et défier l'ennemi.

cette compagnie commença de jouir de l'honneur de
porter le corps des rois morts, ou les quatre coins du
drap mortuaire. « Portaient le corps du roi Jean les
gens de son Parlement, ainsi comme accoutumé avait
été des autres rois. »

« Le corps de Jeanne de Bourbon, femme de Charles V,
dit la même Chronique, était sur un lit couvert d'un
drap d'or; un linge fort délié lui couvrait le visage et
n'empêchait pas qu'on ne la vît; elle tenait dans la
main droite un pareil bâton terminé par une rose, et
dans la gauche un sceptre; le prévôt des marchands et
les échevins portaient le dais de couleur rouge, soutenu
sur quatre lances; le Parlement était autour du lit, et
quatre présidents portaient les coins du drap d'or. »

Aux funérailles de Charles VI, on imagina d'enfer-
mer le corps dans un cercueil et de faire une effigie
en cire, revêtue des habits et ornements royaux. Je ne
remarque, depuis ce temps-là, aucuns changements
considérables dans les cérémonies observées aux convois et enterrements de nos rois[1].

« Marchaient les seize gentilshommes de la Chambre[2],
portant la litière ou lit de parade; lequel lit était composé d'un matelas, d'un grand linceul de toile de Hollande, d'un grand drap de velours noir de cinquante
aunes, et d'un autre drap d'or de vingt-cinq aunes. Sur
ce lit était couchée la figure ou effigie du roi[3] en cire,
la couronne sur la tête; dans la main droite, un sceptre; dans la gauche, une main de justice; les jambes
chaussées de brodequins d'étoffe d'argent brodée d'or;
la semelle de satin cramoisi; deux grands oreillers de

1. Henri V, roi d'Angleterre et prétendu roi de France, étant mort à
Vincennes au mois d'août 1422, « son corps fut mis par pièces et bouilli
dans un chaudron, tellement que la chair se sépara des os; l'eau fut
jetée dans un cimetière; et les os, avec la chair, furent mis dans un
coffre de plomb avec plusieurs espèces d'épices et de choses odoriférantes et sentant bon ».

2. Extrait des relations des *Pompes funèbres de Louis XII, François Ier, Henri II, Charles IX et Henri IV*.

3. Dès que les médecins avaient assuré que le roi était mort, on lui
appliquait de la cire sur le visage pour en tirer l'effigie bien ressem-
blante. On avait conservé dans l'abbaye de Saint-Denis plusieurs de ces
effigies.

drap d'or, l'un sous la tête, l'autre sous les pieds. Elle avait une chemise de la plus fine toile, brodée d'une broderie de soie noire; par-dessus cette chemise, une camisole de satin cramoisi, dont on ne voyait les manches que jusqu'aux coudes, parce que le reste était couvert de la tunique, qui était de satin azuré, bordée de grands passements d'or et d'argent, et semée de fleurs de lis d'or; les manches de cette tunique n'allaient que jusqu'aux coudes. Par-dessus était le manteau royal de velours violet cramoisi, tirant sur le bleu, et semé de fleurs de lis d'or; ledit manteau était sans manches, ouvert par devant et doublé d'hermine; le collet était aussi d'hermine et renversé de la largeur de dix pouces. »

Le cercueil qui renfermait le corps était ordinairement sous le lit de parade, et quelquefois dans un chariot à six chevaux qui le précédait.

« Quatre présidents à mortier, vêtus de leurs habits royaux, portaient les quatre coins du drap mortuaire d'or du lit de parade, et tous messieurs du Parlement étaient autour, vêtus d'écarlate. Le dais était porté par le prévôt des marchands et les échevins. Le grand écuyer, ayant l'épée royale en écharpe, marchait devant le lit de parade, monté sur un coursier caparaçonné de satin blanc. Devant le grand écuyer marchait le cheval d'honneur, avec une selle de velours violet, des étriers dorés et un caparaçon du même velours semé de fleurs de lis d'or; deux écuyers à pied, vêtus de noir, tête nue, le menaient en mains, et quatre valets de pied, aussi vêtus de noir et tête nue, soutenaient les quatre coins de son caparaçon. »

Il me paraît que ce « cheval d'honneur », ces deux écuyers et ces quatre valets de pied, tête nue, qui l'accompagnent, ressemblent beaucoup au cheval et aux domestiques qu'on tuait et qu'on enterrait avec les rois de la première race avant qu'ils eussent embrassé le christianisme. On ne trouvera pas, je crois, mon idée extraordinaire, lorsqu'on aura vu qu'on faisait des offrandes de chevaux. Dans une transaction de l'an 1320, entre les curés de Paris et l'église du Saint-Sépulcre, il est dit qu'un mourant sera libre de choisir sa sépulture dans cette église; mais que son corps sera d'abord porté à la paroisse sur laquelle il sera mort, et que le curé de cette paroisse aura la moitié du luminaire et « des hardes et chevaux » qui seront présentés à l'offrande lors de l'inhumation au Saint-Sépulcre. Le continuateur de Nangis rapporte que, le roi Jean étant mort à Londres, Édouard III lui fit faire un magnifique service, et qu'il présenta à l'offrande plusieurs chevaux de prix caparaçonnés de noir, avec l'écusson de France. Au service fait à Saint-Denis, en 1389, pour Bertrand Duguesclin, par l'ordre de Charles VI, l'évêque d'Auxerre, qui célébrait la messe, descendit de l'autel après l'évangile; et s'étant placé à la porte du chœur, on vit arriver quatre chevaliers, armés de toutes pièces et des mêmes armes du feu connétable Duguesclin qu'ils représentaient; ils furent suivis de quatre autres portant ses bannières et montés sur des chevaux caparaçonnés de noir, avec son écusson : c'étaient, dit l'historien, les plus beaux chevaux de l'écurie du roi. « L'évêque reçut le présent des chevaux en leur mettant la main sur la tête, ensuite on les ramena; mais il fallut après composer pour le droit de l'abbaye, à laquelle ils étaient dévolus. » Le connétable de Clisson et les deux maréchaux (Louis de Sancerre et Mouton de Blainville) firent aussi leur offrande accompagnés de huit seigneurs qui portaient chacun un écu aux armes du défunt et tout entouré de cierges allumés. Après eux vinrent le duc de Touraine, frère du roi; Jean, comte de Nevers, fils du duc de Bourgogne; le prince de Navarre et Henri de Bar, tenant chacun par la pointe une épée nue. Au troisième rang marchaient quatre autres seigneurs armés de pied en cap et conduits par huit jeunes écuyers, dont les uns portaient des casques et les autres des pennons et bannières aux armes de Duguesclin. Ils allèrent tous se prosterner au pied de l'autel et déposèrent ces « pièces d'honneur ».

Il n'est pas douteux que ces cérémonies étaient de tradition. César et Tacite rapportent que les Gaulois et les Germains brûlaient ou enterraient avec le mort ses armes et son cheval. Les druides auraient pu sauver la vie à tant de pauvres chevaux et les tourner à leur profit! Étaient-ce les ténèbres du paganisme qui les empêchaient de voir clair à leurs intérêts?

Louis XIII mourut à Saint-Germain en Laye; son corps ne fut point apporté à Paris; ainsi son convoi n'eut pas tout ce cortège et cet appareil frappant et majestueux des convois de ses prédécesseurs; mais d'ailleurs on observa les mêmes cérémonies à ses funérailles. Lorsque la messe fut achevée, le maître des cérémonies alla prendre le premier président et les présidents de Novion, de Mesmes et de Bailleul pour tenir les quatre coins du drap mortuaire. Vingt-cinq gardes de la compagnie écossaise, commandés par un lieutenant et un exempt, ayant porté le corps dans le caveau, le roi d'armes s'approcha de l'ouverture, y jeta son chaperon et sa cotte d'armes, et ensuite cria à haute voix: « Hérauts d'armes de France, venez faire vos offices. » Chacun d'eux ayant aussi ôté son chaperon et sa cotte d'armes et les ayant jetés dans le caveau, il ordonna au héraut d'armes du titre d'Orléans d'y descendre pour ranger sur le cercueil « toutes les pièces d'honneur » qu'on allait apporter, et qu'il appela dans l'ordre suivant:

« Monsieur de Bouillon, apportez l'enseigne des cent suisses de la garde, dont vous avez la charge.

« Monsieur de Bazoche, lieutenant des gardes du roi en l'absence de M. le comte de Charost, apportez l'enseigne des cent archers de la garde dont il a la charge.

« Monsieur de Rebais, en l'absence de M. de Villequier, apportez l'enseigne des cent archers de la garde dont il a la charge

« Monsieur d'Yvoy, en l'absence de M. le comte de Tresmes, apportez l'enseigne des cent archers de la garde dont il a la charge.

« Monsieur Ceton, en l'absence de M. de Champdenier, apportez l'enseigne des cent archers de la garde écossaise, dont il a la charge.

« Monsieur l'écuyer de la Boulidière, apportez les éperons.

« Monsieur l'écuyer de Poitrincour, apportez les gantelets.

« Monsieur l'écuyer de Vantelet, apportez l'écu du roi.

« Monsieur l'écuyer de Belleville, apportez la cotte d'armes.

« Monsieur le Premier, apportez le heaume timbré à la royale.

« Monsieur de Beaumont, premier tranchant, apportez le panon du roi.

« Monsieur le grand écuyer, apportez l'épée royale.

« Monsieur le grand et premier chambellan, apportez la bannière de France.

« Monsieur le grand maître et chef du convoi, venez faire votre office.

« Monsieur le duc de Luynes, apportez la main de justice.

« Monsieur le duc de Ventadour, apportez le sceptre royal.

« Monsieur le duc d'Uzès, apportez la couronne royale. »

Ces trois ducs apportèrent la main de justice, le sceptre et la couronne sur des oreillers de velours noir, et le roi d'armes les reçut sur un grand morceau de taffetas; le héraut d'armes d'Orléans les mit sur le cercueil avec les autres pièces d'honneur ci-dessus spécifiées, excepté l'épée royale, que le grand écuyer tint toujours par la poignée, n'en mettant que la pointe dans le caveau; le grand chambellan n'y mit que le bout de la bannière de France.

Seize maîtres d'hôtel nommés ayant jeté dans le caveau leurs bâtons couverts de crêpe, le duc de la Trémouille, faisant les fonctions de grand maître de la maison du roi pour le prince de Condé, y mit le bout du sien, et dit à voix basse: « Le roi est mort. » Le roi d'armes, se tournant vers le peuple, répéta à haute voix : « Le roi est mort, le roi est mort, le roi est mort ! prions pour le repos de son âme. » Après quelques moments de silence, le duc de la Trémouille dit : « Vive le roi, vive le roi, vive le roi Louis quatorzième du nom, roi de France et de Navarre ! » Le grand chambellan releva la bannière de France, le grand maître de la maison du roi son bâton ; toute l'église retentit du son des trompettes et des timbales, des fifres et des hautbois ; chacun se retira et alla dîner. Le doyen des aumôniers du roi (pour le grand aumônier) bénit les tables du grand maître et du Parlement et y dit les grâces, après lesquelles la musique du roi chanta le *Laudate* au bout des mêmes tables. Ensuite, en présence du Parlement, le prince de Condé (grand maître), ayant fait appeler tous les officiers de la maison du roi, cassa son bâton [1], en disant à ces officiers que la maison était rompue et qu'ils eussent à se pourvoir, leur promettant en même temps ses bons offices auprès de leur nouveau maître, et qu'il tâcherait de les faire rétablir dans leurs mêmes charges et fonctions.

On ne fait ordinairement les funérailles de nos rois que quarante jours après leur mort ; on expose, pendant ces quarante jours, leur image en cire, à la vue du peuple, sur un lit de parade [2] et dans tout l'éclat de la majesté ; on continue de les servir aux heures des repas comme s'ils étaient encore vivants : « Étant la table dressée par les officiers de fourrière, le service apporté par les gentilshommes servants : panetier, échanson et écuyer tranchant, l'huissier marchant devant eux, suivi par les officiers de retrait du gobelet qui couvrent la table avec les révérences et essais que l'on a accoutumé de faire ; puis, après le pain défait et préparé, la viande et service conduits par un huissier, maître d'hôtel, panetier, pages de la

1. « Le grand aumônier, dit M. de Thou, faisait la prière avant et après le repas à la table du Parlement, et le grand maître de la maison du roi y cassait son bâton pour marquer que les fonctions de sa charge étaient finies par la mort et l'inhumation du roi ; ensuite il reprenait un autre bâton et faisait crier : « Vive le roi ! » par le héraut. »

2. Le corps est dessous, embaumé, dans un cercueil de plomb.

chambre, écuyer de cuisine et garde-vaisselle; la ser-
viette pour essuyer les mains présentée par ledit maître d'hôtel au seigneur le plus considérable qui se
trouve là présent, pour qu'il la présente audit seigneur roi; la table bénite par un cardinal ou autre
prélat; les bassins à eau à laver présentés au fauteuil dudit seigneur roi, comme s'il était encore vivant
et assis dedans; les trois services de ladite table con-
tinués avec les mêmes formes, cérémonies et essais
sans oublier la présentation de la coupe aux moments
où ledit seigneur roi avait accoutumé de boire en son
vivant; la fin du repas continuée par lui présenter à
laver, et les grâces dites en la manière accoutumée,
sinon qu'on y ajoute le *De profundis.* »

Tout ce cérémonial fut sans doute dicté par notre
amour pour nos rois; on cherche à tromper sa douleur : il semble qu'on les ait fait revivre en conti-
nuant de les servir lors même qu'ils ne sont plus.

Aux pompes funèbres, chez les Romains, on louait
un pantomime, à peu près de la taille et de la figure
du mort, et qui contrefaisait si bien son air, sa contenance, ses gestes, qu'il semblait que c'était lui-même
qui marchait à son convoi.

Dans un compte de dépenses de la maison de Polignac de l'an 1375, on trouve un article de « cinq sols
baillés à Blaise, pour avoir fait le chevalier défunt à
l'enterrement de Jean, fils de Randonnet Armant, vicomte de Polignac ».

Les chevaliers morts dans leur lit étaient représentés sur leurs tombeaux sans épée, la cotte d'armes sans
ceinture, les yeux fermés et les pieds appuyés sur le
dos d'un lévrier ; au lieu qu'on y représentait les chevaliers tués dans une bataille l'épée nue à la main, le
bouclier au bras gauche, le casque en tête, la visière
abattue, la cotte d'armes ceinte sur l'armure avec une
écharpe ou une ceinture et un lion à leurs pieds.

On mettait quelquefois des grilles autour des tombeaux pour empêcher de les toucher et de les gâter;
mais, outre cette grille on en mettait une autre qui

couvrait entièrement le tombeau si c'était celui d'un prince ou d'un chevalier mort prisonnier. Philippe d'Artois, connétable de France, ayant été pris par les Turcs à la bataille de Nicopolis, en 1396, son tombeau, dans l'église de Notre-Dame d'Eu, est couvert d'une grille et comme enfermé dans une espèce de cage de fer, pour marquer qu'il était mort en prison.

J'ignore si un chanoine dont il est souvent parlé dans les registres de la cathédrale d'Évreux sous le nom de Jean Bouteille, mourut une bouteille à la main ; mais on voit dans ces registres qu'il fonda un obit accompagné d'une cérémonie assez singulière : pendant cet obit, on étendait sur le pavé, au milieu du chœur, un drap mortuaire aux quatre coins duquel on mettait quatre bouteilles pleines du meilleur vin et une cinquième au milieu, le tout au profit des chantres qui assistaient à ce service.

En 1240, Isabelle de Blois, comtesse de Chartres, fit une donation annuelle et perpétuelle de deux cruches d'huile et d'un millier de harengs à l'abbaye de Fontaines-les-Blanches, à la charge de faire, tous les ans, un service pour le repos de son âme et de celle de son mari. Quelques années après, les religieux de cette abbaye obtinrent que cette donation serait convertie en une rente annuelle et perpétuelle de trente sols. Je crois que trente sols de ce temps-là vaudraient trente-six livres de ce temps-ci.

Louis de Beaumont de la Forêt, évêque de Paris, décédé en 1492, souhaita, par son testament, que la fosse où il serait inhumé dans la cathédrale fût remplie de terre apportée du cimetière des Innocents. C'était sans doute par humilité : y a-t-il donc de l'orgueil à pourrir dans quelque terre que ce soit ?

Si l'on continuait, par amour et par respect, de servir la table d'un mort, on faisait aussi quelquefois, par mépris, l'enterrement d'un homme vivant. En 1523, le capitaine Frauget, gouverneur de Fontarabie, ayant rendu honteusement cette place aux Espagnols, fut condamné à être dégradé de noblesse. On l'arma de

pied en cap ; on le fit monter sur un échafaud où
douze prêtres, assis en surplis, commencèrent à chanter les vigiles des morts, après qu'on lui eut lu la sentence qui le déclarait « traître déloyal, vilain et foi-
mentie ». A la fin de chaque psaume, ils faisaient une
pause, pendant laquelle un héraut d'armes le dépouillait de quelque pièce de son armure, en criant à haute
voix : « Ceci est le casque du lâche, ceci son corselet,
ceci son bouclier, » etc. Lorsque le dernier psaume fut
achevé, on lui renversa sur la tête un bassin d'eau
chaude, on le descendit ensuite de l'échafaud avec
une corde qu'on lui passa sous les aisselles, on le mit
sur une claie, on le couvrit d'un drap mortuaire, on le
porta à l'église, où les douze prêtres l'environnèrent
et lui chantèrent sur la tête le psaume *Deus, laudem
meam ne tacueris*, dans lequel sont contenues plusieurs
imprécations contre les traîtres. Ensuite on le laissa
aller et survivre à son infamie.

ENCENSEMENTS.

Dans l'église métropolitaine de Saint-André de Bordeaux, le 18 octobre 1615, aux fiançailles de Madame
Élisabeth de France et de don Philippe, prince d'Espagne, représenté par le duc de Guise, « l'autel et Mgr le
cardinal de Sourdis furent encensés, et non le roi;
disant les chapelains de Sa Majesté qu'on avait autrefois empoisonné des rois par le moyen des encense-
ments, et qu'où le roi est, on ne doit pas même encenser
l'autel ».

Le 25 novembre suivant, dans la même cathédrale,
au mariage de Louis XIII et d'Anne d'Autriche, l'évêque de Saintes officiant, « l'autel ni le roi ne furent
point encensés, et le sieur de Boulogne, le plus ancien
des chapelains de Sa Majesté, dit qu'on peut quelquefois encenser le roi, non de près, mais de loin ».

A l'entrée de ce même prince dans la ville de Troyes,
le 25 janvier 1629, « MM. les prévôt et sous-doyen, à la
porte de la cathédrale, portaient chacun un encensoir
où le feu était sans encens ».

CONNÉTABLES.

Il y a eu quatre connétables de la maison de Montmorenci : Mathieu de Montmorenci en 1139, Mathieu II de Montmorenci en 1218, Anne de Montmorenci en 1538, et Henri de Montmorenci en 1593. Mathieu de Montmorenci épousa Alix de Savoie, veuve de Louis le Gros, et Henri de Montmorenci, étant très jeune et ne s'appelant que le duc de Damville, aurait épousé Marie Stuart, reine d'Écosse, veuve de François II, s'il n'eût pas été marié. Cette reine cachait si peu le plaisir qu'elle aurait eu à lui offrir sa main et sa couronne, qu'un homme attaché à ce seigneur et qui savait qu'il n'aimait pas sa femme fut assez scélérat pour lui offrir de l'empoisonner : il chassa de chez lui ce méchant homme, en lui marquant toute l'horreur qu'il lui inspirait.

CHAMBRE DES COMPTES.

Les officiers de cette Chambre portaient anciennement de grands ciseaux à leur ceinture, pour marquer le pouvoir qu'ils ont de rogner et de retrancher les mauvais emplois dans les comptes qu'on leur présente.

LE GRAND CONSEIL.

A la fin de la dernière audience, avant les jours gras, celui qui préside se lève, va à la table du greffier, y trouve un cornet et des dés, commence le jeu, et le cornet passe ensuite successivement aux conseillers, aux avocats, aux procureurs, aux huissiers, et même aux laquais, qui continuent de jouer jusqu'à la nuit. J'ai demandé l'origine de cet usage à plusieurs avocats et conseillers du Grand Conseil : ils m'ont dit qu'ils croyaient que, sous le règne de Henri II, le Parlement ayant fait publier et afficher un arrêt qui défendait les jeux de hasard, le Grand Conseil imagina cette séance du jeu pour montrer qu'il ne connaît point les arrêts du Parlement, et qu'il n'est pas obligé

de s'y conformer. Nos rois avaient des fous en titre
d'office, et qui, étant couchés sur l'état de leur maison, avaient leurs causes commises à la prévôté de l'Hôtel, et par appel au Grand Conseil. Ces fous, pour di-
vertir les autres, ou autrement, se faisaient des procès,
dont le Grand Conseil renvoyait apparemment la plai-
doirie aux jours de carnaval, de même que l'on plaidait et que l'on plaide encore, je crois, ces jours-là,
une « cause grasse » au Châtelet et au Parlement. Le
président du Grand Conseil, après avoir ouï les avocats,
demandait un cornet et des dés pour décider des affaires ordinairement ridicules. Voilà ma conjecture :
j'avoue en même temps qu'elle n'est appuyée sur aucune preuve.

CONFORMITÉS, CHANGEMENTS ET DIFFÉRENCES DANS NOS MOEURS, USAGES ET COUTUMES.

Les Germains, dit Tacite, ont beaucoup de goût pour
ne rien faire, et une antipathie étonnante pour le repos.

Ils s'appliquent à bien choisir leurs généraux, et comptent moins sur l'armée que sur celui qui la commande.

Les affaires de peu d'importance sont jugées et déci-
dées par le prince; on renvoie les autres à l'assemblée
générale de la nation. Le prince y parle le premier; les
grands opinent ensuite, et sont écoutés avec les égards
que méritent leur âge, leur noblesse et leurs exploits.
Si l'avis déplaît à l'assemblée, elle le rejette par un
murmure; si elle l'approuve, chacun frappe son bouclier de sa lance, et cet éloge militaire est regardé
comme le signe d'approbation le plus honorable.

Nos rois de la première et de la seconde race ne
faisaient publier aucune ordonnance, aucun édit, sans
employer quelqu'une de ces formules : « C'est ce que
nous et les principaux de la nation avons conclu et
arrêté; c'est ce que nous ordonnons du consentement
de nos fidèles; c'est ce qui a été fait et déterminé,
nous présents et les principaux de nos fidèles. »

« Tels sont, dit Charles le Chauve, les capitulaires
de nos pères, que les Français ont jugé à propos de

reconnaître pour loi, et que nos fidèles ont résolu, dans une assemblée générale, d'observer en tout temps. »

Charlemagne avait établi l'usage d'envoyer chaque année, dans chaque province, deux ou trois commissaires (*missi dominici*), qui s'informaient des abus, recevaient les plaintes du peuple, examinaient la conduite des juges et des commandants, et renvoyaient les procès et les jugements à la requête des parties. On fournissait par jour à chacun de ces commissaires, si c'étaient des évêques, beaucoup plus qu'il n'aurait fallu pour régaler les douze apôtres : quarante pains, trois poulets, quinze œufs, trois rations de vin et quatre rations de fourrage pour leurs chevaux. Mais si ces commissaires n'étaient que des laïques, des commandants de province ou de grands officiers du palais, ils ne devaient pas tant manger : on ne leur fournissait que trente pains, deux agneaux, un cochon de lait, deux poulets, quinze œufs, deux rations de vin et trois rations de fourrage. On peut évaluer le prix de ces denrées par la remarque suivante : la contribution qu'un curé était tenu de fournir à son évêque, savoir : un minot de froment, un minot d'orge, une mesure de vin et un agneau, était évaluée deux sols; or, le sol était d'argent pur; combien vaudrait-il aujourd'hui? L'or et l'argent étaient-ils plus rares, et les denrées étaient-elles par conséquent à meilleur marché? Considérons encore qu'il n'y avait aucun impôt sur les denrées.

Personne, chez les Germains, n'avait le droit d'être armé sans l'aveu de ses concitoyens. Le prince, le père ou le plus proche parent du jeune homme en âge de porter les armes l'introduisait dans l'assemblée générale de la nation et lui donnait solennellement le javelot et le bouclier.

Anciennement en France le fils d'un noble, quand il avait atteint l'âge de quatorze ans, allait à l'église, ayant au cou un ceinturon avec une épée; son père et sa mère, chacun un cierge à la main, le conduisaient à l'autel et le présentaient au prêtre au moment de l'offrande; le prêtre prenait l'épée, la bénissait et la rendait au jeune homme, qui la tenait nue pendant le reste de la messe, et, la mettant ensuite à son côté, commençait à jouir du droit de porter cette marque d'honneur attachée à la naissance.

Plusieurs contrées de la Germanie ne pouvant pas nourrir leurs habitants, un père choisissait parmi ses enfants celui qu'il destinait à demeurer avec lui et à être son héritier : voà, dit-on, l'origine de la coutume qui donne tout le bien ou la plus grande partie à l'aîné.

Les Sicambres, une des tribus des Francs, commençaient à plier et à fuir dans une bataille; leurs femmes les arrêtent et leur disent, en découvrant leur sein : « Frappez, lâches, frappez, et tuez-nous, plutôt que de nous exposer aux opprobres de l'esclavage. » Ce spectacle et ces reproches raniment le courage et la fierté des Sicambres; ils se rallient; le combat recommence; ils repoussent et défont entièrement l'ennemi, qui se croyait déjà vainqueur. Un historien prétend que c'est depuis cette victoire, et en mémoire de la part que les femmes y avaient eue, qu'elles commencèrent, et qu'elles ont continué de laisser leur gorge découverte.

Les Germains croyaient qu'il y avait quelque chose de divin dans une jeune fille.

A l'entrée de nos rois dans une ville, c'était ordinairement une jeune fille qui les haranguait et leur présentait les clefs, marchant devant le maire et les échevins, vêtue de blanc, la chevelure flottante et couronnée de fleurs.

Il était de l'essence de l'ancienne chevalerie d'avoir « sa dame », à qui, comme à un être suprême, on rapportait tous ses sentiments, toutes ses pensées, toutes ses actions. On était persuadé que ce sentiment perfectionnait les âmes bien nées et qu'il était « entrepreneur » de grandes choses. « Ah! si ma dame me voyait! » disait Fleuranges en montant le premier à l'assaut.

Il est rare que l'homme de courage ne regarde pas sa femme comme un ami. Le poltron est presque toujours impérieux et tyran avec la sienne et dans son domestique; un gueux a un chien pour avoir un être sur qui dominer.

Un vieux proverbe disait que « si le diable sortait de l'enfer pour se battre, il se présenterait aussitôt un Français pour accepter le défi ».

A la mort d'un chevalier qui s'était distingué par son intégrité, son désintéressement et des actions d'éclat, les plus grands seigneurs, les rois même, ambitionnaient d'avoir son épée ou son cheval de bataille. Le duc d'Orléans, frère de Charles VI, fit demander celle de Jean de Beaumont, chevalier breton; il offrit en même temps de donner à la fille de ce vaillant homme une dot assez considérable (elle se trouvait absolument sans bien); Guillaume de Rosnivinen l'épousa, refusa la dot et garda l'épée.

Il n'était permis qu'aux nobles de mettre des girouettes sur leurs maisons; on prétend même que dans l'origine il fallait avoir monté des premiers à l'assaut de quelque ville et avoir planté sa bannière ou son pennon sur le rempart. Les girouettes étaient peintes, armoriées et représentaient les bannières ou les pennons de la noblesse.

Un Français coupait la tête à l'ennemi qu'il avait tué, l'emportait chez lui et la clouait sur sa porte[1], surtout si cet ennemi avait passé pour un homme redoutable : c'est apparemment d'où est venue la coutume de clouer sur la porte des châteaux un oiseau de proie ou la tête de quelque animal carnassier.

Un habitant de Padoue, au commencement du quatorzième siècle, inventa le papier; c'est une composition de vieux linge pilé et broyé par le moyen d'un moulin à eau, et qu'on étend ensuite par feuilles : on ne commença de le connaître et de s'en servir en France, au lieu de parchemin, que sous le règne de Philippe de Valois.

En 1471, Louis XI, désirant mettre dans sa bibliothèque une copie du livre du médecin Rasis, emprunta

---

1. La loi des Saliens contient une expresse défense d'enlever ces têtes placées à l'entrée des maisons. (*Lex Salica*, tit. LXIX, art. 3.)

l'original de la faculté de médecine de Paris et donna pour sûreté de ce manuscrit douze marcs d'argent, vingt livres sterling et l'obligation d'un bourgeois pour la somme de cent écus d'or. Il est bien singulier qu'un roi donne non seulement des gages, mais encore caution bourgeoise pour un livre qu'il emprunte dans son royaume. On voit d'ailleurs combien il était difficile d'avoir des livres, et combien ils étaient chers avant et même plusieurs années après l'invention de l'imprimerie. Elle fut inventée à Strasbourg ou à Mayence en 1440. Il s'établit des imprimeurs à Paris en 1470; ils dédièrent à Louis XI, cette même année 1470, un des premiers livres qu'ils y avaient imprimé; c'est l'année suivante, en 1471, que ce prince emprunte un livre pour en avoir une copie manuscrite. On prétend que vingt mille personnes en France subsistaient de la vente des livres qu'elles copiaient, et que c'était une raison pour ne pas favoriser l'établissement de l'imprimerie.

On donnait aux rois le titre d'Illustrissime, de Votre Sérénité, Votre Grâce : l'usage de donner celui de Majesté ne s'établit entièrement que sous Louis XI, le prince le moins majestueux dans toutes ses actions, ses manières et dans son extérieur. Il n'avait pas honte de paraître aux plus grandes cérémonies avec un pourpoint et une casaque d'une étoffe grossière, une calotte à oreilles et un bonnet, ordinairement très sale, sur lequel il attachait de petites Notre-Dame de plomb. Il se présentait aux ambassadeurs affectant d'être assis dans un mauvais fauteuil et ayant presque toujours quelque vilain chien sur ses genoux. On trouve dans les comptes de sa maison un article de quinze sols pour deux manches neuves qu'on avait mises à un de ses vieux pourpoints.

L'historien Ferréras rapporte que don Juan, roi de Castille, reçut, en 1324, les ambassadeurs de France assis sur un trône magnifique et ayant à ses pieds un gros lion qu'il avait apprivoisé.

On appelait l'empereur de Constantinople « Sa Sainteté » : on voit dans l'histoire que souvent Sa Sainteté était un très méchant homme.

Les rois ne traitaient de cousins que ceux qui avaient en effet l'honneur d'être leurs parents ; ils écrivaient « très cher et fidèle ami » aux pairs, aux grands officiers de la couronne et aux cardinaux : ce n'est que depuis François Ier, environ l'an 1540, qu'ils ont commencé à avoir tant de cousins.

Nos reines allaient en litière ou à cheval. Catherine de Médicis est la première qui ait eu un carrosse. Le premier président de Thou en fit faire un parce qu'il avait la goutte ; sa femme allait dans Paris à cheval, en croupe derrière un domestique. Ces carrosses ou coches étaient faits comme le sont ceux des messageries, avec de grandes portières de cuir qu'on abaissait pour y entrer ; on n'y mettait que des rideaux. S'il y avait eu des glaces au carrosse de Henri IV[1], peut-être n'aurait-il pas été tué. Bassompierre, sous le règne de Louis XIII, fut le premier qui fit faire un petit carrosse avec des glaces. Pendant la minorité de Louis XIV, presque tous les gens de la cour qui n'avaient point d'incommodités allaient encore à cheval et se présentaient chez les dames et aux assemblées et se mettaient à table avec leurs bottines et leurs éperons. Le nombre des carrosses, qui ne montait dans Paris, en 1658, qu'à trois cent dix ou vingt, monte aujourd'hui à plus de quatorze mille.

Gilles le Maître, premier président du Parlement sous Henri II, stipulait dans le bail qu'il passait avec les fermiers de sa terre près de Paris qu' « aux quatre bonnes fêtes de l'année et au temps des vendanges, ils lui amèneraient une charrette couverte, et de la paille fraîche dedans, pour y asseoir sa femme et sa fille, et qu'ils lui amèneraient aussi un ânon ou ânesse pour monture de leur chambrière » ; il allait devant, sur sa mule, accompagné de son clerc à pied.

1. On prétend que ce prince n'eut, pendant assez longtemps, qu'un carrosse pour lui et pour la reine, et qu'il existe une lettre où il écrivait à M. de Sully, qui avait pris médecine : « Je comptais aller vous voir ; mais je ne pourrai, parce que ma femme se sert de ma coche. »

François de Montholon, garde des sceaux, avait accompagné François Ier à la Rochelle, où il y avait eu une sédition; ce prince lui fit présent de l'amende de deux cent mille livres à laquelle il condamna les Rochellois; Montholon leur remit cette amende, à condition qu'ils feraient bâtir dans leur ville un hôpital pour les malades. Il logeait avec toute sa famille au coin de la rue Saint-André-des-Arcs et de la rue Gît-le-Cœur, dans une maison où il n'y avait qu'une salle et une petite cuisine au rez-de-chaussée, deux chambres au premier étage, deux au second et un grenier au troisième.

On trouva cinquante mille écus chez un juif, mort à Paris sans famille et sans enfants; Henri III fit présent de la moitié de « cette aubaine » à Geoffroy Camus de Pont-Carré. Ce magistrat envoya chercher trois négociants qui s'étaient nouvellement associés et qui venaient d'être ruinés par un incendie, et leur fit don de ces vingt-cinq mille écus. Sa femme regardait comme luxe et ne voulut pas porter une paire de bas de soie qu'une de ses tantes, mariée à la cour, lui avait envoyée pour étrennes.

Jamais roi n'avait mis tant de taxes et n'avait fait plus de dépenses inutiles et frivoles que Henri II. Cependant, dès qu'on apprit la nouvelle de la bataille de Saint-Quentin, les bourgeois de Paris s'assemblèrent et donnèrent d'eux-mêmes cent mille écus. Chaque seigneur un peu considérable dans le royaume offrit d'y fortifier et d'y défendre une place à ses dépens. Le maréchal de Brissac écrivit à ce prince pour le prier d'accepter tous ses revenus, ne se réservant que deux mille livres par an pour l'entretien de sa famille. Deux ans après, lorsqu'on sut que ce même Henri II, trompé par les fausses considérations de son conseil, avait envoyé ordre à ses plénipotentiaires de signer la paix de Cateau-Cambrésis, la plupart des villes, quoique accablées d'impôts, lui écrivirent qu'elles étaient prêtes à lui fournir de nouvelles forces et de nouvelles contributions, s'il voulait ne pas ratifier un traité qui faisait perdre à la France des conquêtes si considérables et qui avaient coûté tant de sang et d'argent. Tels étaient les Français, et dans quel temps ? Lorsque leurs mœurs étaient aussi corrompues qu'elles l'aient jamais été ; mais leur caractère n'était pas dépravé. La corruption des mœurs est à peu près égale dans tous les siècles ; c'est la dépravation du caractère d'une nation qui présage sa décadence. J'appelle dépravation dans son caractère lorsqu'elle n'a plus cet orgueil pour son nom, cet amour, cette estime pour elle-même, sources continuelles d'émulation, de force et d'harmonie dans l'État.

On ne saurait inspirer aux jeunes gens trop d'estime pour leur nation, s'il est vrai que plus on chérit et l'on estime sa famille, plus on est éloigné de toute lâcheté.

Nos ancêtres chassaient des assemblées et des tournois ceux qui étaient accusés d'avoir mal parlé des femmes. Ce n'était pas seulement par humanité ou par galanterie qu'ils en usaient ainsi, mais encore par politique ; ils étaient persuadés que plus les femmes se voient respectées, plus elles s'attachent à se rendre respectables ; qu'un gouverneur peut cultiver notre esprit ; qu'à l'égard de notre caractère, ce sont elles qui le forment dans cet âge où le plus doux des penchants nous presse de leur offrir les prémices de notre cœur ; que tel qui se distingue par l'élévation de ses sentiments n'aurait peut-être jamais eu qu'une âme commune, si le désir de leur plaire n'avait pas éveillé son amour-propre.

Les bardes [1], chez les Gaulois, étaient les poètes et jouissaient d'une grande considération ; ils marchaient à la tête des armées chantant des chansons à la gloire de la nation et de ceux qui s'y étaient le plus distin-

---

1. *Bardd,* en breton, signifie un poète, et *barddoneg,* un poème. Dans le pays de Galles, on appelle encore aujourd'hui *bardes* des espèces de poètes musiciens qui vont de château en château chanter les éloges des grands hommes, en accompagnant leurs chansons avec la harpe. Tacite dit que les Germains avaient des chansons où les belles actions de leurs héros étaient célébrées, et qu'en allant au combat le chant de ces chansons, appelé *barbitum,* enflammait leur courage.

gués par leur valeur et en prodiguant leur sang pour
la patrie. Sous la première, la seconde, et assez avant
sous la troisième race, on chantait aussi de semblables
chansons, en se rangeant en bataille et en attendant le
signal, ou le cri de guerre[1], pour fondre sur l'ennemi.

Il n'est pas douteux que les chansons militaires ou
grivoises distraient et délassent l'esprit du soldat au
milieu des fatigues; qu'elles l'amusent dans les marches et qu'elles entretiennent dans le camp une gaieté
martiale et nécessaire. Si les aumôniers de l'armée
s'avisaient de les défendre, que dirait le général? La
tragédie et la comédie ne sont pas moins utiles dans
les villes; elles adoucissent les mœurs, purgent les passions, peignent les égarements où elles peuvent entraî-
ner, tâchent de rendre le vice odieux et de corriger
les travers et les ridicules.

On cultive, on exerce la mémoire des jeunes gens
afin de la fortifier; il me semble qu'il est encore plus
intéressant d'exercer, d'habituer leur âme à la pitié
par des scènes pathétiques et touchantes. L'homme le
plus vertueux est celui dont l'âme est la plus inquiète
à la vue de son semblable dans la misère.

Un religieux contracte ordinairement dans le cloître
une dureté d'âme et d'esprit qui le rend peu compa-
tissant; il ne soulage guère les malheureux que par
devoir; l'homme du monde les soulage par sentiment : j'honore l'un, j'aime l'autre.

Je m'arrête et me divertis à regarder deux animaux
qui jouent ensemble; je conçois de l'antipathie pour
l'homme qui les agace l'un contre l'autre et qui se
plaît à les voir se déchirer.

Luther aimait la poésie et la cultivait avec succès;
s'il n'avait jamais fait que des vers, quatre ou cinq
millions d'hommes ne se seraient pas égorgés.

Philippe de Comines rapporte que « Charles VIII avait
établi une audience publique où il écoutait tout le

---

1. « Montjoie Saint-Denis » était le cri général des Français en allant
à la charge; chaque seigneur banneret avait aussi son cri particulier,
qui servait à rappeler ses vassaux sous sa bannière.

monde, et surtout les pauvres; il ne se faisait pas, ajoute-t-il, grandes expéditions à cette audience; mais au moins était-ce tenir les gens en crainte, et principalement ses ministres et ses officiers, dont aucuns avaient été suspendus pour pillerie ».

Louis XIV, en revenant de la messe, jetait toujours les yeux de côté et d'autre, et par son air et ses regards invitait à l'approcher. Un jour, un suisse, quoique le passage fût assez large, criait de faire place, et repoussait plusieurs personnes : « Ne voyez-vous pas, lui dit Louis XIV d'un ton sévère, que voilà une femme qui a un placet à me présenter? » Il renfermait les placets qu'on lui donnait dans une cassette dont lui seul avait la clef.

A Rome, les esclaves qui avaient des maîtres injustes et cruels allaient, sur la place publique, embrasser la statue de l'empereur; c'était un asile dont il n'était pas permis de les arracher; et il était du devoir de l'empereur, avant que de se mettre à table, d'envoyer voir si personne ne s'était réfugié aux pieds de sa statue.

Nos historiens se sont rarement attachés à nous laisser des détails sur les anciens usages; ils n'en parlent qu'en passant. Le procès-verbal qu'on va lire, et que j'ai copié sur un manuscrit de la Bibliothèque du roi, contient les formalités que nos rois et les autres princes de l'Europe observaient avant que de commencer la guerre; elles ont quelque rapport avec la façon dont les Romains la déclaraient : le sénat envoyait un fécial sur la frontière de la nation contre qui elle était résolue; et ce fécial, appelant trois hommes pour être témoins, lançait un dard sur le territoire de cette nation.

Jean Gratiolet, commis à la charge de héraut d'armes de France au titre d'Alençon, en vertu de la commission donnée à Saint-Quentin sous le secret, le 12 du présent mois de mai 1635, signée Louis, et plus bas, par le roi, Servien, certifie à tous qu'il appartiendra, être parti de Neufchâtel-sur-Aine, le 12 desdits mois et an, et m'être acheminé aux Pays-Bas pour trouver le cardinal-infant d'Espagne; et ayant appris qu'il était à Bruxelles, je me suis rendu le 19 du présent mois, sur les neuf heures du matin, à la porte de ladite ville appelée la porte de Hau, accompagné de Gratien Elissavide, trompette ordinaire du roi, et ayant pris ma cotte d'armes au titre d'Alençon, la toque et le bâton en telle action requis, je me suis arrêté environ à deux cents pas de la porte, tandis que ledit trompette était allé proche d'icelle faire les chamades à la manière accoutumée; et ledit trompette ayant vu quatre ou cinq hommes qui faisaient garde à ladite porte, il se serait adressé à un d'iceux, lui disant qu'il conduisait un héraut d'armes du roi son maître vers le cardinal-infant; et cet homme étant allé parler au sergent-major de ladite ville, et ledit sergent étant venu me trouver, je l'assurai que j'étais venu pour parler au cardinal-infant : lors ledit sergent-major s'en retourna dans la ville avertir ledit cardinal de mon arrivée; et étant revenu sur les douze heures, il me dit que ce prince avait promis de me donner audience, et l'avait chargé de me mener chez lui en attendant l'heure qu'il me la pourrait donner; ledit sergent-major me priant à cette fin de vouloir entrer dans la ville sans l'habillement de héraut, lequel je lui déclarai ne pouvoir quitter; il avait avec lui le roi des hérauts d'armes des Pays-Bas (Toison d'or). Étant arrivé en leur compagnie au logis dudit sergent-major sur la place du Sablon, icelui sergent-major retourna au palais du prince, pour savoir l'heure où je pourrais être mené devant lui; il ne revint qu'à deux heures après midi, et m'assura que je serais ouï dudit prince, mais qu'il était empêché au conseil à cause de son départ, qui serait sur les quatre heures, pour aller coucher à Louvain; quoique ledit sergent-major, le roi des hérauts et plusieurs personnes m'eussent assuré que ledit cardinal-infant ne devait partir que le lundi 21. Voyant ces longueurs, je pressai ledit sergent-major de dire si je devais espérer d'être ouï dudit cardinal-infant; m'en ayant assuré, il retourna pour la troisième fois au palais dudit prince pour en savoir précisément l'heure. Cependant il vint deux autres hérauts dans le logis où j'étais, l'un du titre de Hainault, et l'autre de Gueldres, qui me tinrent plusieurs discours sur la couleur de ma cotte d'armes et sur la façon dont je me tiendrais en parlant au prince; je leur répondis qu'ils me fissent seulement dépêcher promptement, et qu'ils demeureraient satisfaits de leur curiosité. Sur les six heures après midi, ledit sergent-major revint avec un homme envoyé pour me demander si j'avais lettres ou autre papier à donner à leur prince; je dis avoir répondu à cette demande, que l'on m'avait faite dès le matin; ils continuèrent de me dire que, si j'avais bonne commission pour parler audit prince, il fallait la montrer; je répondis que ma commission était ce que je devais dire, et que je ne la pouvais montrer qu'en parlant audit prince; ensuite on me demanda si j'avais un émail marqué de ma charge, et si j'avais observé les formalités en entrant dans les Pays-Bas; je dis à tout cela que, puisqu'on m'avait empêché de parler au cardinal-infant par tant de remises, j'allais montrer l'effet de mon pouvoir; alors tirant de ma poche la déclaration que je devais faire audit cardinal-infant, et voulant la donner audit envoyé, il dit n'avoir charge de rien prendre, et s'enfuit; le sergent-major s'évada aussi d'un autre côté; je sortis donc du logis avec les trois hérauts susdits; et, étant remonté à cheval, je leur dis de recevoir ladite déclaration; ils me dirent qu'ils ne le pouvaient, me priant d'attendre encore quelque temps, et que ces messieurs reviendraient; mais sept heures étant sonnées sans qu'ils revinssent, je dis aux hérauts, tenant en mes mains ledit papier, que c'était la déclaration que je devais faire de la part du roi mon maître au cardinal-infant, et jetai ladite déclaration à leurs pieds, devant le logis dudit sergent-major, sur la place du Sablon; lors lesdits hérauts commencèrent à crier au peuple qui était là assemblé, qu'il ne touchât point à ce papier. Le contenu d'icelui était :

« Le hérault d'armes de France au titre d'Alençon, soussigné, certifie à tous qu'il appartiendra, être venu aux Pays-Bas de la part du roi son maître, son unique et souverain seigneur, pour trouver le cardinal-infant, et lui dire que, puisqu'il n'a pas voulu rendre la liberté à M. l'archevêque de Trèves, électeur de l'Empire, qui s'était mis sous la protection de Sa Majesté, lorsqu'il ne pouvait la recevoir de l'empereur, ni d'aucun autre prince; et que, puisque contre la dignité de l'Empire et le droit des gens, il retient prisonnier un prince souverain qui n'avait point guerre contre lui, Sa Majesté lui déclare qu'elle est résolue de tirer raison par les armes de cette offense qui intéresse tous les princes de la chrétienté. »

Et soudain, après avoir jeté ladite déclaration, j'ai traversé, parmi la foule du peuple, ladite place du Sablon, et suis sorti par la porte de Hau pour me retirer en France. Étant arrivé vers les neuf heures du matin, le 21 des présents mois et an, sur la frontière des Pays-Bas, au village appelé Rouilli, ayant un poteau à la main, je l'ai planté sur le grand chemin d'Avesnes à la Chapelle, du côté d'Estreuse Cauchi, autre village des Pays-Bas, auquel poteau j'ai attaché ladite déclaration; et ayant rencontré un paysan qui sortait de l'église, je lui ai dit que j'avais attaché ledit placard, de la part du roi mon maître, contre le cardinal-infant d'Espagne, et qu'il eût à en avertir le mayeur, ou quelque autre magistrat du lieu; et ledit paysan ayant appelé ledit mayeur et me l'ayant montré, j'ai fait audit mayeur la même certification, et l'ai vu avec autres personnes s'acheminer vers ledit poteau, le susdit Elissavide, trompette ordinaire du roi, faisant les chamades accoutumées. Ce que nous certifions véritable lesdits jour et an.

Un prince se dépouillait et donnait son habit au héraut qui lui apportait une nouvelle agréable. « La reine, dit Jean Chartier, ayant donné le jour à un fils, le 4 février 1435, le roi (Charles VII) dépêcha le héraut, nommé Constance, pour en porter la nouvelle au duc de Bourgogne; de laquelle nouvelle ce duc témoigna d'être joyeux, et donna à ce héraut cent riders d'or et une robe brodée dont il était alors vêtu. »

L'ordre de Saint-Michel, institué par Louis XI en 1469, se soutint avec éclat sous les règnes de Char-

les VIII, de Louis XII, de François Ier et de Henri II ;
mais le grand nombre de gens sans mérite ou sans
naissance qu'on en décora sous les règnes de François II et de Charles IX le fit tomber dans l'avilissement.
Henri III, sans l'abolir, et même sur cet ordre, résolut
d'en établir un qui serait une marque de la plus haute
distinction ; il l'institua sous le nom et à l'honneur du
Saint-Esprit [1], parce que le jour de la Pentecôte 1573
il avait été élu roi de Pologne, et qu'à pareil jour, en
1574, il avait succédé à la couronne de France. Il se
flattait qu'au milieu des troubles que la Ligue fomentait
contre lui il retiendrait dans le devoir et s'attacherait
la noblesse de son royaume, non seulement par l'espoir d'entrer dans ce nouvel ordre et le serment particulier que chaque chevalier lui ferait en y entrant,
mais encore par des motifs d'intérêt. Il fit demander
au pape son approbation pour mettre en commanderies militaires jusqu'à la concurrence de cent mille
écus de biens ecclésiastiques, et pour pouvoir conférer
ces commanderies à ses nouveaux chevaliers, qui en
auraient joui, quoique mariés. Le pape n'y voulut pas
consentir ; et le clergé ne manqua pas de s'y opposer,
excité d'ailleurs par les chefs de la Ligue. Cependant les
chevaliers de l'ordre du Saint-Esprit continuèrent et
ont toujours continué de prendre le titre de commandeurs, conformément à leur institution ; et ils jouissent
chacun, en attendant les commanderies, d'une gratification annuelle de mille écus sur le revenu du marc d'or.

Le roi, quand il nomme quelqu'un pour être simplement chevalier de Saint-Michel, commet un chevalier
commandeur de ses ordres [2] pour le recevoir, c'est-à-dire pour lui faire prêter le serment et lui donner
l'accolade et le collier ; mais Sa Majesté reçoit elle-même, dans sa chapelle ou dans quelque église, après
la messe, ceux qu'elle a choisis pour être chevaliers du

1. Il fallait être reçu chevalier de Saint-Michel avant que d'être reçu
chevalier du Saint-Esprit.

2. Les chevaliers de l'ordre du Saint-Esprit étaient qualifiés chevaliers
des ordres du roi, parce qu'ils étaient chevaliers de l'ordre de Saint-Michel et de celui du Saint-Esprit.

Saint-Esprit; elle commence la veille, ou le matin
même avant la messe, par les recevoir, dans son cabinet, chevaliers de Saint-Michel.

Après que le nouveau chevalier a prêté le serment,
celui qui le reçoit tire son épée et lui donne un coup
du plat « sur le chignon du cou »; ensuite il l'embrasse
en signe de fraternité. Anciennement on donnait quelquefois ce coup du plat de la main. Dans le roman
de Guillaume au Court Nez, en décrivant les cérémonies
de sa réception lorsqu'il fut reçu chevalier par Charlemagne, il est dit :

> Karles li baise la bouche et le menton ;
> De sa main dextre le fiert el chaagnon [1].

Que signifie ce coup ? Les uns disent que c'est pour
que le nouveau chevalier se souvienne du serment
qu'il vient de faire et de toutes les peines auxquelles
il doit se préparer et qu'il doit supporter avec patience
s'il veut remplir dignement son nouvel état. D'autres
prétendent que c'est pour l'avertir que cet affront est
le dernier qu'il doit souffrir : l'avertissement ne serait
pas poli. Je risquerai ici quelques idées qui me sont
venues sur l'origine de cette ancienne coutume.

On n'était censé commencer à être soldat que lorsqu'on avait été fait chevalier. On voit dans un registre
de la Chambre des comptes, intitulé *Jornale Thesauri*,
que *soldat* et *chevalier* signifiaient la même chose; il
y est dit : *Philippus, filius Ludovici, factus est miles in
Pentecoste, anno 1267. Philippus Pulcher factus est miles
anno 1284.* Ne donnait-on point un coup à celui qu'on
faisait chevalier, c'est-à-dire soldat, pour l'avertir de la
soumission que tout soldat doit à celui qui le commande?

Dès qu'on avait été reçu chevalier, quelque jeune
que l'on fût, on était émancipé; on pouvait user des
armes et de ses droits; on devenait un vrai homme,
un membre de l'État, au lieu que jusqu'alors on ne
l'avait été que de sa famille. La coutume de donner
un coup à celui qu'on faisait chevalier, et que par

1. Charlemagne le frappe au chignon.

conséquent on émancipait, ne venait-elle point de ce qui se pratiquait chez les Romains lorsqu'on affranchissait quelqu'un? Le préteur le frappait d'une baguette sur le cou, en lui disant : « Je déclare que tu es libre comme tout Romain. »

On ne pouvait, chez les Romains, user des armes; on n'était soldat qu'après avoir prêté le serment militaire; chaque soldat, en le prêtant, appuyait son épée nue sur son cou, pour marquer son entier dévouement à l'empereur.

Les seigneurs français du royaume d'Austrasie avaient jeté les yeux sur Chrodin pour être maire du palais; mais malgré toutes leurs instances, il refusa toujours d'accepter cette dignité : « Du moins, lui dirent-ils, nommez-nous celui que vous choisiriez. » Il prit la main d'un seigneur nommé Gogon, et la mit sur son cou, « pour marquer, dit Frédégaire, que lui et les Français allaient lui être soumis ».

L'accolade, selon les uns, est l'embrassade, et selon les autres c'est le coup qu'on donne sur le cou du nouveau chevalier, *adcolata*. Quoi qu'il en soit, c'est sur le cou qu'on doit le frapper, et non pas sur l'épaule, comme on fait aujourd'hui.

Tacite dit que « chaque prince, chez les Germains, a autour de lui plusieurs guerriers qui lui sont particulièrement et indissolublement attachés. Le plus saint de leurs engagements, ajoute-t-il, est de le couvrir et de le défendre en toute occasion, de n'avoir point d'autre gloire que la sienne, et de rapporter à lui tout le mérite, tout l'honneur de leurs exploits. S'il est tué dans le combat, ils seraient regardés avec mépris[1] s'ils lui survivent ». Il me semble que voilà l'origine des ordres de chevalerie et du serment particulier par lequel chaque chevalier renonce en quelque sorte à lui-même pour se dévouer entièrement à la personne du prince.

---

1. Chez les Cimbres et chez les Cimmériens, il y avait aussi des guerriers qui faisaient serment au roi de ne point lui survivre, soit qu'il mourût de maladie ou qu'il fût tué dans une bataille. De son côté, le roi était obligé de se couper un petit morceau de l'oreille lorsque quelqu'un de ces guerriers venait à être tué.

En 1584, on voit le roi Henri III, le chancelier, les courtisans et les ministres, marchant deux à deux dans les rues de Paris, couverts d'un grand sac de toile depuis le haut de la tête jusqu'aux pieds, ceints d'une grosse corde et tenant chacun une discipline à la main pour se flageller les épaules. En 1590, on vit toutes sortes de moines, avec l'habit de leurs différents ordres, le casque en tête, l'épée au côté, le fusil sur l'épaule, marchant quatre à quatre, commandés par un évêque la hallebarde à la main.

Étienne Pasquier fait une remarque à l'occasion de Henri III; il dit que tous les princes de la maison de France qui ont porté le titre de comtes ou ducs d'Anjou sont devenus rois, et dans des royaumes où il n'y avait guère d'apparence qu'ils régneraient. En effet, Charles, frère de saint Louis, chef de la première branche d'Anjou, et Louis, frère de Charles V, chef de la seconde, furent l'un et l'autre appelés, par des événements singuliers, à la couronne de Naples et de Sicile. Charles-Robert d'Anjou, vulgairement dit Charobert, devint roi de Hongrie et joignit à ce royaume la Dalmatie, la Croatie, la Servie et la Bosnie. Henri III, qui le premier, après l'extinction de ces deux branches d'Anjou, avait porté le titre de duc d'Anjou, fut roi de Pologne. Pasquier, s'il avait vécu de nos jours, aurait vu une nouvelle branche d'Anjou sur le trône d'Espagne et des Deux-Siciles.

Sous la première, la seconde, et pendant plus de deux cents ans sous la troisième race, on n'observait que très rarement l'article du concile de Nicée qui prescrivait de prendre au baptême le nom d'un saint. Je ne citerai pour exemple que le nom de Louis : huit rois, et saint Louis lui-même, avaient été baptisés sous ce nom, quoique aucun Louis n'eût été mis au rang des saints.

Sous la première et jusque vers la fin de la seconde race, on ne portait qu'un nom, et ce nom n'était point attaché à la filiation[1] et parenté; celui du fils était

1. Les dénominations de Mérovingiens et de Carlovingiens ne furent

presque toujours différent de celui du père. Tous les noms étaient communs, comme le sont aujourd'hui les noms de baptême Jacques, François, Pierre, Paul, Philippe, etc. Le père, à la naissance d'un fils, lui donnait le nom qui lui venait dans l'idée, Filmer, Thierry, Gogon, Gontran, Eudes, Pépin, etc., et on le baptisait sous ce nom. Il pouvait arriver que vingt hommes dans une province portassent le même nom sans être parents.

Ce ne fut que vers la seconde race que, les fiefs, qui n'étaient auparavant qu'à vie, étant devenus héréditaires, on prit le nom du fief que l'on possédait, et ce nom devint aussi héréditaire dans la famille.

Chez les Grecs et les Romains, et, je crois, chez tous les peuples, les filles conservaient leur nom en se mariant : ce n'est que depuis l'entier établissement du christianisme qu'elles prennent celui de leur mari.

Les moines, dans le neuvième siècle, héritaient de leurs parents, et leurs parents laïques n'héritaient point d'eux.

L'empereur Auguste se fit bâtir une maison qu'on appela *Palatium*, du mont Palatin où elle fut bâtie ; dans la suite, on s'accoutuma à donner ce nom à toutes les maisons des empereurs et des princes.

D'autres prétendent que *palais* vient de *palam* et *apertus*, parce que la maison du prince doit être ouverte à tous, et que tous ont droit d'y aller demander audience et justice.

Le Dauphin fils de Louis XIV, s'étant égaré à la chasse, se trouva seul dans un chemin où il vit une vieille femme qui tâchait de faire sortir son ânesse d'un fossé où elle était tombée ; il descendit de cheval, et l'aida. « Quelle idée a-t-on, dans ce pays-ci, du caractère et du cœur des princes ? » eût pu dire un sauvage qui aurait entendu toutes les exclamations et les louanges dont Versailles et Paris retentirent sur une action si naturelle.

imaginées qu'avec celle de Capétiens, et par conséquent sous la troisième race.

L'envoyé d'un prince indien, voyant quelques Portugais rire de ce que son maître se qualifiait frère du Soleil, leur demanda si le leur, qu'ils qualifiaient Sa Majesté, avait l'air bien majestueux !

Les statues des rois les représentent presque toujours à cheval; c'est comme un attribut aux chevaux de relever la bonne mine des maîtres de la terre.

Le laurier, qui reste toujours vert, fut choisi pour le symbole de la gloire immortelle des héros et des poètes. On peignait les médecins une branche de cyprès à la main; les prêtres portaient une couronne de fleurs, pour signifier le peu de durée et la fragilité de la vie.

Sous le règne de Constance Chlore, un patrice des Gaules prétendit qu'un évêque qui s'était rencontré sur son passage aurait dû s'arrêter et le saluer le premier, « d'autant plus, disait-il, qu'on porte devant moi l'image de l'empereur ». Cet évêque prit le parti de ne plus paraître en public sans faire porter devant lui sa croix, ce qui devint bientôt, assure-t-on, un usage et une prérogative de l'épiscopat.

Dans son *Histoire du concile de Trente*, Fra Paolo rapporte que Paul IV, à toutes les audiences qu'il donnait aux ambassadeurs, leur répétait : « Je suis le maître des couronnes; je puis les ôter et les donner à qui bon me semble ; si saint Pierre venait, et qu'à ma prière il ordonnât à un roi de descendre de son trône, ce roi oserait-il lui résister? Ce que saint Pierre peut ôter et donner n'appartient-il pas à saint Pierre, et par conséquent à moi, qui suis son successeur? »

Un roi de la Floride, pour persuader à ses peuples que tout ce qu'ils possédaient lui appartenait : « Vous avez tiré cet or de la terre, leur disait-il; vous avez labouré votre champ, où il est venu du millet; vous vous êtes bâti une maison; mais pour tirer cet or de la terre, pour labourer votre champ, pour vous bâtir une maison, il vous fallait des forces que vous n'auriez pas eues si je n'avais prié le Soleil, mon ancêtre, de vous les donner. »

Chez les Romains, lorsqu'on avait exposé sur son

lit de parade le corps de l'empereur, six jeunes garçons, choisis dans les plus nobles familles, étaient chargés du soin d'en chasser les mouches. « Je commandais à des rois et pouvais les chasser de leur trône, disait Trajan la veille de sa mort; demain je ne pourrai pas chasser une mouche de dessus mon visage. »

Un étranger, à qui nos usages sont inconnus, voit plusieurs hommes s'assembler et marcher en ordre en allumant en plein jour, au milieu de la rue, des torches et des flambeaux : ne croirait-on pas qu'ils sont commandés pour aller mettre le feu à la maison de quelque criminel envers la patrie ? Si on lui dit que c'est une cérémonie qu'on pratique aux funérailles d'un mort, ne croira-t-il pas qu'on va brûler ce mort sur un bûcher ? Ne sera-t-il pas bien étonné de voir qu'on l'enterre ?

On doit être surpris que chez les Français, qui se piquent d'être si galants, le règlement pour les deuils prescrive que la femme portera un an et six mois le deuil de la mort de son mari, et que le mari ne portera que six mois le deuil de sa femme.

L'oraison funèbre de Bertrand Duguesclin, en 1380, est le premier exemple d'une oraison funèbre prononcée dans une église. Depuis ce grand homme, aussi recommandable par ses vertus civiles que par ses talents et ses services à la guerre, combien d'oraisons funèbres, et souvent pour quels hommes, et où et par qui prononcées ! Par les principaux ministres de la religion, à la face des autels !

La mort ne s'offre que confusément à l'imagination d'un militaire : l'idée d'être défiguré, estropié ou de perdre la vue lui ferait plus d'impression.

Les peuples de Surimpatan, dit un voyageur anglais, se sont fait une loi de ne faire jamais que la guerre défensive, comme aussi de tâcher de ne tuer personne dans l'action. Leur façon de combattre, ajoute-t-il, leur a réussi; on les a élevés de jeunesse à couper le nez de leurs ennemis; c'est à quoi ils se bornent; et ils le font avec tant d'adresse, que leurs voisins, concevant une crainte horrible d'être défigurés, n'ont plus osé les attaquer. César, à la bataille de Pharsale, voyant que le premier rang de l'armée de Pompée était bordé de chevaliers romains, ordonna à ses soldats de pointer au visage.

Dans les bureaux de l'amirauté, en Hollande, on voit, sur un tableau, le tarif du prix auquel est évalué chaque membre qu'un soldat peut perdre :

Pour les deux yeux....................	1,500 florins.
Pour un œil......................	350 —
Pour les deux bras................	1,500 —
Pour le bras droit................	450 —
Pour le gauche...................	350 —
Pour les deux mains...............	1,200 —
Pour la droite...................	350 —
Pour la gauche...................	300 —
Pour les deux jambes.............	700 —
Pour une jambe..................	350 —
Pour les deux pieds..............	450 —
Pour un pied	200 —

On peut perdre, par quelque accident, l'usage de la main droite : pourquoi ne pas accoutumer les enfants à se servir de l'une et l'autre main avec la même aisance et la même adresse?

Je coupe la tête de ce polype : il lui en repousse une autre ; est-ce que ce polype est plus nécessaire sur la terre que l'homme ?

La chasse, les jeux de commerce, la plupart des visites et des conversations prouvent que l'homme s'ennuierait et se plaindrait d'être immortel.

Combien de gens qui ne s'agitent que par ennui, et qui se mêlent de tout sans s'intéresser à rien!

Combien de dévots et de dévotes qui ne le sont que pour tuer le temps!

On n'a tant de répugnance à mourir que par l'habitude d'exister.

Un homme sans armes se trouve dans un bois avec ses enfants, dont le plus âgé n'a pas six ans; il aperçoit un tigre qui vient à lui; que fera-t-il? Une poule, dès qu'elle a des petits, ne connaît point le danger; elle saute aux yeux du plus gros chien.

On ne voit que trop souvent que, s'il arrive à un honnête homme d'avoir avec un coquin quelque démêlé, le coquin trouve de puissants protecteurs, parce que l'honnête homme se contente d'être honnête, au lieu que le coquin est souple, flatteur, insinuant. les plus grandes bassesses ne lui coûtent rien; il fait tout ce qu'on veut : l'honnête homme ne fait que ce qu'il doit faire.

Y a-t-il bien des supérieurs dignes d'avoir des inférieurs[1] ?

La politesse des manières annonce toujours quelque naissance, et que nos parents étaient en état de nous donner et nous ont donné de l'éducation.

Chez les Grecs et les Romains, les théâtres, où il y avait quelquefois trente mille spectateurs, n'étaient couverts que de toile, pour garantir de la pluie ou de l'ardeur du soleil, de sorte que l'air y entrait, s'y renouvelait sans cesse et que le même n'y séjournait pas longtemps. Deux célèbres médecins ont prétendu que beaucoup de maladies, surtout aux femmes, commençaient à se former dans nos salles de spectacles. Il est certain que dans un lieu renfermé on respire un air malsain et très corrompu par toutes les exhalaisons de ce grand nombre de personnes, dont souvent un tiers ne jouit que d'une mauvaise santé.

D'habiles naturalistes ont aussi soutenu que ces corps de baleines serrés, ces espèces de cuirasses pour renfermer et contenir la taille des enfants, sont très pernicieuses, parce qu'elles gênent la nature, la forcent, et souvent l'étouffent. Ce fut Catherine de Médicis qui en introduisit l'usage en France.

Pendant plus de six cents ans, on renouvelait à Rome, chaque année, en grand appareil, une procession où l'on promenait un chien, qu'ensuite on crucifiait, en mémoire et exécration du chien qui, par ses aboiements, n'avait pas averti lorsque les Gaulois

---

1. Beaumarchais fait dire par Figaro : « Aux vertus qu'on exige dans un domestique, Votre Excellence connaît-elle beaucoup de maîtres qui soient dignes d'être valets ? »

avaient assailli le Capitole : *Etiam nunc*, dit Plutarque, *solemni in pompa gestatur canis in crucem actus*. J'ai déjà parlé de la barbare coutume qui subsista dans Paris jusqu'au commencement du règne de Louis XIV et qui, je crois, subsiste encore dans quelques villes du royaume : le prévôt des marchands et les échevins faisaient mettre dans un panier une ou deux douzaines de chats, et les brûlaient dans le feu de joie de la Saint-Jean.

Un arrêt du Parlement condamne un homme à faire amende honorable, c'est-à-dire à être exposé à conduit la vue du peuple, nu en chemise, la corde au cou et par le bourreau : comment une punition infamante peut-elle être honorable ?

Les combats de gladiateurs étaient le spectacle le plus agréable qu'on pût donner aux Romains : avons-nous eu, dira-t-on, un caractère moins féroce ? Deux gentilshommes qui s'étaient donné rendez-vous pour se battre invitaient quelques-uns de leurs amis à leur servir de seconds, c'est-à-dire à s'égorger avec d'autres gentilshommes sans aucun motif de querelle. La noblesse s'enorgueillissait de ces duels ; un jeune homme cherchait à donner une preuve de son courage en tuant un de ses compatriotes dont il n'avait pas le moindre sujet de se plaindre. L'idée qu'il partageait le danger du combat, répondra-t-on, en cachait au Français l'inhumanité ; s'il voyait couler le sang de son adversaire, il s'arrêtait, le secourait s'il le voyait tomber : au lieu que le Romain, assis et spectateur tranquille, regardait, comptait les plaies que se faisaient les combattants ; et si quelqu'un de ces malheureux, percé de coups, étendu sur l'arène, demandait quartier, souvent le peuple criait qu'on l'achevât.

Ce gentilhomme espagnol qui prétend être en droit de refuser de mesurer son épée avec un homme qui lui est inférieur en naissance, recherche l'honneur de se battre contre un taureau.

Anciennement, lorsque, pour prouver son innocence ou la justice de ses prétentions, le duel était en usage,

il fallait se présenter devant le juge ; il examinait
l'affaire, tâchait de découvrir qui avait tort ou raison ;
et s'il ne pouvait pas, il ordonnait le combat : alors
l'accusateur et l'accusé déposaient entres ses mains
une certaine somme pour indemniser le vainqueur du
préjudice qu'il pouvait recevoir dans sa personne ou
ses armes : c'est de là probablement qu'est venu le
proverbe : « Les battus payent l'amende. »

On n'appelait proprement athlètes que les lutteurs,
dit l'auteur des *Usages et Coutumes des Romains* : « Ce
qui se destinaient à cette profession, ajoute-t-il, a
vaient être exempts de toute tache du côté de la naissance et des mœurs. Ils étaient sévèrement examinés
par les inspecteurs des jeux ; et la première fois qu'ils
se présentaient pour combattre, le héraut les faisait
passer en revue devant les spectateurs, en demandant
à haute voix si personne n'avait d'accusation à former
contre eux ; s'il s'en trouvait quelqu'une, ils étaient
exclus. » Je ne conçois pas pourquoi l'on exigeait cette
grande régularité de mœurs dans une pareille profession ; nous l'exigeons dans ceux qui aspirent à la
magistrature ou à l'état ecclésiastique, et le public
voit tous les jours l'heureux succès des soins, des
attentions et de toute la rigidité qu'on emploie à cet
égard.

Deux gentilshommes, l'un espagnol et l'autre allemand, recommandables par leur naissance et par les services qu'ils avaient rendus à l'empereur Maximilien II,
lui demandaient en mariage la belle Hélène Scharsequinn, sa fille. Ce prince, après bien des délais, leur
dit un jour que, les estimant également et ne pouvant
qu'être très embarrassé sur la préférence, leurs propres forces et leur adresse allaient en décider ; mais
que, ne voulant pas risquer de perdre l'un ou l'autre,
et peut-être tous les deux, en leur permettant de se
combattre avec des armes offensives, il avait ordonné
qu'on apportât un grand sac, et que celui qui viendrait
à bout d'y faire entrer son rival obtiendrait sa fille.
Ce combat si étrange entre deux gentilshommes se fit

devant toute la cour impériale et dura près d'une heure. Enfin l'Espagnol succomba, et l'Allemand, André Eberhard, baron de Talbert, l'ayant enveloppé dans le sac et chargé sur son dos, le déposa aux pieds de l'empereur, et le lendemain épousa la belle Hélène Scharsequinn.

Une mère venait de donner le jour à un enfant; il était permis au père, chez les Romains, d'envoyer l'exposer dans un champ, au coin d'une rue, au bord du Tibre : remarquons en même temps que les célibataires y étaient notés d'une espèce d'infamie et même condamnés à des peines pécuniaires. Voilà ces Romains dont on ne parle qu'avec emphase !

Sous le règne de Henri III, on appelait encore reines blanches les reines veuves de nos rois. « Henri III, en arrivant à Paris, alla saluer la reine blanche, » dit l'Estoile : c'était Élisabeth d'Autriche, veuve de Charles IX. A la Chine et à Siam, hommes et femmes portent le deuil en blanc.

Chez les Grecs, leurs premiers poètes étaient ou devinrent leurs théologiens; ils disaient que les âmes, après leur mort, allaient dans la nuit éternelle, dans le sombre et ténébreux empire. C'est peut-être conformément à ces idées qu'ils crurent que le noir était la couleur convenable pour le deuil, au lieu que les Chinois et les Siamois choisirent le blanc parce que chaque famille rendait un culte aux âmes de ses ancêtres et croyait qu'elles devenaient pour elle des génies bienfaisants.

On continue de servir nos rois pendant plusieurs jours aux heures des repas comme s'ils étaient encore vivants : on portait à la sépulture le corps de l'empereur du Mexique sur une espèce de trône, et le plus ancien des princes du sang lui soufflait, pendant la marche, quelque nourriture dans la bouche avec une sarbacane d'or.

En Égypte et au Mexique, on faisait toujours marcher un chien à la tête du convoi funèbre; en France, sur les anciens tombeaux des princes et des chevaliers, on voit communément un chien à leurs pieds.

Les rois de Pologne sont vêtus sacerdotalement le jour qu'on les couronne : le soir, lorsqu'ils quittent cet habillement, on leur dit qu'il ne leur servira qu'à leur mort, pour être ensevelis dedans. Le grand prêtre mettait sur la tête de l'empereur du Mexique, à son couronnement, une espèce de bonnet sur lequel étaient peints des ossements et des têtes de mort.

On ne porte point le deuil du pape. Quand le roi de Congo meurt, c'est un crime de le pleurer, parce qu'on doit croire, dit-on, qu'il n'est mort que pour aller jouir d'une vie plus heureuse.

Chez les Tartares Eluths, lorsque leur khan meurt, ce n'est point son fils qui lui succède, mais le plus âgé des princes du sang.

Les missionnaires disent tous que le démon a souvent suggéré et fait imiter aux idolâtres plusieurs usages de notre sainte religion. L'empereur du Mexique passait pour le fils du Soleil, et quand il était malade, on mettait un masque sur la face de chaque idole, et on ne l'ôtait que lorsque ce prince était mort ou guéri, de même que, pendant la semaine de la Passion, pour marquer la tristesse de l'Église, on voile et couvre les statues et les images des saints.

Les Grecs et les Romains croyaient que les âmes dont les corps demeuraient sans sépulture n'étaient point admises dans les Champs Élysées, ou que du moins elles restaient longtemps errantes et malheureuses sur les bords du Styx ; ainsi le genre de mort qui paraissait le plus affreux et le plus terrible, c'était de périr dans un naufrage ou dans un combat naval. Allaient-ils et combattaient-ils moins sur mer que nous ?

Les Tartares Kalkas croient que leur souverain pontife, le *kutuktus*, est immortel ; il n'y a pas vingt ans que leurs moines firent déterrer et jeter à la voirie le corps d'un savant qui, dans ses écrits, avait paru en douter.

Ce pluriel : « Nous déclarons, nous ordonnons, » serait faussement regardé comme l'expression fastueuse d'un pouvoir arbitraire ; les princes qui ont commencé de prendre ce style et de s'exprimer ainsi, ont voulu au contraire éloigner toute idée de despotisme et marquer qu'ils n'ordonnaient telle et telle chose que conjointement, après en avoir délibéré avec les principaux de la nation. Le sultan, comme les despotes, dit : « Je veux, je commande. »

On se frappe le front contre terre en approchant des souverains orientaux ; on ne peut se présenter devant le roi de Siam que pieds nus ; on sert les rois et les reines d'Espagne et d'Angleterre à genoux. Est-ce donc une marque de grandeur que de tenir tout ce qui nous approche dans une posture gênée ?

Les quakers prétendent qu'on ne trouve point dans l'Écriture sainte qu'on donnât des titres fastueux aux rois, aux princes, aux grands prêtres ; que souvent les personnes à qui l'on donne ces titres n'ont rien qui y réponde, et qu'aucune puissance ne peut s'attribuer le droit d'obliger un chrétien de mentir. « Je me suis trouvé, disait un quaker, avec une Excellence et une Altesse ; on ne saurait être plus bête que Son Excellence, et Son Altesse n'avait guère que quatre pieds huit pouces. »

Dans l'île de Ceylan, on ne donne aucun titre au roi ; mais par respect, en lui parlant, on se dépouille de la qualité d'homme. Par exemple, s'il demande d'où l'on vient, on lui répond que son chien vient d'un tel endroit ; s'il demande combien on a d'enfants, on lui répond que sa chienne a donné deux enfants à son chien.

Par une bulle du 10 juin 1630, le pape Urbain VIII donna le titre d'Éminence aux cardinaux, ordonnant à tout chrétien de se servir de ce titre en leur écrivant et en leur parlant ; cette bulle n'en dispense que les têtes couronnées.

Chez plusieurs peuples de l'Asie, les grandes oreilles sont une beauté, et l'on y en voit assez communément qui pendent presque jusqu'aux épaules, par le soin qu'on prend, dès l'enfance, pour les allonger. Autrefois on estimait beaucoup en France un grand pied ; et la longueur des souliers, surtout dans le quatorzième siècle, était une marque de distinction : les souliers d'un prince avaient deux pieds et demi de long ; ceux d'un haut baron, deux pieds, et ceux d'un simple chevalier un et demi ; d'où nous est restée, sans doute, cette expression : « Il est sur un grand pied dans le monde. »

Les Chiriguanes, peuple de l'Amérique méridionale, vont tout nus ; cependant ils ont des culottes ; mais ordinairement ils les portent sous le bras, comme nous nos chapeaux.

La façon de saluer des Turcs me paraît la plus naturelle ; ils regardent celui qu'ils veulent saluer en mettant la main sur leur cœur. Nous autres, nous saluons en baissant la tête et le dos. Aux cérémonies de l'ordre du Saint-Esprit et à celles du Parlement, on fait les révérences comme on les faisait anciennement, comme les femmes les ont toujours faites : on plie les genoux, sans baisser la tête. Chez les Ayénis, on s'approche de la personne que l'on veut saluer et on lui souffle dans les oreilles, en lui frottant doucement l'estomac avec la main.

Le premier homme qui crut qu'il pouvait être injuste et barbare envers les animaux ne tarda pas à étendre son orgueil et à croire qu'il pouvait l'être envers son frère plus faible que lui. Ainsi, le despotisme sur les hommes tire son origine de celui qu'ils commencèrent à s'attribuer sur les animaux.

Nous ne nous contentons pas de ce que les plaines et les prairies fournissent à nos besoins ; nous voulons dominer partout, et posséder les forêts, les antres, les cavernes et le sommet des montagnes. Cependant, puisque les animaux ont du sentiment, il n'est pas douteux qu'ils doivent participer au droit naturel et entrer en partage avec nous des choses qui sont sur la terre.

N'est-il pas plaisant que l'homme dise à certains animaux que ce n'est pas pour eux, mais que c'est pour lui, que la nature leur a donné une belle peau ?

On est étonné que les hommes aient adoré des animaux; il est bien plus étonnant qu'ils aient cru qu'ils pouvaient expier leurs crimes en faisant souffrir et en égorgeant des êtres à qui Dieu a donné la vie et du sentiment.

Un juif s'arme d'un couteau, prend un coq, le tourne trois fois autour de sa tête, et lui coupe la gorge en lui disant : « Je te charge de mes péchés; ils sont à présent à toi; tu vas à la mort; et moi je suis rentré dans le chemin de la vie éternelle. »

A l'élection de leurs empereurs, les Romains immolaient trois ou quatre mille victimes ; au sacre de nos rois, de temps immémorial, on ouvre les cages, et l'on donne la liberté à deux ou trois cents douzaines d'oiseaux.

Quelle peut avoir été l'origine du culte que toutes les nations, sans en excepter aucune, ont rendu aux animaux? Voici les idées et les réflexions qui me sont venues.

On voit dans l'histoire que la plupart des législateurs, pour faire recevoir leurs lois, disaient qu'elles leur avaient été communiquées par une intelligence céleste sous la forme de tel ou tel animal. Dans la suite, lorsqu'une nation déifiait son législateur ou le fondateur de son empire, il était naturel que, dans le temple qu'elle lui élevait, elle joignit à sa statue celle du vénérable animal dans lequel une intelligence céleste avait bien voulu s'incorporer.

La guerre est presque aussi ancienne que le genre humain, et les enseignes sont aussi anciennes que la guerre. Outre l'enseigne générale de la nation, chaque chef de famille ou de tribu voulut avoir la sienne; l'un prit pour symbole un lion, l'autre un serpent, celui-ci un taureau, celui-là un ours. On se persuadera sans peine qu'à la quatrième ou cinquième génération on débita des histoires fabuleuses à l'occasion de ces figures d'animaux, et que ces histoires furent aisément adoptées par le peuple, toujours avide et amateur du merveilleux.

Parmi les sauvages du Canada, il y a trois familles principales : l'une prétend descendre d'un grand lièvre ; l'autre dit qu'elle descend d'une très belle et très courageuse femme qui eut pour mère une carpe dont l'œuf fut échauffé par les rayons du soleil ; la troisième famille se donne pour premier ancêtre un ours.

Y a-t-il beaucoup de princes en Europe qui n'aimassent mieux qu'on crût qu'ils sont descendus d'un ours ou d'un loup, que d'un tailleur ou d'un boulanger ? Cependant il me semble qu'un tailleur ou un boulanger valent bien un ours ou un loup.

Chez les Indiens du Maduré, une des premières castes, la caste des Cavaravadouques, prétend descendre d'un âne ; ceux de cette caste traitent les ânes comme leurs frères, prennent leur défense, poursuivent en justice et font condamner à l'amende quiconque les charge trop ou les bat et les outrage sans raison et par emportement. Dans un temps de pluie, ils donneront le couvert à un âne, et le refuseront à son conducteur, s'il n'est pas d'une certaine condition. Le prince qui gouverne aujourd'hui le Maduré est de cette caste ; ainsi les ânes doivent encore avoir acquis une nouvelle considération dans l'État.

Si Jeanne d'Arc ne fut pas divinement inspirée, du moins on ne peut nier qu'elle n'ait été une héroïne, et que sa mémoire ne doive être bien respectable et bien chère à tout bon Français. Il y avait, dans un bourg de l'Attique, une jeune jardinière, très belle et d'une taille avantageuse : elle s'appelait Phya. Pisistrate, chassé par les Athéniens, imagina de la faire passer pour Minerve, la patronne d'Athènes ; on la revêtit de tous les ornements convenables à cette déesse ; elle avait l'égide, une lance à la main et le casque en tête ; elle monta dans un char magnifique tiré par six chevaux blancs richement harnachés ; Pisistrate y était assis à ses pieds ; douze hommes vêtus en messagers des dieux marchaient devant ce char, et criaient : « Athéniens, Minerve vous ramène Pisistrate ; recevez-le avec la soumission et le respect que vous devez à

la déesse. » Le peuple se prosterna, adora et obéit.
L'idée de la mission de Jeanne d'Arc, soutenue par
sa vaillance, la sagesse de ses conseils et la pureté
de ses mœurs, releva des courages abattus par une
longue suite de disgrâces; elle combattit pour un roi
légitime contre un usurpateur. Phya servit l'ambition
et rétablit l'autorité d'un tyran; tout ce qu'elle eut à
faire consista uniquement à bien jouer le rôle de
déesse pendant quelques heures; Pisistraste la maria à
son fils Hipparque : elle régna dans Athènes; Jeanne
d'Arc fut brûlée.

Les Francs n'eurent longtemps pour autels que des
faisceaux d'armes; ils juraient par l'air, le soutien de
la vie, et sur leurs épées, causes ordinaires de la mort.

On lit dans l'*Histoire des voyages* qu'un prêtre hollandais ayant fait présent d'une bouteille d'eau-de-vie à
un prince indien, ce prince, pour lui marquer sa reconnaissance et lui faire honneur, fit commencer un
combat; que la terre fut bientôt jonchée de blessés,
de mourants et de morts, et que, malgré les prières
et les représentations de ce prêtre, ce barbare spectacle dura assez longtemps : « Ce sont de mes sujets,
lui répondait ce prince indien; leur perte est de peu
d'importance, et je suis charmé de vous faire ce petit sacrifice pour vous marquer mon estime. » Dans
les deux tiers et demi de l'univers quel est l'animal
le plus méprisé? L'homme.

Les peuples étant tous originairement libres, quelques-uns, en se donnant des rois, les assujettirent à
certaines formalités humiliantes; ils crurent que ce serait un moyen de prévenir les effets de l'orgueil que
pouvait inspirer la toute-puissance et d'empêcher que
ceux qu'ils choisissaient pour leurs chefs n'oublias-
sent qu'ils n'étaient que des hommes. On pèse tous les
ans l'empereur du Mogol dans une baiance, afin de lui
faire sentir qu'il engraisse ou qu'il maigrit comme le
moindre de ses sujets. L'inauguration du prince de la
Carnie et de la Carinthie se faisait d'une façon singulière. Un paysan, suivi d'une foule d'autres villageois,

se plaçait sur un tas de pierres dans une certaine vallée; il avait à sa droite un bœuf noir et maigre, et à sa gauche une cavale noire et maigre. Le prince destiné pour régner s'avançait, habillé en berger, avec une houlette à la main. « Quel est cet homme qui s'avance d'un air si fier? s'écriait le paysan. — C'est le prince qui doit nous gouverner, lui disait-on.— Aimera-t-il la justice, et tâchera-t-il de faire le bonheur de son peuple? demandait-il. — Oui, lui répondait-on. — Il semble, ajoutait-il, qu'il veut me déplacer de dessus ces pierres. De quel droit? » A cette troisième question, on lui offrait soixante deniers, le bœuf et la cavale, les habits du prince et une exemption de tout impôt : il acceptait ces conditions, cédait la place à son souverain, et, après lui avoir donné un léger soufflet, allait chercher et lui apportait dans son bonnet de l'eau qu'il lui présentait à boire.

Un roi d'Écosse ayant déchiré la patente des privilèges d'un gentilhomme qui le priait de les confirmer, le Parlement ordonna que ce prince, assis sur son trône, en présence de toute sa cour, prendrait du fil et une aiguille et recoudrait cette patente.

Les postillons d'Auguste Ier, roi de Pologne, pour éviter un mauvais chemin, entrèrent dans un champ labouré; le paysan à qui il appartenait saisit d'une main les rênes des chevaux, et, tenant de l'autre une grosse hache, menaça de briser les roues du carrosse; deux pages s'avancèrent et commençaient à le maltraiter, lorsque ce prince, entendant du bruit et en ayant demandé le sujet, fit donner quelque argent à ce paysan et ordonna à ses postillons de reprendre le grand chemin, en disant : « Ce pauvre homme n'a-t-il pas raison de défendre son bien; et si quelqu'un de mes sujets lui avait fait tort, ne serais-je pas obligé de le punir? »

Philippe, roi de Macédoine, se faisait toujours accompagner par deux hommes, qu'il payait pour venir lui dire tous les matins : « Philippe, souviens-toi que tu es homme, » et pour lui demander le soir : « Philippe, t'es-tu souvenu que tu étais homme? »

L'empereur Constantin Porphyrogénète, opprimé par Romanus Lécapénus, se vit réduit à vivre du travail de ses mains : il savait peindre, et envoyait vendre ses ouvrages.

Les juifs disaient que quiconque n'élevait pas son fils dans quelque métier risquait d'en faire un voleur.

L'Alcoran commande à tous les musulmans, aux fils mêmes des rois, d'apprendre un métier, et d'y travailler pendant quelques heures chaque jour.

Les Fratricelles, moines échappés de l'ordre de Saint-François, prétendaient que les vrais chrétiens doivent vivre de charité, n'avoir rien en propre, et qu'il ne fallait point travailler, parce qu'en travaillant on aurait eu droit à quelque chose.

L'âne qu'Apulée fait parler dit qu'il avait appartenu pendant quelque temps, aux prêtres de la déesse de Syrie ; que ces prêtres allaient dans les hameaux, faisaient baiser aux villageois l'image de cette déesse, et promettaient de la leur rendre propice ; qu'en échange de leurs prières et de leurs promesses, on leur donnait de l'argent, du vin, du lait, du fromage, des légumes et du froment. Ces prêtres étaient une espèce de vermine qui s'attachait au peuple et qui le dévorait.

Conjugium, en latin, signifie le mariage, parce qu'une des principales cérémonies du mariage, chez les Latins, était de mettre un joug sur le col du marié et de la mariée.

Chez les Romains, en conduisant la nouvelle mariée à la maison de son époux, on portait devant elle une quenouille avec un fuseau, pour lui marquer qu'elle devait s'occuper du ménage et travailler. Le Français, trop galant pour faire naître des idées si rustiques dans l'imagination d'une jeune personne, envoie à sa future (quand les articles du mariage sont signés) ce qu'on appelle la corbeille, c'est-à-dire des fleurs naturelles et artificielles, des rubans de toutes couleurs, des gants, des pommades de senteur, des pots de vermillon pour colorer la pâleur de son visage, des éventails, des boucles et des pendants d'oreilles, des boîtes à mouches, des tabatières et autres bijoux.

L'abbé Prévôt (*Histoire des voyages*) rapporte que les femmes, dans le royaume de Monomotapa, sont si respectées, que le fils aîné du roi, quand il en rencontre une, doit s'arrêter et lui céder le pas. Louis XIV, à la chasse ou en voyage, ne passait jamais devant une femme sans ôter son chapeau.

Chez quelques nations de l'Afrique, de quelque condition que l'on soit, quand on veut demander justice ou quelque grâce au roi, on est obligé de se dépouiller de tous ses vêtements dans l'antichambre, et l'on ne peut se présenter devant lui qu'entièrement nu. « Vous vous découvrez la tête pour saluer, disent-ils aux Européens ; et vous convenez, par conséquent, que la politesse ou le respect exigent qu'on se découvre quelque partie du corps en abordant quelqu'un : donc nous devons nous dépouiller entièrement en abordant nos princes, pour leur marquer notre respect dans toute son étendue.

Il y avait en Espagne des *grands* de la première, de la seconde et de la troisième classe. Ce qui constituait la différence entre ces classes consistait en ce que ceux de la première paraissaient devant le roi la toque ou le chapeau sur la tête avant que de lui avoir parlé ; au lieu que ceux de la seconde ne se couvraient qu'après lui avoir parlé et qu'il leur avait répondu ; et ceux de la troisième qu'après s'être avancés, inclinés, et s'être ensuite retirés et remis parmi les autres courtisans.

Le roi d'Espagne ne fait plus que des grands de la première classe.

Henri IV, à l'audience qu'il donna à don Pedro de Tolède, le 3 juillet 1608, dit aux maréchaux de France et aux ducs de se couvrir, voyant que cet ambassadeur entrait et s'avançait sans se découvrir.

Le titre de baron était autrefois si éminent en France qu'on le donnait aux saints pour leur marquer son respect.

« Il fit ses vœux, dit Froissart, devant le benoît corps du saint baron saint Jacques. »

Il a été un temps qu'en France, non seulement tout clerc, mais même tout homme attaché à une église par quelque emploi, le bedeau, le sonneur de cloches, le balayeur, ne pouvaient être jugés que par des ecclésiastiques : c'est ce qu'on appelait le privilège de cléricature.

Or les ecclésiastiques disaient et soutenaient qu'aucune puissance n'avait droit sur la vie de quelqu'un qui s'était consacré à Dieu, et que d'ailleurs la charité chrétienne ne leur permettait pas de condamner à mort : ainsi un clerc, quelques crimes qu'il eût commis, n'était jamais condamné qu'à des peines canoniques.

Le 19 d'avril 1416, on découvrit dans Paris la conspiration la plus horrible, presque au moment où elle allait éclater ; les preuves en étaient si positives et si convaincantes, que ceux des conspirateurs qui n'eurent pas le temps de s'enfuir ne purent la nier, et que leur dessein était de tuer le roi, le duc de Berri, le roi et la reine de Sicile, le chancelier de Marle, Tannegui du Châtel et plusieurs autres personnes. Ils furent tous punis de mort, excepté Guillaume d'Orgemont, quoiqu'il fût le plus coupable, étant atteint et convaincu d'avoir été le principal agent de cet exécrable complot. Il était chanoine ; l'évêque de Paris le réclama, et les juges ecclésiastiques le condamnèrent à assister à la punition de ses complices et à être ensuite renfermé pour le reste de ses jours au pain et à l'eau.

Les anciens habitants de l'île Saint-Jean avaient des sabres et des épées ; mais il leur était défendu, sous peine de mort, de s'en servir, et même de leurs poings, dans leurs querelles particulières : la seule façon de se battre permise dans cette île était de se mettre tout nus, de se colleter et de se mordre comme les chiens. L'intention du législateur avait sans doute été de corriger les querelleurs et les hargneux en les assujettissant à ne pouvoir assouvir leur colère que comme les animaux.

Lorsque deux ou plusieurs Scythes voulaient se jurer un attachement inviolable, ils se faisaient une blessure au bras, mêlaient leur sang dans une coupe, y trempaient la pointe de leurs épées et la suçaient.

Les chefs ou caciques des différents peuples qui habitent les bords de l'Orénoque, pour sceau des engagements d'alliance et d'amitié qu'ils prennent avec quelqu'un, le font cracher dans leur main droite.

N'est il pas singulier que, parmi les chrétiens, chaque jour de la semaine porte le nom d'une divinité du paganisme et semble lui être consacré, comme chez les Égyptiens, qui adoraient les plantes et les étoiles?

N'est-il pas singulier qu'en France les comédiens soient excommuniés, et en Italie la plupart des théâtres portent le nom de quelque saint : le théâtre de Saint-Charles à Naples, de Saint-Augustin à Gênes, de Saint-Angelo à Venise, etc. ?

L'eau et toutes sortes de vivres manquent dans un vaisseau : « Mes amis, dit un Français nommé Lachau, je vous offre ma vie pour prolonger la vôtre de quelques jours ; peut-être même que le calme qui nous retient depuis si longtemps en mer cessera, et que vous pourrez aborder à quelque plage où vous trouverez des secours. » En effet, le vent changea pendant la nuit ; l'on aborda le lendemain aux îles Antilles ; mais le généreux Lachau était déjà mangé.

Ces Grecs et ces Romains si vantés avaient-ils des mœurs plus douces et des opinions moins ridicules que plusieurs nations que nous traitons de barbares?

Les peuples de la côte d'Or croient que le premier homme fut produit par une araignée, qu'ils appellent *anansio*. Les Athéniens disaient qu'ils descendaient des fourmis d'une forêt de l'Attique, et les familles qui se piquaient d'être les plus anciennes portaient dans leurs cheveux des fourmis d'or pour marque de leur origine.

Ces mêmes Athéniens exposaient dans les grands chemins ou dans les bois leurs enfants nouveau-nés, quand ils ne voulaient pas les élever. Quelques rois, en Afrique, vendent leurs sujets, et l'on peut présumer que ces Français, ces Anglais et ces Hollandais qui les achètent, qui les lient et les entassent au fond d'un vaisseau, et qui vont les revendre pour être employés aux travaux les plus pénibles, vendraient de même leurs compatriotes et leurs parents si ce commerce leur était permis.

Chez plusieurs peuples de l'Asie et de l'Afrique, aux funérailles d'un homme riche et de quelque distinction, on égorge et on enterre avec lui cinq ou six de ses esclaves. Chez les Romains, on égorgeait aussi des vivants pour honorer les morts. On faisait combattre des gladiateurs devant le bûcher, et l'on donnait à ces massacres le nom de jeux, de jeux funéraires.

Il y a dans les royaumes de Juida et d'Ardra, en Afrique, des serpents très doux, très familiers, et qui n'ont aucun venin; ils font une guerre continuelle aux serpents venimeux, et voilà sans doute l'origine du culte qu'on commença et qu'on a toujours continué de leur rendre. Un marchand anglais, ayant trouvé un de ces serpents dans son magasin, le tua et, n'imaginant pas avoir commis une action abominable, le jeta devant sa porte; quelques femmes passèrent, jetèrent des cris affreux et coururent répandre dans le canton la nouvelle de ce sacrilège. Une sainte fureur s'empara des esprits: on massacra tous les Anglais, on mit le feu à leurs comptoirs, et leurs marchandises furent toutes consumées par les flammes.

Avant que d'élire les magistrats ou de livrer une bataille, il fallait, chez les Romains, consulter l'appétit des poulets sacrés.

Auguste, cet empereur qui gouverna avec tant de sagesse et dont le règne fut si florissant, restait immobile et consterné lorsqu'il lui arrivait, par mégarde, de mettre le soulier droit au pied gauche et le soulier gauche au pied droit.

Les sauvages enterrent les morts avec leurs habits, et mettent à côté d'eux leurs armes; ils croient qu'elles pourront leur être utiles dans l'autre monde. On enterre nos évêques avec leur crosse et leur mitre.

Chez les sauvages de la Louisiane, après les cérémonies des obsèques, quelque homme notable dans la nation, mais qui doit n'être pas de la famille du mort, fait son éloge funèbre; quand il a fini, les assistants vont, tout nus, les uns après les autres, se présenter devant lui. Il leur applique à chacun, d'un bras vigoureux, trois coups d'une lanière large de deux doigts, en disant: « Souvenez-vous que, pour être un bon guerrier comme l'était le défunt, il faut savoir souffrir. » N'y a-t-il pas de la ressemblance entre cette cérémonie et celle du coup que l'on donne, dans nos ordres de chevalerie, au novice que l'on reçoit? D'autant plus que la plupart des auteurs qui ont écrit sur notre ancienne chevalerie, et qui ont tâché d'expliquer ce que signifie ce coup, disent que c'est pour avertir le nouveau chevalier « qu'il doit se préparer à bien des maux et des peines, et s'accoutumer à les souffrir avec patience, s'il veut remplir dignement son état ».

Une Gauloise apportait une dot à son mari, une Française ne lui en apportait point; il fallait, au contraire, qu'il fît un présent à son beau-père, en argent ou autrement. Cette coutume, que les Francs avaient apportée de la Germanie, subsista parmi eux sous la première et la seconde race. Elle subsiste et paraît avoir toujours subsisté chez presque toutes les nations de l'Asie, de l'Afrique et de l'Amérique. Un père, chez la plupart de ces nations, lorsqu'il a plusieurs filles, s'enrichit en les mariant, par les présents qu'il exige de ceux qui veulent les épouser. Nous voyons dans l'Écriture sainte que Jacob, pour obtenir Lia et Rachel, filles de Laban, le servit pendant quatorze ans. Agamemnon, dans l'*Iliade*, envoie dire à Achille qu'il lui donnera une de ses filles, sans exiger de lui aucun présent.

Marguerite de Provence épousa saint Louis en 1234; elle n'eut en dot que vingt mille francs. Hortense Mancini, duchesse de Mazarin, mariée en 1661, eut en dot vingt millions.

« Je me suis aperçue, disait la reine Frédégonde, qu'on a volé dans nos celliers plusieurs jambons. »

Une bourgeoise, aujourd'hui, éclaterait de rire en apprenant qu'une reine allait dans ses celliers et savait le compte de ses jambons.

Demandez à une actrice si elle blanchit elle-même son linge : elle sera très offensée de la question. Nausicaa, fille du roi des Phéaciens, Électre, Iphigénie et autres princesses que cette actrice représente tous les jours allaient, avec leurs servantes, à la rivière et aidaient à laver leurs robes.

Quelle peut être la première loi, quel peut être le principal lien entre les hommes ? La bonne foi.

Nous convenons que les Iroquois, les Hurons, les Illinois et autres peuples libres de l'Amérique ne manquent jamais à la parole qu'ils ont donnée; et nous osons les appeler sauvages !

Les Égyptiens punissaient de mort quiconque devenait parjure; les Daces disaient qu'ayant cessé d'être homme, il ne devait plus porter de vêtement, et le condamnaient à aller tout nu comme les bêtes.

Cécrops, le premier législateur des Athéniens, en leur recommandant d'offrir aux dieux les prémices de leurs fruits et de leurs moissons, leur défendit expressément d'immoler aucun être vivant : il prévoyait que, si l'on commençait une fois à sacrifier des animaux, les prêtres, pour établir leur despotisme et faire trembler les rois mêmes, ne tarderaient pas à demander des victimes humaines, comme plus honorables.

Osons demander, disait Calchas, le sacrifice de la fille d'Agamemnon, le plus puissant prince de la Grèce. Si ce trait d'audace me réussit, me voilà reconnu pour l'organe fidèle et infaillible des volontés du Ciel : je dominerai sur les rois; ils seront contraints de s'humilier devant moi, en voyant la superstition toujours prête à marcher à ma voix, et tenant sans cesse un glaive sacré suspendu sur leurs têtes.

On a critiqué le titre d'*Essais historiques sur Paris* que j'ai donné à mon ouvrage ; on a dit que j'ai parlé souvent de choses qui semblent n'avoir aucun rapport

avec Paris : je puis me tromper ; mais cette critique
ne me paraît pas juste : mon dessein a été de présenter un tableau historique du caractère, du génie, des
mœurs, des usages et des coutumes de ma nation, en
les faisant connaître par des faits ; or, il n'est pas douteux que la capitale d'une monarchie, le séjour ordinaire du souverain et des personnes les plus considérables dans l'État est le siège des mœurs d'une nation,
et que les provinces, les unes plus tôt, les autres plus
tard, en prennent l'esprit, le ton, la façon de penser,
d'agir, les modes, les coutumes et les manières : ainsi
j'ai cru qu'en intitulant mon ouvrage *Essais historiques
sur Paris*, c'était comme si j'avais mis *Essais historiques
sur les Français.*

FIN

SOCIÉTÉ ANONYME D'IMPRIMERIE DE VILLEFRANCHE-DE-ROUERGUE
Jules Bardoux, directeur.

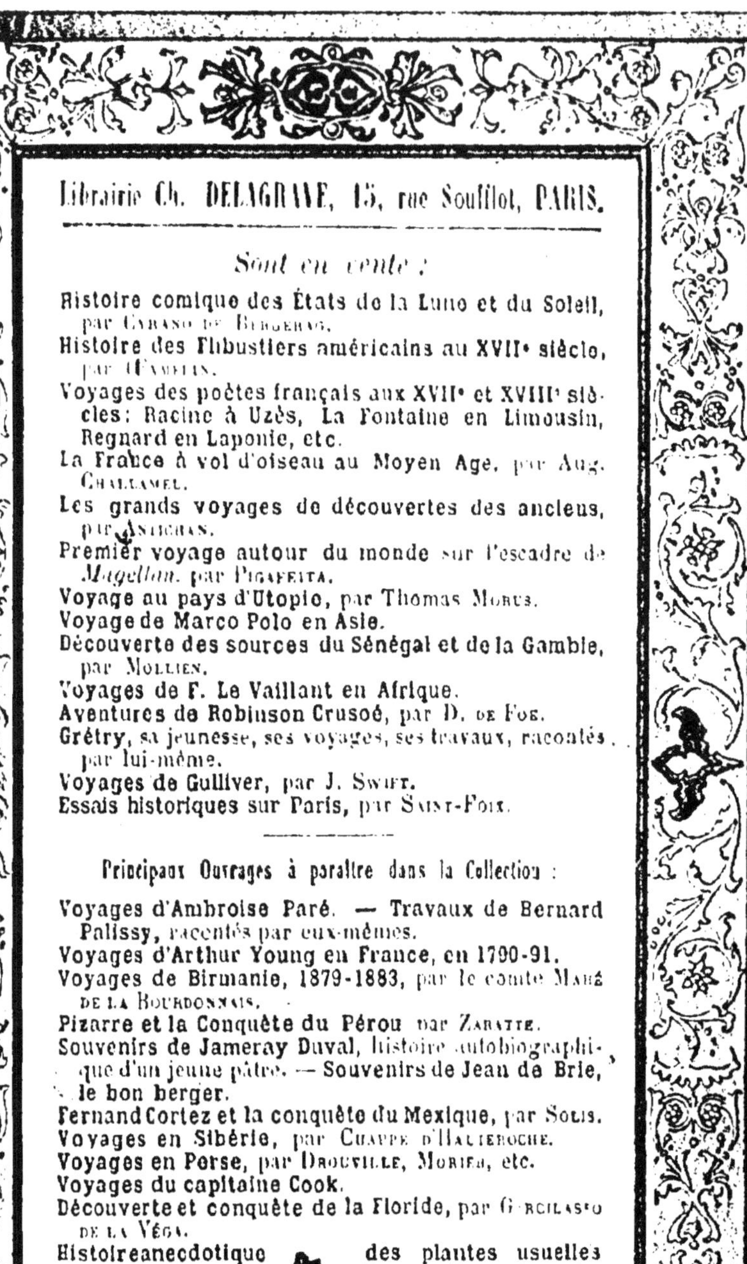

9 782013 650632